国家出版基金资助项目
"十四五"时期国家重点出版物出版专项规划项目

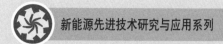
新能源先进技术研究与应用系列

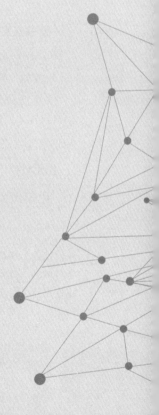

大容量新能源变流器并联控制技术

Parallel Control Technology for High-Power Renewable Energy Converters

张学广　李伟伟　时　铖　徐殿国　编著

陈清泉　主审

哈爾濱工業大學出版社
HARBIN INSTITUTE OF TECHNOLOGY PRESS

内 容 简 介

逆变器并联是提高系统容量和可靠性的有效方法,但会带来环流等一系列负面影响,因此并联控制是大功率电力电子装置面临的关键技术问题。逆变器共直流母线交流侧直接并联方式是目前普遍采用的并联方法,其广泛应用于风电、光伏及储能变流器中。本书是作者团队近年来在相关领域研究成果的总结。全书共7章:第1、2章主要介绍基于零矢量前馈的两电平逆变器并联控制方法,即双机并联、多机并联、电网不平衡以及电感不平衡条件下的零序环流控制方法;第3章介绍了载波不同步条件下并联逆变器的高频环流抑制方法;第4章给出了常规的三电平逆变器并联控制方法;第5~7章系统介绍了基于一体化调制策略的三电平逆变器并联控制方法。

本书可供大功率电力电子逆变器领域的科学研究和工程技术人员参考,也可供电力电子专业的研究生阅读。

图书在版编目(CIP)数据

大容量新能源变流器并联控制技术/张学广等编著
. —哈尔滨:哈尔滨工业大学出版社,2024.1
(新能源先进技术研究与应用系列)
ISBN 978 - 7 - 5767 - 1170 - 7

Ⅰ.①大… Ⅱ.①张… Ⅲ.①变流器－控制方法
Ⅳ.①TM46

中国国家版本馆 CIP 数据核字(2024)第 014348 号

策划编辑 王桂芝 陈雪巍
责任编辑 庞亭亭 刘 威
出版发行 哈尔滨工业大学出版社
社 址 哈尔滨市南岗区复华四道街 10 号 邮编 150006
传 真 0451 - 86414749
网 址 http://hitpress.hit.edu.cn
印 刷 辽宁新华印务有限公司
开 本 720 mm×1 000 mm 1/16 印张 20 字数 392 千字
版 次 2024 年 1 月第 1 版 2024 年 1 月第 1 次印刷
书 号 ISBN 978 - 7 - 5767 - 1170 - 7
定 价 116.00 元

国家出版基金资助项目

新能源先进技术研究与应用系列

编审委员会

 **总　序**

　　能源是人类社会生存发展的重要物质基础，攸关国计民生和国家安全。当前，随着世界能源格局深刻调整，新一轮能源革命蓬勃兴起，应对全球气候变化刻不容缓。作为世界能源消费大国，牢固树立和贯彻落实创新、协调、绿色、开放、共享的发展理念，遵循能源发展"四个革命、一个合作"战略思想，推动能源生产和利用方式发生重大变革，建设清洁低碳、安全高效的现代能源体系，是我国能源发展的重大使命。

　　由于煤、石油、天然气等常规能源储量有限，且其利用过程会带来气候变化和环境污染，因此以可再生和绿色清洁为特质的新能源和核能越来越受到重视，成为满足人类社会可持续发展需求的重要能源选择。特别是在"双碳"目标下，构建清洁、低碳、安全、高效的能源体系，加快实施可再生能源替代行动，积极构建以新能源为主体的新型电力系统，是推进能源革命，实现碳达峰、碳中和目标的重要途径。

　　"新能源先进技术研究与应用系列"图书立足新时代我国能源转型发展的核心战略目标，涉及新能源利用系统中的"源、网、荷、储"等方面：

　　（1）在新能源的"源"侧，围绕新能源的开发和能量转换，介绍了二氧化碳的能源化利用，太阳能高温热化学合成燃料技术，海域天然气水合物渗流特性，生物质燃料的化学㶲，能源微藻的光谱辐射特性及应用，以及先进核能系统热控技术、核动力直流蒸汽发生器中的汽液两相流动与传热等。

（2）在新能源的"网"侧，围绕新能源电力的输送，介绍了大容量新能源变流器并联控制技术，面向新能源应用的交直流微电网运行与优化控制技术，能量成型控制及滑模控制理论在新能源系统中的应用，面向新能源发电的高频隔离变流技术等。

（3）在新能源的"荷"侧，围绕新能源电力的使用，介绍了燃料电池电催化剂的电催化原理、设计与制备，Z源变换器及其在新能源汽车领域中的应用，容性能量转移型高压大容量电平变换器，新能源供电系统中高增益电力变换器理论及其应用技术等。此外，还介绍了特色小镇建设中的新能源规划与应用等。

（4）在新能源的"储"侧，针对风能、太阳能等可再生能源固有的随机性、间歇性、波动性等特性，围绕新能源电力的存储，介绍了大型抽水蓄能机组水力的不稳定性，锂离子电池状态的监测和状态估计，以及储能型风电机组惯性响应控制技术等。

该系列图书是哈尔滨工业大学等高校多年来在太阳能、风能、水能、生物质能、核能、储能、智慧电网等方向最新研究成果及先进技术的凝练。其研究瞄准技术前沿，立足实际应用，具有前瞻性和引领性，可为新能源的理论研究和高效利用提供理论及实践指导。

相信本系列图书的出版，将对我国新能源领域研发人才的培养和新能源技术的快速发展起到积极的推动作用。

2022 年 1 月

前　言

　　大容量变流器是新能源发电机组中的核心设备,在风力发电和光伏发电过程中,变流器大多工作在逆变器状态,因此本书以逆变器为例介绍变流器并联控制技术。

　　由于电力电子功率器件容量的限制,逆变器并联是提高系统容量和可靠性的有效方法。最初逆变器的并联研究集中在均流及环流抑制上,随着新能源及储能的行业发展,以及对系统性能及可靠性要求的不断提高,逆变器的并联问题得到广泛关注和深入研究。在实际功率逆变器产品需求的推动下,作者团队近十年来一直专注于该领域的研究工作,一方面参与了大功率风电变流器和光伏逆变器的开发,另一方面针对实际问题开展了深入的理论研究,并在解决工程问题的基础上,完善了相关理论方法。本书为本课题组近年来研究工作的总结和提炼。

　　本书主要针对共直流母线交流侧直接并联的逆变器开展研究。针对目前广泛采用的两电平逆变器,在传统的零序环流比例积分控制基础上,提出了基于零矢量前馈的环流抑制方法,在此基础上研究了三相电网不平衡、三相电感不对称以及多机并联场景下的零矢量前馈控制方法。研究表明,该方法能够使并联逆变器在输出滤波电感不同、运行状态不同的情况下实现环流控制,并且能够实现并联逆变器的在线投切及冗余控制。零矢量前馈应用过程中需要脉冲宽度调制信号同步并且并联逆变器之间实时通信。针对无通信连接线及载波不同步的应用场合,本书分析了高频环流的产生机理,提出了载波自同步的高频环流抑制方法。以上方法都是在并联两电平逆变器上实现完成的,其控制原理也同样适用于并联三电平逆变器。针对三电平逆变器的特点,本书提出了并联三电平逆变器一体化调制策略,即将五电平的调制策略应用于两个并联三电平逆变器中。该方法能够在减小输出电流谐波的基础上,根据实际需求实现中点平衡、环流抑制以及减小共模电压等功能。

全书共 7 章:第 1、2 章主要介绍基于零矢量前馈的两电平逆变器并联控制方法,即双机并联、多机并联、电网不平衡以及电感不平衡条件下的零序环流控制方法;第 3 章介绍了载波不同步条件下并联逆变器的高频环流抑制方法;第 4 章给出了常规的三电平逆变器并联控制方法;第 5～7 章系统介绍了基于一体化调制策略的三电平逆变器并联控制方法。

本书的研究成果源于多个实际工程项目,哈尔滨九洲电气股份有限公司、上海新时达电气股份有限公司、南京泓帆动力技术有限公司等提供了大力支持,在此对这些企业的相关领导和技术人员表示衷心的感谢。在相关研究过程中,哈尔滨工业大学电力电子与电力传动研究所的各位老师给予了大力支持,已毕业的王瑞、陈佳明、肖怡、张飞宇等硕士研究生为本书的研究内容做出了很大的贡献,本课题组多位在读研究生在本书资料整理、书稿排版方面做了大量工作,在此向他们致以诚挚的谢意。

由于作者水平有限,书中难免存在疏漏及不足之处,恳请读者批评指正。

作 者
2023 年 10 月

目 录

第 1 章

两电平逆变器并联运行的常规控制方法

功率模块的并联运行不仅有助于提高系统容量、可靠性和效率,也可以为逆变器系统设计、容量扩展和系统经济性等方面带来便利。但逆变器并联也会带来一些问题,环流抑制是逆变器能够正常并联运行的关键。本章主要介绍并网逆变器并联运行的典型拓扑结构,然后建立并联三相逆变器在同步旋转坐标系下的平均数学模型,在此基础上对环流的产生机理进行分析,在传统 PI 环流调节器的基础上提出基于前馈和无差拍控制的环流抑制策略。

1.1　引　　言

三相电压源型脉冲宽度调制（Pulse Width Modulation，PWM）逆变器具有功率因数可调、谐波含量少和效率高等优点，因而被广泛应用于电力拖动、新能源并网、分布式发电及不可间断电源等场合[1-5]。在低压大电流的应用场合，为提高系统功率等级，通常会将功率模块并联使用。功率模块的并联运行不仅有助于提高系统容量、可靠性和效率，也可以为逆变器系统设计、容量扩展和系统经济性等方面带来便利[6-8]。

逆变器并联可以分为有连接线和无连接线两种。有连接线是指各个模块间有通信线路，具体又可以分为主从式、对等式和 3C（Circular Chain Control）式。主从式并联方式中，主模块只有一个，一旦发生故障，整个系统都将无法正常运行，因此系统的可靠性较低。对等式并联方式中，各模块完全对等，没有主从之分，任何一个模块发生故障都不会导致系统崩溃，系统的可靠性较高。3C 并联方式是各个逆变器仅与相邻的两个逆变器存在通信线路，该模块的电流跟踪上一个模块的电流，而自身输出电流又作为下一个模块电流的参考值，这样可以大大减少通信线路的数量，但模块间的耦合比较严重，控制较为复杂。无连接线是指各个模块间无通信线，各个模块完全独立，整个系统的可靠性更高，但控制也会更加复杂。

逆变器并联具有诸多优点。首先，能够提高系统可靠性，对于单逆变器系统，一旦逆变器发生故障，整个系统就无法运行，对于并联逆变器系统，当一个逆变器发生故障时，其他逆变器还可以分担此模块的功率份额，从而保证系统能够继续运行；其次，模块化的设计可以减小系统的设计成本，如需扩容，仅增加并联模块的数目即可[9]。而且，在相同容量的条件下，与单机运行相比，并联逆变器系统降低了对直流母线电压的要求。

当然，逆变器并联也会带来一些问题。由于每个逆变器的参数不完全一样，即使各个逆变器的 PWM 驱动信号完全同步,各逆变器的开关状态也可能不一致,从而会在并联桥臂之间产生环流。环流会对系统产生不利影响,如使波形发生畸变、增加系统损耗、降低系统效率等[10],因此环流抑制是逆变器能够正常并联运行的关键。

目前的环流抑制方法主要分为以下几种。一是利用硬件阻断环流通路,包括各逆变器采用独立的直流电源[11]、交流侧采用多绕组变压器实现电气隔离[12]等,这一类方法可以完全消除环流,但会增加额外的硬件成本及体积。二是将并联逆变器当作一个整体进行控制,如可以将两个三相三桥臂逆变器作为一个三相六桥臂逆变器进行控制[13],这种方法的模型建立及控制器设计比较复杂,难以应用于多机系统,较难实现模块化设计。三是利用零序比例积分(Proportional Integral, PI)控制器对零矢量的分配进行调节[14],这种方法易于实现,但其动态响应较慢,虽然在各并联逆变器电流指令相等时具有较好的控制效果,但在电流指令不相等时控制效果不佳。四是采用交错断续空间矢量调制方法[15,16],该方法可以有效降低系统输出电流的总谐波畸变(Total Harmonic Distortion, THD),但会增加系统中的高频环流和开关损耗[17]。五是在逆变器的交流侧串联电感,利用高阻抗来抑制零序分量[18],采用耦合电感对环流的抑制效果更好,但这一类方法主要针对中高频环流,并不适用于低频环流抑制。

本章首先介绍并网逆变器并联运行的典型拓扑结构,建立并联三相逆变器在同步旋转坐标系下的平均数学模型,在此基础上提出基于电网电压定向控制的电压电流双闭环控制策略。然后,对环流的产生机理进行分析,在传统 PI 环流调节器的基础上提出基于前馈和无差拍控制的环流抑制策略,并进行仿真和实验验证。

1.2　两电平逆变器的矢量控制策略

1.2.1　并联逆变器的平均模型

采用公共交流和直流母线的并联三相逆变器的拓扑结构如图 1.1 所示,两台逆变器在同一处接入电网,采用同一个直流源,这种结构比较简单,易于扩展,可维护性好,但是各模块之间会相互耦合并产生交互作用。系统中的两个并联模块功率等级相等,交流侧通过三相变压器接入电网,实现电网和直流侧的电气隔离，L_1、L_2 分别为两个逆变器交流侧的滤波电感，直流侧滤波电容为 $2C$（C 为单个三相逆变器的直流侧电容）。

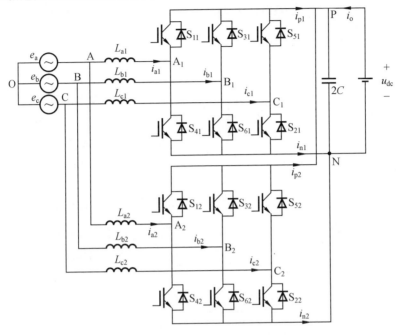

图 1.1　并联三相逆变器的拓扑结构

为了实现并联三相逆变器的控制，首先需要建立其数学模型，以此来指导控制器的设计。下面首先根据基尔霍夫电压电流定律建立单个桥臂的平均模型，然后对其进行扩展，建立三相并网逆变器及并联结构的平均模型。

定义开关管的开关状态为

$$s = \begin{cases} 0, & \text{开关断开} \\ 1, & \text{开关闭合} \end{cases} \tag{1.1}$$

每个桥臂由上下两个开关管组成，一侧是电压源（或电容），另一侧是电流源（或电感），如图 1.2(a)所示。令 $s_{\varphi p}$ 表示上桥臂的开关函数，$s_{\varphi n}$ 表示下桥臂的开关函数，i_p 表示流向直流母线正极的电流，i_n 表示流向直流母线负极的电流。

上下两个开关管采用互补控制，如果忽略该桥臂的死区，则在同一时刻，上下开关管必有一个是闭合的，另外一个是断开的，这样，单个桥臂可以用图 1.2(b)所示的单刀双掷开关来代替，且上下开关管的开关函数满足

$$s_{\varphi p} + s_{\varphi n} = 1 \tag{1.2}$$

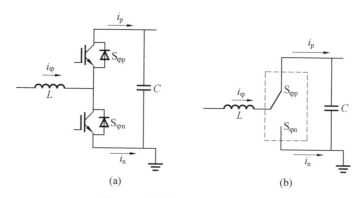

图 1.2　单个桥臂及其等效结构

图 1.3 给出了单个桥臂 PWM 驱动波形及输出电压电流,其中 T 为开关周期,d_φ 为上管的占空比。根据图 1.3 可得该桥臂在一个开关周期内的平均输出电压、电流分别为

$$u_\varphi = d_\varphi \cdot u_{dc} \tag{1.3}$$

$$i_p = d_\varphi \cdot i_\varphi \tag{1.4}$$

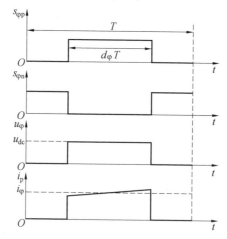

图 1.3　单个桥臂 PWM 驱动波形及输出电压电流

这样,就得到了单个桥臂在一个开关周期内的平均模型,如图 1.4 所示。

根据单个桥臂的平均模型可以得到三相逆变器在一个开关周期内的平均模型,如图 1.5 所示,根据基尔霍夫电流定律,可得

$$i_p = d_a \cdot i_a + d_b \cdot i_b + d_c \cdot i_c \tag{1.5}$$

$$i_n = i_a + i_b + i_c - i_p = i_z - i_p \tag{1.6}$$

这样,三相逆变器的状态方程可以表示为

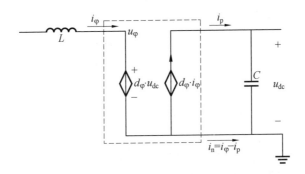

图 1.4 单个桥臂在一个开关周期内的平均模型

$$L \cdot \frac{d}{dt} \begin{bmatrix} i_a \\ i_b \\ i_c \end{bmatrix} = -R \cdot \begin{bmatrix} i_a \\ i_b \\ i_c \end{bmatrix} + \begin{bmatrix} e_a \\ e_b \\ e_c \end{bmatrix} + \begin{bmatrix} u_N \\ u_N \\ u_N \end{bmatrix} - \begin{bmatrix} d_a \\ d_b \\ d_c \end{bmatrix} \cdot u_{dc} \tag{1.7}$$

$$C \cdot \frac{du_{dc}}{dt} = \left(\begin{bmatrix} d_a & d_b & d_c \end{bmatrix} \begin{bmatrix} i_a \\ i_b \\ i_c \end{bmatrix} + i_o \right) \tag{1.8}$$

式中,R 为滤波电感的电阻;i_o 为直流侧输出电流。

零序电流即为三相电流之和,具体可以表示为

$$i_z = i_a + i_b + i_c = i_p + i_n \tag{1.9}$$

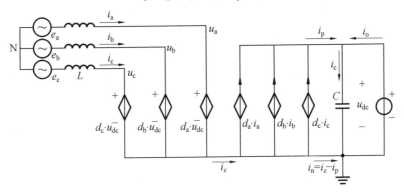

图 1.5 三相逆变器在一个开关周期内的平均模型

从图 1.5 中可以看出,对于单个三相逆变器,环流通路不存在,因此零序电流为零。而对于并联的三相逆变器,由于存在环流通路,就可能存在零序环流,如图 1.6 所示,两个模块的零序电流大小相等,方向相反,即

$$i_z = i_{z1} = -i_{z2} \tag{1.10}$$

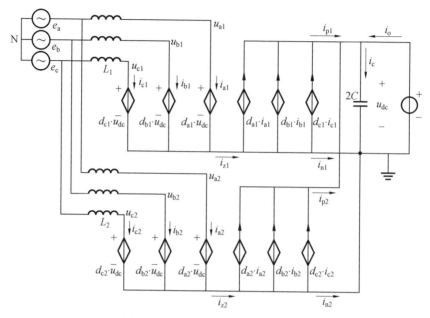

图 1.6 并联三相逆变器的平均模型

并联三相逆变器的状态方程可以表示为

$$L_1 \cdot \frac{\mathrm{d}}{\mathrm{d}t} \begin{bmatrix} i_{a1} \\ i_{b1} \\ i_{c1} \end{bmatrix} = -R_1 \cdot \begin{bmatrix} i_{a1} \\ i_{b1} \\ i_{c1} \end{bmatrix} + \begin{bmatrix} e_a \\ e_b \\ e_c \end{bmatrix} + \begin{bmatrix} u_N \\ u_N \\ u_N \end{bmatrix} - \begin{bmatrix} d_{a1} \\ d_{b1} \\ d_{c1} \end{bmatrix} \cdot u_{dc} \tag{1.11}$$

$$L_2 \cdot \frac{\mathrm{d}}{\mathrm{d}t} \begin{bmatrix} i_{a2} \\ i_{b2} \\ i_{c2} \end{bmatrix} = -R_2 \cdot \begin{bmatrix} i_{a2} \\ i_{b2} \\ i_{c2} \end{bmatrix} + \begin{bmatrix} e_a \\ e_b \\ e_c \end{bmatrix} + \begin{bmatrix} u_N \\ u_N \\ u_N \end{bmatrix} - \begin{bmatrix} d_{a2} \\ d_{b2} \\ d_{c2} \end{bmatrix} \cdot u_{dc} \tag{1.12}$$

$$2C \cdot \frac{\mathrm{d}u_{dc}}{\mathrm{d}t} = \begin{bmatrix} d_{a1} & d_{b1} & d_{c1} \end{bmatrix} \begin{bmatrix} i_{a1} \\ i_{b1} \\ i_{c1} \end{bmatrix} + \begin{bmatrix} d_{a2} & d_{b2} & d_{c2} \end{bmatrix} \begin{bmatrix} i_{a2} \\ i_{b2} \\ i_{c2} \end{bmatrix} + i_o \tag{1.13}$$

系统的控制目标是保持直流母线电压稳定,逆变器交流侧输出电流是与电网电压同频同相的正弦波。而前面建立的模型是建立在三相静止坐标系下的,在这种情况下,逆变器交流侧电流为交流量,控制器的设计比较复杂。为了简化控制器的设计,需要对模型进行坐标变换,即将模型由三相静止坐标系(abc 坐标系)变换到同步旋转坐标系(dq 坐标系),这时,交流侧的电流即可转化为直流量,从而方便控制器的设计。在对单个三相并网逆变器进行控制时,通常进行二维坐标变换,即 abc/dq 变换,这是因为单个逆变器零序电流始终为零,不需要进行控制。而对于并联拓扑结构,由于存在零序分量,常规的二维坐标变换无法得到零轴分量,因此这里采取三维坐标变换,定义坐标变换矩阵为

$$T=\sqrt{\frac{2}{3}}\begin{bmatrix} \cos\omega t & \cos(\omega t-2\pi/3) & \cos(\omega t+2\pi/3) \\ -\sin\omega t & -\sin(\omega t-2\pi/3) & -\sin(\omega t+2\pi/3) \\ \dfrac{1}{\sqrt{2}} & \dfrac{1}{\sqrt{2}} & \dfrac{1}{\sqrt{2}} \end{bmatrix} \tag{1.14}$$

利用矩阵 T 就可以将三相静止坐标系下的交流量 X_{abc} 变换为两相同步旋转坐标系下的直流量 X_{dqz},即

$$X_{dqz}=T \cdot X_{abc} \tag{1.15}$$

将式(1.7)、式(1.8)做 abc/dqz 变换就可以得到单个三相逆变器在两相同步旋转坐标系下的平均数学模型:

$$L \cdot \frac{d}{dt}\begin{bmatrix} i_d \\ i_q \\ i_z \end{bmatrix} = -R \cdot \begin{bmatrix} i_d \\ i_q \\ i_z \end{bmatrix} + \begin{bmatrix} e_d \\ e_q \\ e_z \end{bmatrix} + \begin{bmatrix} 0 \\ 0 \\ 3u_N \end{bmatrix} - L \cdot \begin{bmatrix} 0 & -\omega & 0 \\ \omega & 0 & 0 \\ 0 & 0 & 0 \end{bmatrix} \cdot \begin{bmatrix} i_d \\ i_q \\ i_z \end{bmatrix} - \begin{bmatrix} d_d \\ d_q \\ d_z \end{bmatrix} \cdot u_{dc}$$

$$\tag{1.16}$$

$$C \cdot \frac{du_{dc}}{dt} = \begin{bmatrix} d_d & d_q & d_z/3 \end{bmatrix}\begin{bmatrix} i_d \\ i_q \\ i_z \end{bmatrix} + i_o \tag{1.17}$$

其中

$$\begin{bmatrix} i_d \\ i_q \\ i_z/\sqrt{3} \end{bmatrix}=T \cdot \begin{bmatrix} i_a \\ i_b \\ i_c \end{bmatrix}, \quad \begin{bmatrix} e_d \\ e_q \\ e_z/\sqrt{3} \end{bmatrix}=T \cdot \begin{bmatrix} e_a \\ e_b \\ e_c \end{bmatrix}, \quad \begin{bmatrix} d_d \\ d_q \\ d_z/\sqrt{3} \end{bmatrix}=T \cdot \begin{bmatrix} d_a \\ d_b \\ d_c \end{bmatrix} \tag{1.18}$$

仿照零序电流 i_z 的定义,将零序电压、零序占空比分别定义为

$$e_z=e_a+e_b+e_c, \quad d_z=d_a+d_b+d_c \tag{1.19}$$

对于单个三相逆变器,由于零序电流恒为零,因此零轴分量可以不用考虑,单个三相逆变器在 dq 坐标系下的平均模型可以简化为

$$L \cdot \frac{d}{dt}\begin{bmatrix} i_d \\ i_q \end{bmatrix} = -R \cdot \begin{bmatrix} i_d \\ i_q \end{bmatrix} + \begin{bmatrix} e_d \\ e_q \end{bmatrix} - L \cdot \begin{bmatrix} 0 & -\omega \\ \omega & 0 \end{bmatrix} \cdot \begin{bmatrix} i_d \\ i_q \end{bmatrix} - \begin{bmatrix} d_d \\ d_q \end{bmatrix} \cdot u_{dc} \tag{1.20}$$

$$C \cdot \frac{du_{dc}}{dt} = \begin{bmatrix} d_d & d_q \end{bmatrix}\begin{bmatrix} i_d \\ i_q \end{bmatrix} + i_o \tag{1.21}$$

这样,单个三相逆变器在两相同步旋转坐标系下的等效电路模型可以用图 1.7 表示。

同理,将式(1.11)~(1.13)做 abc/dqz 变换就可以得到并联三相逆变器在两相同步旋转坐标系下的平均数学模型,即

$$L_1 \cdot \frac{\mathrm{d}}{\mathrm{d}t} \begin{bmatrix} i_{d1} \\ i_{q1} \\ i_{z1} \end{bmatrix} = -R_1 \cdot \begin{bmatrix} i_{d1} \\ i_{q1} \\ i_{z1} \end{bmatrix} + \begin{bmatrix} e_d \\ e_q \\ e_z \end{bmatrix} + \begin{bmatrix} 0 \\ 0 \\ 3u_N \end{bmatrix} - L_1 \cdot \begin{bmatrix} 0 & -\omega & 0 \\ \omega & 0 & 0 \\ 0 & 0 & 0 \end{bmatrix} \cdot \begin{bmatrix} i_{d1} \\ i_{q1} \\ i_{z1} \end{bmatrix} - \begin{bmatrix} d_{d1} \\ d_{q1} \\ d_{z1} \end{bmatrix} \cdot u_{dc}$$

$$(1.22)$$

$$L_2 \cdot \frac{\mathrm{d}}{\mathrm{d}t} \begin{bmatrix} i_{d2} \\ i_{q2} \\ i_{z2} \end{bmatrix} = -R \cdot \begin{bmatrix} i_{d2} \\ i_{q2} \\ i_{z2} \end{bmatrix} + \begin{bmatrix} e_d \\ e_q \\ e_z \end{bmatrix} + \begin{bmatrix} 0 \\ 0 \\ 3u_N \end{bmatrix} - L_2 \cdot \begin{bmatrix} 0 & -\omega & 0 \\ \omega & 0 & 0 \\ 0 & 0 & 0 \end{bmatrix} \cdot \begin{bmatrix} i_{d2} \\ i_{q2} \\ i_{z2} \end{bmatrix} - \begin{bmatrix} d_d \\ d_q \\ d_z \end{bmatrix} \cdot u_{dc}$$

$$(1.23)$$

$$2C \cdot \frac{\mathrm{d}u_{dc}}{\mathrm{d}t} = \begin{bmatrix} d_{d1} & d_{q1} & d_{z1}/3 \end{bmatrix} \begin{bmatrix} i_{d1} \\ i_{q1} \\ i_{z1} \end{bmatrix} + \begin{bmatrix} d_{d2} & d_{q2} & d_{z2}/3 \end{bmatrix} \begin{bmatrix} i_{d2} \\ i_{q2} \\ i_{z2} \end{bmatrix} + i_o \quad (1.24)$$

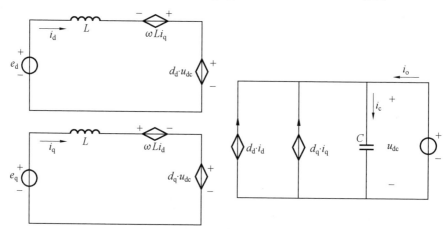

图 1.7　单个三相逆变器在两相同步旋转坐标系下的等效电路模型

根据式(1.10),两个逆变器的环流大小相等,方向相反,以上三个公式可以化简为

$$L_1 \cdot \frac{\mathrm{d}}{\mathrm{d}t} \begin{bmatrix} i_{d1} \\ i_{q1} \end{bmatrix} = R_1 \cdot \begin{bmatrix} i_{d1} \\ i_{q1} \end{bmatrix} + \begin{bmatrix} e_d \\ e_q \end{bmatrix} - L_1 \cdot \begin{bmatrix} 0 & -\omega \\ \omega & 0 \end{bmatrix} \cdot \begin{bmatrix} i_{d1} \\ i_{q1} \end{bmatrix} - \begin{bmatrix} d_{d1} \\ d_{q1} \end{bmatrix} \cdot u_{dc}$$

$$(1.25)$$

$$L_2 \frac{\mathrm{d}}{\mathrm{d}t} \begin{bmatrix} i_{d2} \\ i_{q2} \end{bmatrix} = R_2 \cdot \begin{bmatrix} i_{d2} \\ i_{q2} \end{bmatrix} + \begin{bmatrix} e_d \\ e_q \end{bmatrix} - L_2 \cdot \begin{bmatrix} 0 & -\omega \\ \omega & 0 \end{bmatrix} \cdot \begin{bmatrix} i_{d2} \\ i_{q2} \end{bmatrix} - \begin{bmatrix} d_{d2} \\ d_{q2} \end{bmatrix} \cdot u_{dc}$$

$$(1.26)$$

$$(L_1+L_2) \cdot \frac{\mathrm{d}i_{z2}}{\mathrm{d}t} = -(R_1+R_2) \cdot i_{z2} + \Delta d_z \cdot u_{dc} \tag{1.27}$$

$$2C \cdot \frac{\mathrm{d}u_{dc}}{\mathrm{d}t} = \begin{bmatrix} d_{d1} & d_{q1} \end{bmatrix} \begin{bmatrix} i_{d1} \\ i_{q1} \end{bmatrix} + \begin{bmatrix} d_{d2} & d_{q2} \end{bmatrix} \begin{bmatrix} i_{d2} \\ i_{q2} \end{bmatrix} + \frac{\Delta d_z \cdot i_{z1}}{3} + i_o \tag{1.28}$$

式中，Δd_z 为两个逆变器的零序占空比之差，即 $\Delta d_z = d_{z1} - d_{z2}$。

这样，并联三相逆变器在同步旋转坐标系下的等效电路模型如图 1.8 所示。

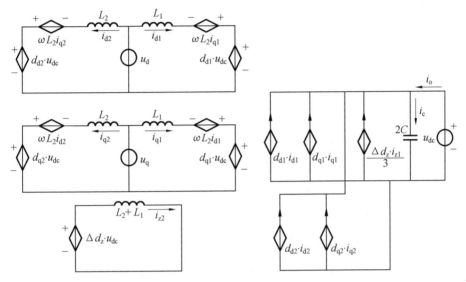

图 1.8　并联三相逆变器在同步旋转坐标系下的等效电路模型

1.2.2　并网逆变器的矢量控制

本节采用电网电压定向型矢量控制策略，控制器采用双环结构：内环为电流环，对交流侧电流进行控制；外环为电压环，对直流母线电压进行控制。

1. 电流环控制器

由并联三相逆变器在同步旋转坐标系下的数学模型（即式（1.25）、式（1.26））可以看出，两个逆变器的 dq 轴是完全解耦的，也就是说，两个逆变器的 dq 轴电流控制器可以分别进行设计，而不必考虑其相互影响。

由于两个逆变器的结构、硬件参数、数学模型都完全一致，并且与单个逆变器的数学模型一致，因此电流环控制器可以根据单个逆变器的数学模型进行设计。

对公式（1.20）进行拉氏变换可得

$$\begin{cases} (Ls+R) \cdot I_d(s) = \omega L \cdot I_q(s) + E_d(s) - U_d(s) \\ (Ls+R) \cdot I_q(s) = -\omega L \cdot I_d(s) + E_q(s) - U_q(s) \end{cases} \quad (1.29)$$

式中,s 为拉普拉斯算子;$U_d(s) = D_d(s) \cdot u_{dc}$;$U_q(s) = D_q(s) \cdot u_{dc}$。

逆变器的系统 U_d 模型如图 1.9 所示。由图可知,逆变器 d 轴电流和 q 轴电流并非完全独立,相互之间存在耦合,而且还会受到电网电压的影响,这就给控制器的设计带来一定困难。

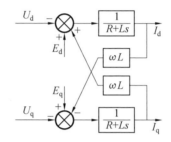

图 1.9　逆变器的系统 U_d 模型

为了消除电网电压的影响以及 dq 轴的相互影响,可以采用如下前馈解耦方案:

$$\begin{cases} u_d = -\left(K_P + \dfrac{K_I}{s}\right)(i_{d\_ref} - i_d) + \omega L \cdot i_q + e_d \\ u_q = -\left(K_P + \dfrac{K_I}{s}\right)(i_{q\_ref} - i_q) - \omega L \cdot i_d + e_q \end{cases} \quad (1.30)$$

这样 dq 轴电流环框图就可以化简为图 1.10。

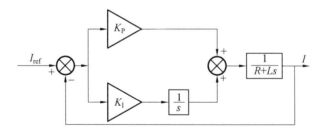

图 1.10　dq 轴电流环框图

PI 控制器结构简单,鲁棒性强,在工程中应用广泛,但在某些对电流环动态响应要求较高的场合,PI 调节器的跟踪速度不够,因此无差拍控制策略逐渐被人们应用到实际系统中。无差拍控制策略的基本思想就是在一个控制周期内使控制量达到给定值,动态响应速度更快,下面给出无差拍电流控制器的设计方法。

将式(1.20)改写成离散形式为

$$\begin{cases} L\dfrac{i_d(k+1)-i_d(k)}{T_s}=-Ri_d(k)+\omega L\cdot i_q(k)+e_d(k)-u_d(k) \\ L\dfrac{i_q(k+1)-i_q(k)}{T_s}=-Ri_q(k)-\omega L\cdot i_d(k)+e_q(k)-u_q(k) \end{cases} \tag{1.31}$$

式中，$x(k)$ 为变量 x 在第 k 个采样周期的平均值；T_s 为采样周期；且

$$\begin{cases} u_d(k)=d_d(k)\cdot u_{dc}(k) \\ u_q(k)=d_q(k)\cdot u_{dc}(k) \end{cases} \tag{1.32}$$

忽略系统的采样、计算、PWM 更新及控制延时，设在 $(k+1)T_s$ 时刻期望得到的有功、无功电流分别为 i_{d_ref}、i_{q_ref}，则下式成立：

$$\begin{cases} L\dfrac{i_{d\_ref}-i_d(k)}{T_s}=-Ri_d(k)+\omega L\cdot i_q(k)+e_d(k)-u_d(k) \\ L\dfrac{i_{q\_ref}-i_q(k)}{T_s}=-Ri_q(k)-\omega L\cdot i_d(k)+e_q(k)-u_q(k) \end{cases} \tag{1.33}$$

这样，就可以得到 kT_s 时刻的控制量为

$$\begin{cases} u_d(k)=-Ri_d(k)+\omega L\cdot i_q(k)+e_d(k)-L\dfrac{i_{d\_ref}-i_d(k)}{T_s} \\ u_q(k)=-Ri_q(k)-\omega L\cdot i_d(k)+e_q(k)-L\dfrac{i_{q\_ref}-i_q(k)}{T_s} \end{cases} \tag{1.34}$$

在直流母线电压保持稳定的情况下，系统的有功、无功电流将在 $(k+1)T_s$ 时刻达到给定值，响应速度很快。

上面的控制器设计仅适用于 dq 轴电流控制器，仅能实现有功和无功的控制，不包括对零序环流的抑制，零序环流控制器的设计将在下一节详细介绍。

2. 电压环控制器

在电流内环设计好之后，需要对电压外环进行设计，从式（1.28）可以看到，直流母线电压的数学模型中含有非线性环节，这就给控制器的设计带来一定困难，因此，这里从功率平衡的角度进行电压环控制器的设计。

为了使直流母线电压保持恒定，电压环需要保证逆变器输入功率与输出功率平衡，即

$$p_{ac}=p_{dc} \tag{1.35}$$

忽略开关器件的损耗以及线路损耗，则上式可以化为

$$\frac{3}{2}\big[e_d(i_{d1}+i_{d2})+e_q(i_{q1}+i_{q2})\big]=u_{dc}(i_{p1}+i_{p2}) \tag{1.36}$$

由于采用电网电压定向，因此 $e_q=0$，设 $i_d=i_{d1}+i_{d2}$，$i_p=i_{p1}+i_{p2}$，故上式可化为

$$\frac{3}{2}e_d i_d = u_{dc} i_p \tag{1.37}$$

从逆变器的主电路中可以看出,直流侧电流满足

$$i_p = 2C\frac{\mathrm{d}u_{dc}}{\mathrm{d}t} - i_o \tag{1.38}$$

由于电流内环的调节速度要远高于电压外环的调节速度,因此可以假定电流的给定值等于反馈值,即 $i_d = i_{d\_ref}$,$i_q = i_{q\_ref}$,则电压外环控制框图如图 1.11 所示。

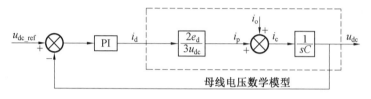

图 1.11　电压外环控制框图

从图 1.11 中可以看到,母线电压的数学模型中存在变量 $2e_d/3u_{dc}$,为了消除该变量的影响,电压环控制器可以设计为

$$i_{d\_ref} = \frac{3u_{dc}}{2e_d}\left(K_P + \frac{K_I}{s}\right)(u_{dc\_ref} - u_{dc}) \tag{1.39}$$

1.3　双机并联两电平逆变器的环流抑制

1.3.1　并联环流的产生机理

在并联逆变器系统中,开关管的动作不同步是零序环流产生的根本原因。在实际的控制系统中,数字控制器的延时、不同开关管参数的差异、交流滤波电感参数的差异、电流反馈环节的测量差异以及开关管驱动信号死区的影响,往往会使不同模块的控制信号存在差异,导致开关管动作无法完全同步,从而在并联模块之间产生环流。

并联模块的拓扑结构如前图 1.1 所示。其中,$L_{kx}(k=a,b,c;x=1,2)$分别为两模块交流侧各相滤波电感;e_a、e_b、e_c 为电网三相电压;u_{dc} 为直流侧电压。可以看出,并联模块间存在两种类型的环流通路,第一种是同相环流通路,以 A 相为例,包括:

回路一:$A_1 - A - A_2 - S_{42} - N - P - S_{11} - A_1$;

回路二：$A_2 - A - A_1 - S_{41} - N - P - S_{12} - A_2$。

第二种是相间环流通路，以 A 相和 B 相为例，包括：

回路三：$A_2 - A - O - B - B_2 - S_{62} - N - P - S_{11} - A_1$；

回路四：$A_2 - A - O - B - B_1 - S_{61} - N - P - S_{12} - A_2$；

回路五：$B_2 - B - O - A - A_1 - S_{41} - N - P - S_{32} - B_2$；

回路六：$B_1 - B - O - A - A_2 - S_{42} - N - P - S_{31} - B_1$。

两种环流通路均由并联模块的两个开关管和滤波电感组成。二者的差别在于：第一种类型的回路称为零序环流回路，零序环流回路只包含一个直流源，回路中的两个开关管来源于不同模块同一相的上桥臂和下桥臂，当不同模块的开关管发生异步动作时，直流源的电动势是导致零序环流产生的直接原因；第二种类型的回路称为非零序环流回路，环流回路中同时包含直流源和交流电源，回路中的两个开关管来源于不同模块非同相的上桥臂和下桥臂，当环流通路中的两个开关管发生异步动作时，交流电源和直流源均会导致非零序环流的产生。在控制器性能良好的三相平衡系统中，逆变器的输出电流基本能够控制到给定值，因此模块间的非零序环流非常小，基本可以忽略不计。零序环流是并联模块间的主要环流问题，本章主要研究电感不平衡条件下的环流问题及其控制算法。

1.3.2　环流抑制的基本思路

由于环流是在两个并联逆变器之间流动，因此通过控制逆变器的零序电流，即可实现环流控制。根据并联三相逆变器的零序电流的数学模型（即式（1.27）），零序电流的变化率由两个逆变器的零序占空比之差决定。对于单个逆变器，由于环流通路不存在，通常不考虑零序分量。当两个逆变器并联时，就会形成环流通路，而零序通道是个仅含有电感的无阻尼回路，因此即使两个逆变器零序占空比之差较小，也会形成较大的零序电流，所以必须考虑零序分量的影响。

三相逆变器空间矢量脉宽调制（Space Vector Pulse Width Modulation，SVPWM）通常采用两个非零矢量 $\boldsymbol{V}_i (i=1 \sim 6)$ 和零矢量 $\boldsymbol{V}_i (i=0,7)$ 来合成参考电压，SVPWM 空间矢量图如图 1.12 所示。设两个非零矢量的占空比分别为 d_1、d_2，零矢量的占空比为 d_0，则 d_0 满足

$$d_0 = 1 - d_1 - d_2 \tag{1.40}$$

零矢量的分配方式不同，就会导致零序占空比 d_z 发生变化。以扇区 Ⅰ 为例，图 1.13 给出了一种典型的 SVPWM 方式，即最小损耗 SVPWM，在这种调制方式下，一个开关周期内仅使用一个零矢量（$\boldsymbol{V}_0$ 或 $\boldsymbol{V}_7$），因此仅有两相开关状态

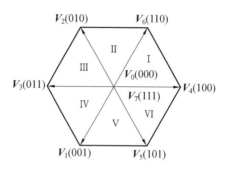

图 1.12　矢量 $\mathbf{V}_i(i=0\sim7)$ 的定义

发生变化,从而有助于减小开关损耗。这种条件下的零序占空比可表示为

$$d_z = d_a + d_b + d_c = 1 + (d_2 + d_0) + d_0 = 1 + d_2 + 2d_0 \tag{1.41}$$

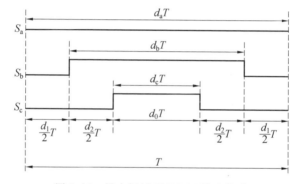

图 1.13　最小损耗 SVPWM 脉冲波形

同样以扇区 I 为例,图 1.14 给出了另外一种常用的 SVPWM 方式,即交替式 SVPWM。在这种调制方式下,每个开关周期内都采用两个零矢量($\mathbf{V}_0$ 和 $\mathbf{V}_7$),如果不对零序电流控制,则两个零矢量平均分配,此时有

$$d_z = d_a + d_b + d_c = \left(d_1 + d_2 + \frac{d_0}{2}\right) + \left(d_2 + \frac{d_0}{2}\right) + \frac{d_0}{2} = d_1 + 2d_2 + \frac{3d_0}{2} \tag{1.42}$$

显而易见,以上两种 SVPWM 方式的零矢量分配不同,零序占空比也不同。下面采用仿真软件对两种 SVPWM 方式的相占空比、零序占空比及两相占空比之差的波形进行绘制,进一步研究零矢量的分配对零序占空比和系统控制目标的影响。图 1.15 给出了最小损耗 SVPWM 各相占空比(d_a、d_b、d_c)和零序占空比(d_z)波形,图 1.16 给出了交替式 SVPWM 各相占空比(d_a、d_b、d_c)和零序占空比(d_z)波形,图 1.17 给出了两种不同 SVPWM 方式下各相占空比之差。从这几个图可以看出,在不同的调制方式下,零矢量的分配不同,每一相的占空比和零序占空比都会发生改变,但是两相的占空比之差不会发生改变,这表明零矢量的

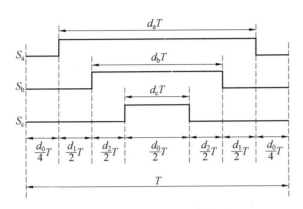

图 1.14　交替式 SVPWM 脉冲波形

分配不会影响系统的控制目标,即交流侧电流和直流母线电压。因此,通过控制零矢量的分配就可以控制零序占空比 d_z,从而控制零序电流。

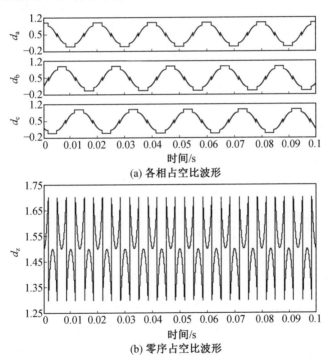

(a) 各相占空比波形

(b) 零序占空比波形

图 1.15　最小损耗 SVPWM 各相占空比和零序占空比波形

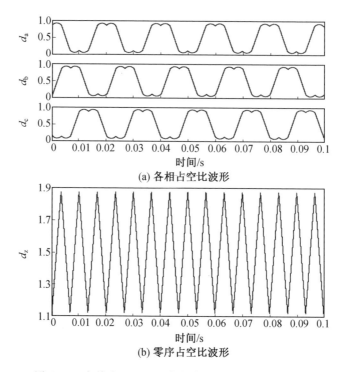

(a) 各相占空比波形

(b) 零序占空比波形

图 1.16　交替式 SVPWM 各相占空比和零序占空比波形

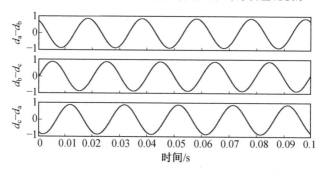

图 1.17　两种不同 SVPWM 方式下各相占空比之差

　　对于最小损耗 SVPWM,在一个开关周期内,仅采用一个零矢量($\boldsymbol{V}_0$ 或 $\boldsymbol{V}_7$),无法对零矢量的分配进行调节。而对于交替式 SVPWM,在一个开关周期内,采用了 $\boldsymbol{V}_0$ 和 $\boldsymbol{V}_7$ 两个零矢量,可以对两个零矢量所占比例实时地进行调节,从而控制零序电流。同样以扇区 I 为例,设在一个开关周期内,零矢量 $\boldsymbol{V}_7$ 的时间为 $(d_0/2-2y)T$,零矢量 $\boldsymbol{V}_0$ 的时间为 $(d_0/2+2y)T$,零序电流调节对应的 SVPWM 脉冲

波形如图 1.18 所示,其中变量 y 满足

$$-\frac{d_0}{4} \leqslant y \leqslant \frac{d_0}{4} \qquad (1.43)$$

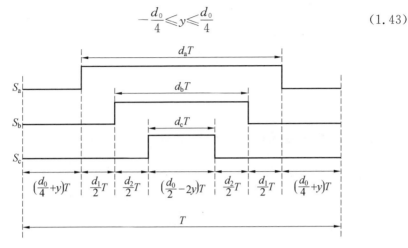

图 1.18　零序电流调节对应的 SVPWM 脉冲波形

这样零矢量 $\mathbf{V}_0$、$\mathbf{V}_7$ 占空比的取值范围均为 $[0, d_0]$,且满足两者之和为 d_0。此时,零序占空比为

$$d_z = d_a + d_b + d_c = \left(d_1 + d_2 + \frac{d_0}{2} - 2y\right) + \left(d_2 + \frac{d_0}{2} - 2y\right) + \left(\frac{d_0}{2} - 2y\right)$$

$$= d_1 + 2d_2 + 1.5d_0 - 6y \qquad (1.44)$$

这样,两个逆变器的零序占空比之差为

$$\Delta d_z = d_{z1} - d_{z2} = (d_{11} + 2d_{21} + 1.5d_{01} - 6y_1) - (d_{12} + 2d_{22} + 1.5d_{02} - 6y_2) \qquad (1.45)$$

式中,d_{1i}、d_{2i} 为逆变器 i 的两个非零矢量的占空比;d_{0i} 为逆变器 i 的零矢量的占空比;y_i 为逆变器 i 的零矢量的修正值。

对于包含两个逆变器的并联系统,由于两个逆变器的环流大小相等、方向相反,如果对其中一个逆变器的环流进行控制,则另外一个逆变器的环流自然也得到控制,因此,可令 $y_1 = 0$。此外,由于 $d_{0i} = 1 - d_{1i} - d_{2i}(i = 1, 2)$,式(1.45)可以化简为

$$\Delta d_z = \frac{1}{2}(-d_{11} + d_{21} + d_{12} - d_{22} + 12y_2) \qquad (1.46)$$

记 $\Delta d_{12} = -d_{11} + d_{21} + d_{12} - d_{22}$,则式(1.46)可化为

$$\Delta d_z = \frac{1}{2}(\Delta d_{12} + 12y_2) \qquad (1.47)$$

故零序电流在同步旋转坐标系下的数学模型(即式(1.27))可以化为

$$(L_1+L_2)\frac{\mathrm{d}i_{z2}}{\mathrm{d}t}=-(R_1+R_2)\cdot i_{z2}+\frac{1}{2}(\Delta d_{12}+12y_2)\cdot u_{dc} \qquad (1.48)$$

对上式做拉普拉斯变换(假定 u_{dc} 保持恒定),可得零序电流的传递函数为

$$I_{z2}=\frac{6U_{dc}\cdot\left(Y_2+\dfrac{\Delta D_{12}}{12}\right)}{(L_1+L_2)s+(R_1+R_2)} \qquad (1.49)$$

1.3.3 零矢量前馈环流抑制策略

当两个逆变器的给定电流相等时,电流调节器输出的电压给定值基本相等,故 $d_{11}=d_{12}$,$d_{21}=d_{22}$,此时,$\Delta d_{12}=0$,这样,零序电流的传递函数可以化为

$$I_{z2}(s)=\frac{6U_{dc}\cdot Y_2(s)}{(L_1+L_2)s+(R_1+R_2)} \qquad (1.50)$$

由上式可以看出,零轴与 d 轴和 q 轴完全解耦,并且是一个一阶系统,因此,零序电流环的带宽可以设计得很高,可以采用 PI 调节器作为零序电流的控制器,将零序电流的给定值与采样值作差,对其偏差进行 PI 调节,即可得到第二个逆变器零矢量的修正值为

$$y_2=\left(K_{p\_z}+\frac{K_{i\_z}}{s}\right)\cdot(i_{z2\_ref}-i_{z2}) \qquad (1.51)$$

这样,零序电流环的控制框图如图 1.19 所示。

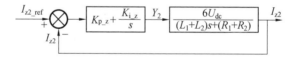

图 1.19 零序电流环控制框图

环流的 PI 控制方案如图 1.20 所示,图中 PLL 表示锁相环。第一个逆变器仅对 d 轴和 q 轴电流进行控制,而不对零轴电流进行控制,在进行 SVPWM 调制时,采用图 1.14 所示的矢量分配方式,即零矢量 $\boldsymbol{V}_0$ 和 $\boldsymbol{V}_7$ 平均分配。第二个逆变器除了对 d 轴和 q 轴电流进行控制外,还要对零轴电流进行控制。首先对第二个逆变器的零序电流 i_{z2} 进行采样,然后根据 PI 控制器(即式(1.51))计算出零矢量的修正值 y_2,最后根据图 1.18 所示 SVPWM 波形实时地调节零矢量的分配。

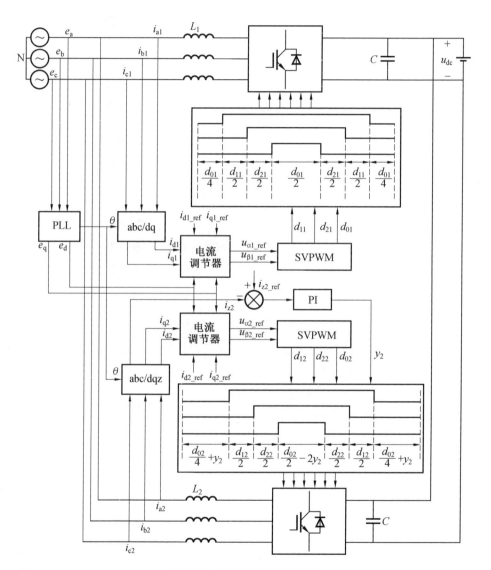

图 1.20　环流的 PI 控制方案

　　然而,只有在两个逆变器的给定电流相等时,这种方法才能实现较好的控制效果,当两个逆变器的给定电流不相等时,控制效果较差,因此需要考虑对这种方法进行改进。

　　当两个逆变器的给定电流不相等时,由式(1.49)可以看到,环流除了受零矢量修正值 y_2 的控制,还会受到各逆变器 d 轴和 q 轴电流控制器输出的影响,具体来讲,就是受两个逆变器非零矢量占空比之差的影响。为了消除该影响,引入两个逆变器非零矢量占空比之差即 Δd_{12} 的前馈控制,这样即可得到控制量

$$y_2 = \left(K_{p\_z} + \frac{K_{i\_z}}{s}\right) \cdot (i_{z2\_ref} - i_{z2}) - \frac{\Delta d_{12}}{12} \tag{1.52}$$

　　此时,带前馈控制的零序电流环控制框图如图 1.21 所示,这样,干扰量与前馈分量相互抵消,零序电流环控制框图就可以简化为图 1.19。

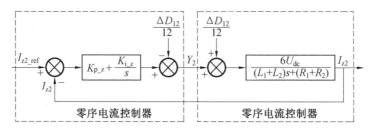

图 1.21　带前馈控制的零序电流环控制框图

　　此时,环流的前馈控制方案如图 1.22 所示,与环流的 PI 控制方案类似,第一个逆变器仅对 d 轴和 q 轴电流进行控制,而不对零轴电流进行控制,在进行SVPWM 调制时,零矢量 $\boldsymbol{V}_0$ 和 $\boldsymbol{V}_7$ 平均分配。第二个逆变器除了对 d 轴和 q 轴电流进行控制外,还要对零轴电流进行控制。首先对第二个逆变器的零序电流 i_{z2} 进行采样,然后根据零序电流控制器(即式(1.52))计算出零矢量的修正值 y_2,最后根据图 1.18 所示 SVPWM 波形实时调节零矢量的分配。

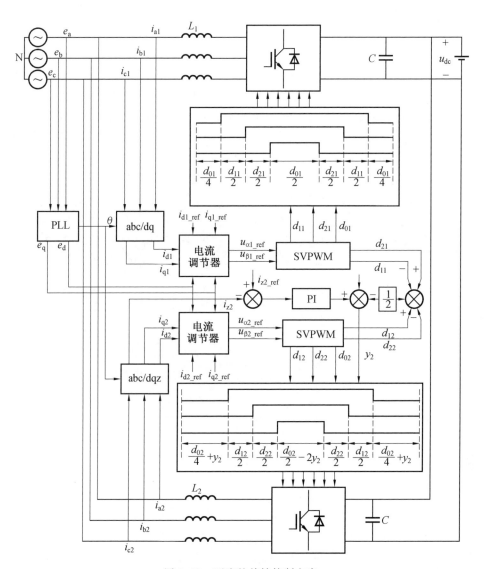

图1.22　环流的前馈控制方案

1.3.4 仿真与实验验证

1. 仿真结果

为了验证上述环流控制策略的正确性,首先在仿真软件中进行了验证。仿真中直流电压 $U_{dc}=500$ V,交流线电压 $U_{PP}=190$ V,仿真步长 $T_s=2~\mu s$,PWM开关频率 $f_{PWM}=5$ kHz。

图 1.23 为两个逆变器滤波电感相等、给定电流相等时的仿真结果,图中从上到下依次为两个逆变器 A 相电流和零序电流。仿真条件为:模块一滤波电感为 6 mH,模块二滤波电感为 6 mH,模块一给定相电流为 10 A,模块二给定相电流为 10 A。从仿真结果可以看出,在此情况下,由于两个逆变器的硬件参数、给定电流完全一致,即使不引入环流抑制方案,系统也不存在环流。

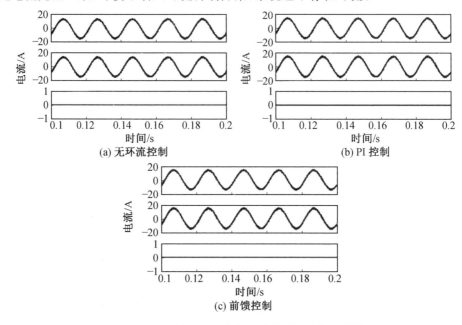

图 1.23　滤波电感相等、给定电流相等时的仿真结果

常规情况下,并联模块通常只考虑并联均流的情况,在一些特殊情况下可能需要对各模块的电流给定进行分配,即每个逆变器具有不同的电流给定值。图 1.24 所示为滤波电感相等、给定电流不相等时的仿真结果,图中从上到下依次为两个逆变器 A 相电流和零序电流。仿真条件为:模块一滤波电感为 6 mH,模块二滤波电感为 6 mH,模块一给定相电流为 10 A,模块二给定相电流为 5 A。从

仿真结果可以看到,在不针对环流进行控制的情况下,电流波形会发生严重畸变;采用环流 PI 控制对环流有一定的抑制效果,但电流波形仍存在一定畸变;而采用环流前馈控制方法时,环流抑制效果明显优于环流的 PI 控制方案。

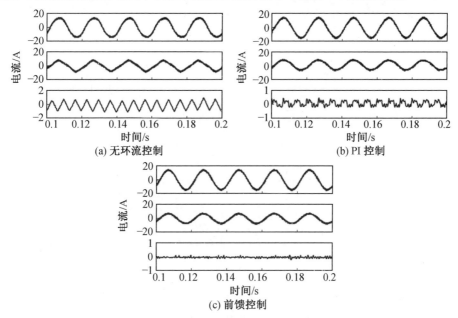

图 1.24　滤波电感相等、给定电流不相等时的仿真结果

　　考虑到实际运行系统中并联逆变器滤波电感值可能存在偏差,图 1.25 给出了滤波电感不相等、给定电流相等时的仿真结果,图中从上到下依次为两个逆变器 A 相电流和零序电流。仿真条件为:模块一滤波电感为 6 mH,模块二滤波电感为 4 mH,模块一给定相电流为 10 A,模块二给定相电流为 10 A。通过仿真结果可以看出,在不针对环流进行控制的情况下,电流波形会发生严重畸变;采用环流 PI 控制对环流有一定的抑制效果,但电流波形仍存在一定畸变;而采用环流前馈控制方法时,环流抑制效果明显优于 PI 控制方案。

　　图 1.26 综合考虑了两个逆变器滤波电感不相等、给定电流不相等的情况,图中从上到下依次为两个逆变器 A 相电流和零序电流。仿真条件为:模块一滤波电感为 6 mH,模块二滤波电感为 4 mH,模块一给定相电流为 10 A,模块二给定相电流为 5 A。通过仿真结果可以看出,当滤波电感不相等且给定电流也不相等时,不采用环流控制时电流基本失控;采用传统的环流 PI 控制时,电流的畸变仍然很大;而采用本节提出的环流前馈控制策略则可以取得很好的环流抑制效果。

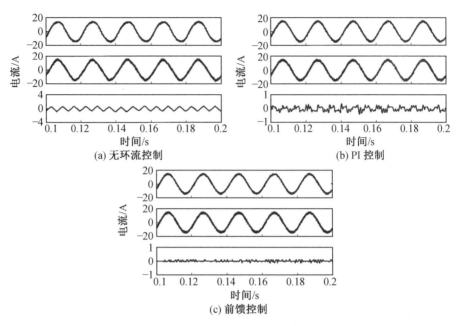

图 1.25　滤波电感不相等、给定电流相等时的仿真结果

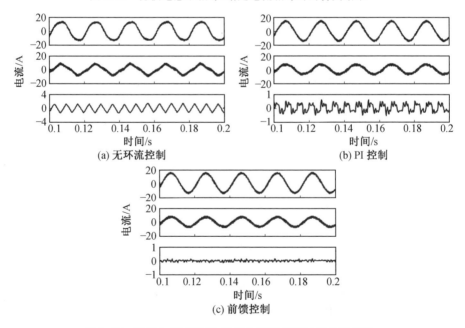

图 1.26　滤波电感不相等、给定电流不相等时的仿真结果

通过以上四种条件下的仿真结果可以看出,当且仅当各逆变器滤波电感相等且各模块给定电流相等时,传统 PI 控制的环流抑制效果较好;当各逆变器滤波电感不相等或各模块给定电流不相等时,传统 PI 控制的环流抑制效果较差;而本节提出的前馈控制策略在各模块滤波电感不相等以及给定电流不相等时,都能取得很好的环流抑制效果。

2. 实验结果

为了验证前面所提电流控制策略和环流前馈控制策略的有效性,在双机并联逆变器实验平台上进行了实验。实验中直流电压 $U_{dc}=500$ V,交流侧线电压 $U_{PP}=190$ V,模块一滤波电感 $L_1=6$ mH,模块二滤波电感 $L_2=6$ mH,模块一的给定相电流 $I_{a1\_ref}=10$ A,模块二的给定相电流 $I_{a2\_ref}=10$ A。

首先对系统的动态响应进行了测试,系统启动时刻电流波形如图 1.27 所示,图 1.27(a)所示为模块一启动时刻电流波形,图 1.27(b)所示为模块二启动时刻电流波形,在这两个图中,自上到下依次是环流波形、第一个逆变器的相电流波形和第二个逆变器的相电流波形。可以看出,逆变器启动速度较快,相电流基本无冲击,模块二启动时零序环流有较小冲击。

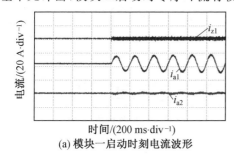

(a) 模块一启动时刻电流波形

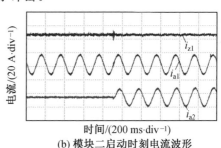

(b) 模块二启动时刻电流波形

图 1.27　系统启动时刻电流波形

为了进一步验证基于前馈的环流抑制策略的有效性,分别在无环流控制、PI 环流控制、前馈环流控制三种条件下进行了实验。

图 1.28 所示为两个逆变器滤波电感相等、给定电流相等时的实验结果。实验条件为:模块一滤波电感 $L_1=6$ mH,模块二滤波电感 $L_2=6$ mH,模块一给定相电流 $I_{a1\_ref}=10$ A,模块二给定相电流 $I_{a2\_ref}=10$ A。从实验结果可以看出,由于两个模块的参数不可能完全一样,如果不对环流进行控制,系统会存在零序环流,相电流发生畸变,传统的环流 PI 控制和环流前馈控制均可以实现良好的控制效果,环流前馈控制效果略好于 PI 控制。

图 1.29 给出了滤波电感相等、给定电流不相等时的实验结果。实验条件

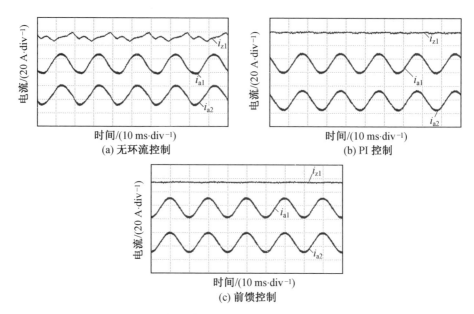

图 1.28 滤波电感相等、给定电流相等时的实验结果

为:模块一滤波电感 $L_1=6$ mH,模块二滤波电感 $L_2=6$ mH,模块一给定相电流 $I_{a1\_ref}=10$ A,模块二给定相电流 $I_{a2\_ref}=5$ A。从实验结果可以看到,当两个模块给定电流不相等时,在不针对环流进行控制的情况下,电流波形会发生严重畸变;采用环流 PI 控制对环流有一定的抑制效果,但电流波形仍存在一定畸变;而采用环流前馈控制方法时,环流抑制效果明显优于 PI 控制方案。

考虑到实际运行系统中并联逆变器各个模块的滤波电感值可能存在偏差,图 1.30 给出了滤波电感不相等、给定电流相等时的实验结果。实验条件为:模块一滤波电感 $L_1=6$ mH,模块二滤波电感 $L_2=4$ mH,模块一给定相电流 $I_{a1\_ref}=10$ A,模块二给定相电流 $I_{a2\_ref}=10$ A。通过实验结果可以看出,当两个模块滤波电感不相等时,在不针对环流进行控制的情况下,电流波形会发生严重畸变;采用环流 PI 控制对环流有一定的抑制效果,但电流波形仍存在一定畸变;而采用环流前馈控制方法时,环流抑制效果明显优于 PI 控制方案。

图 1.31 所示为综合考虑了两个逆变器滤波电感不相等、给定电流不相等时的实验结果。实验条件为:模块一滤波电感 $L_1=6$ mH,模块二滤波电感 $L_2=4$ mH,模块一给定相电流 $I_{a1\_ref}=10$ A,模块二给定相电流 $I_{a2\_ref}=5$ A。通过实验结果可以看出,当两个模块滤波电感不相等且给定电流不相等时,不采用环流控制时电流基本失控;采用传统的环流 PI 控制时电流的畸变仍然很大;而采用本节提出的环流前馈控制策略,则可以取得很好的环流抑制效果。

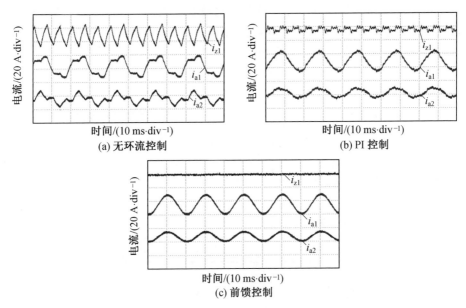

(a) 无环流控制 (b) PI 控制

(c) 前馈控制

图 1.29 滤波电感相等、给定电流不相等时的实验结果

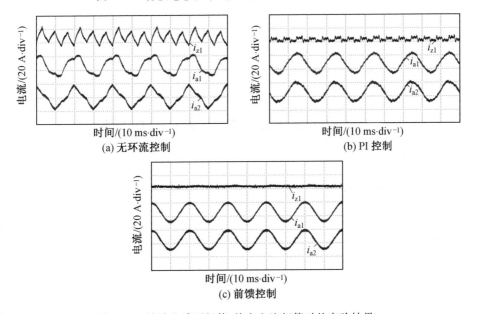

(a) 无环流控制 (b) PI 控制

(c) 前馈控制

图 1.30 滤波电感不相等、给定电流相等时的实验结果

从以上实验结果可以看出,当且仅当各逆变器滤波电感相等且各模块给定电流相等时,传统 PI 控制的环流抑制效果较好;当各逆变器滤波电感不相等或各模块给定电流不相等时,传统 PI 控制的环流抑制效果较差。而本节提出的前馈控制策略在各模块滤波电感不相等或给定电流不相等时,也能取得很好的环流抑制效果,这些结论均与仿真结果相一致。

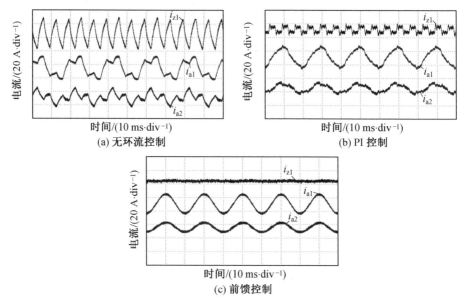

图 1.31　滤波电感不相等、给定电流不相等时的实验结果

1.4　多机并联两电平逆变器的环流抑制

1.4.1　多逆变器并联系统环流模型

　　共直流母线 N 功率模块并联拓扑结构如图 1.32 所示。取直流母线电压的负极为参考点,则三相静止坐标系下 N 个三相 PWM 逆变器并联的平均模型可表示为

$$\frac{\mathrm{d}}{\mathrm{d}t}\begin{bmatrix} i_{ai} \\ i_{bi} \\ i_{ci} \end{bmatrix} = \frac{1}{L_i}\begin{bmatrix} e_a \\ e_b \\ e_c \end{bmatrix} + \frac{1}{L_i}\begin{bmatrix} u_N \\ u_N \\ u_N \end{bmatrix} - \frac{1}{L_i}\begin{bmatrix} d_{ai} \\ d_{bi} \\ d_{ci} \end{bmatrix} \cdot u_{dc} \tag{1.53}$$

式中,下标 i 表示第 i 个逆变器的相关变量,且 $i=1,2,\cdots,N$;i_a、i_b、i_c 分别为三相电流;L 为交流侧滤波电感;e_a、e_b、e_c 为电网相电压;u_N 为电网中性点电压;d_a、d_b、d_c 为三相桥臂上桥臂开关占空比;u_{dc} 为直流母线电压。

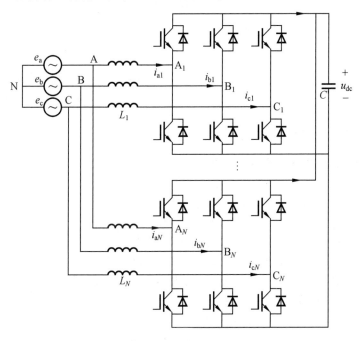

图 1.32　共直流母线 N 功率模块并联拓扑结构

第 i 个逆变器的零序电流可以定义为

$$i_{zi}=i_{ai}+i_{bi}+i_{ci} \tag{1.54}$$

仿照零序电流的定义,第 i 个逆变器的零序占空比可定义为

$$d_{zi}=d_{ai}+d_{bi}+d_{ci} \tag{1.55}$$

由于电网电压三相平衡时,$e_a+e_b+e_c=0$,故由式(1.53)~(1.55)可以得到第 i 个逆变器的零序电流为

$$\frac{\mathrm{d}i_{zi}}{\mathrm{d}t}=\frac{1}{L_i}(3u_N-d_{zi}\cdot u_{dc}) \tag{1.56}$$

由式(1.56)可知,每个逆变器的零序电流都有相同形式的表达式,将这 N 个表达式相加可得

$$\frac{\mathrm{d}\left(\sum\limits_{i=1}^{N}i_{zi}\right)}{\mathrm{d}t}=3u_N\cdot\sum_{i=1}^{N}\frac{1}{L_i}-u_{dc}\cdot\sum_{i=1}^{N}\frac{d_{zi}}{L_i} \tag{1.57}$$

系统稳定运行时，系统环流只在系统内部流动，故所有模块零序电流的代数和应为零，即

$$\sum_{i=1}^{N} i_{zi} = 0 \tag{1.58}$$

将式(1.58)代入式(1.57)中可以得到电网中性点电压为

$$3u_{\mathrm{N}} = \frac{u_{\mathrm{dc}} \cdot \sum\limits_{i=1}^{N} \dfrac{d_{zi}}{L_i}}{\sum\limits_{i=1}^{N} \dfrac{1}{L_i}} \tag{1.59}$$

将式(1.59)代入第 N 个逆变器零序电流表达式 $\dfrac{\mathrm{d}i_{zN}}{\mathrm{d}t} = \dfrac{1}{L_N}(3u_{\mathrm{N}} - d_{zN} \cdot u_{\mathrm{dc}})$ 中，可得第 N 个逆变器零序电流的数学模型为

$$\frac{\mathrm{d}i_{zN}}{\mathrm{d}t} = \frac{u_{\mathrm{dc}}}{L_N} \cdot \frac{\sum\limits_{i=1}^{N-1} \dfrac{d_{zi} - d_{zN}}{L_i}}{\sum\limits_{i=1}^{N} \dfrac{1}{L_i}} \tag{1.60}$$

若只考虑零序电流，第 N 个逆变器可看成大小为 L_N 的电感与一个受控电压源串联，电感中的电流即为第 N 个逆变器中零序电流，于是得到第 N 个逆变器零序电流物理模型，如图 1.33 所示。

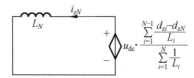

图 1.33　第 N 个逆变器零序电流物理模型

从零序电流的数学模型与物理模型都可以看出，第 N 个逆变器零序电流的变化率跟第 N 个逆变器与其余逆变器的零序占空比之差有关。从图 1.33 可以看出，回路中仅含有一个无阻尼的电感，即使占空比之差很小，也会形成较大的零序电流，故下面结合空间矢量脉宽调制(SVPWM)的原理来分析逆变器零序占空比对零序环流的影响。

1.4.2　多逆变器并联环流抑制原理

三相逆变器常使用 SVPWM 方法进行调制，即在每个开关周期内使用六个非零矢量 $\boldsymbol{V}_i(i=1,2,3,4,5,6)$ 中的两个以及两个零矢量 $\boldsymbol{V}_0$ 和 $\boldsymbol{V}_7$ 来合成参考电压矢量。其中最常用的是七段式开关序列，即零矢量 $\boldsymbol{V}_0$ 放在开关周期的首尾、

V_7 放在开关周期的中间。对于给定的参考电压,三相开关占空比 d_a、d_b 和 d_c 中任意两相之差不变,即每个开关周期内两个非零矢量的作用时间不变,唯一可调的只有零矢量 V_0 和 V_7 的作用时间。由于零矢量 V_0 和 V_7 作用时间的调整并不影响参考电压矢量,故可通过调节每个逆变器零矢量 V_0 和 V_7 的作用时间来改变其零序占空比 d_z,从而将每个逆变器的环流控制转化为对零矢量占空比的调整。

现对第 i 个逆变器的零矢量增加一个修正值 ε_i,即在一个开关周期内,两个非零矢量的占空比仍为 d_1 和 d_2,零矢量 V_0 的占空比调整为 $(d_{0i}/2+\varepsilon_i)$,相应地,V_7 的占空比调整为 $(d_{0i}/2-\varepsilon_i)$,于是第 i 个逆变器的零序占空比变为

$$d_{zi}=d_{ai}+d_{bi}+d_{ci}=\left(d_{1i}+d_{2i}+\frac{d_{0i}}{2}-\varepsilon_i\right)+\left(d_{2i}+\frac{d_{0i}}{2}-\varepsilon_i\right)+\left(\frac{d_{0i}}{2}-\varepsilon_i\right)$$

$$=d_{1i}+2d_{2i}+\frac{3}{2}d_{0i}-3\varepsilon_i=\frac{1}{2}(-d_{1i}+d_{2i}-6\varepsilon_i) \tag{1.61}$$

式中,下标 i 表示第 i 个逆变器的相关变量,且 $i=1,2,\cdots,N$。

将式(1.61)代入式(1.60)中,可以得到第 N 个逆变器的环流表达式为

$$\frac{\mathrm{d}i_{zN}}{\mathrm{d}t}=\frac{3u_{\mathrm{dc}}\sum\limits_{i=1}^{N-1}\frac{1}{L_i}}{L_N\sum\limits_{i=1}^{N}\frac{1}{L_i}}\left[\varepsilon_N-\frac{\sum\limits_{i=1}^{N-1}\frac{\varepsilon_i}{L_i}-\frac{1}{6}\sum\limits_{i=1}^{N-1}\frac{\Delta d_{iN}}{L_i}}{\sum\limits_{i=1}^{N-1}\frac{1}{L_i}}\right]=\frac{3u_{\mathrm{dc}}}{L_N'}\left(\varepsilon_N-\overline{\varepsilon_i}+\frac{1}{6}\overline{\Delta d_{iN}}\right)$$

$$\tag{1.62}$$

式中

$$\Delta d_{iN}=-d_{1i}+d_{2i}+d_{1N}-d_{2N}$$

$$L_N'=L_N\sum_{i=1}^{N}\frac{1}{L_i}\bigg/\sum_{i=1}^{N-1}\frac{1}{L_i}$$

$$\overline{\varepsilon_i}=\sum_{i=1}^{N-1}\frac{\varepsilon_i}{L_i}\bigg/\sum_{i=1}^{N-1}\frac{1}{L_i}$$

$$\overline{\Delta d_{iN}}=\sum_{i=1}^{N-1}\frac{\Delta d_{iN}}{L_i}\bigg/\sum_{i=1}^{N-1}\frac{1}{L_i}$$

1.4.3　环流控制具体方案

多逆变器并联最简单的情况其实就是两个逆变器并联,即令式(1.62)中的 $N=2$。此时两个逆变器的环流大小相等、方向相反,只控制其中一个逆变器的环流,即让 $\varepsilon_1=0$,整个系统的环流便得到控制。系统的环流模型也简化为

$$\frac{\mathrm{d}i_{z2}}{\mathrm{d}t}=\frac{3u_{\mathrm{dc}}}{L_1+L_2}\left(\varepsilon_2-\frac{1}{6}\Delta d_{12}\right) \tag{1.63}$$

将这种思想扩展到 N 个逆变器,可以得到以下三种不同的控制思路。

1. 所有逆变器同时控制

所有逆变器同时控制即对 N 个并联逆变器中每两个逆变器之间的环流都进行控制。这种思路将 N 个逆变器并联的系统转化成许多个由两台逆变器组成的小系统,每次只需控制两个逆变器间的环流,控制器设计较为简单,而且控制某一逆变器的环流时兼顾了其余 $(N-1)$ 个逆变器的零序矢量修正值,故可将所有逆变器的环流控制在同一水平上,实现均流。但由于每个逆变器需要与其余 $(N-1)$ 个逆变器中的每一个进行环流控制,共需 $N(N-1)/2$ 个环流控制器,环流控制器数量太多,结构复杂,系统稳定性降低。此外,由于每个逆变器有 $(N-1)$ 个环流控制器,即零矢量的修正值有 $(N-1)$ 个,但最终只使用一个修正值,这些零矢量的修正值的处理(取平均值等)会进一步增加结构的复杂性。

2. 基于传统 PI 控制器的环流控制

为简化第一种思路的控制方法,暂时不对第一个逆变器的环流进行控制,只控制其余 $(N-1)$ 个逆变器与第一个逆变器间的环流,而其余 $(N-1)$ 个逆变器之间的环流也不控制,这样一共只需 $(N-1)$ 个环流控制器,数量相比于第一种思路大为减小。

若第一个逆变器的环流不控制,即 $\varepsilon_1=0$,且只考虑第 $2\sim N$ 个逆变器与第一个逆变器之间的环流,对式(1.63)进行拉氏变换可得

$$I_{zi}(s)=\frac{3U_{dc}}{(L_1+L_i)s}\left[E_i(s)-\frac{1}{6}\Delta D_{1i}(s)\right] \tag{1.64}$$

可见,第 i 个逆变器零序电流的数学模型是一个含扰动量 $\Delta D_{1i}(s)/6$ 的一阶系统。由于所有的逆变器采用共直流母线结构,故当逆变器的给定电流相同时,期望输出电压也相同,故 $d_{1i}=d_{11}$,$d_{2i}=d_{21}$,此时 $\Delta d_{1i}=0$,系统不含扰动量。可使用 PI 调节器对第 i 个逆变器零序电流的给定值与采样值之差进行调节,得出第 i 个逆变器零矢量的调节量。第 i 个逆变器零序环流的 PI 控制框图如图 1.34 所示,为了尽可能减小零序电流 I_{zi},应让零序电流给定值 I_{zi_ref} 为零。

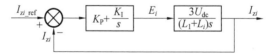

图 1.34 第 i 个逆变器零序环流的 PI 控制框图

这种方法没有考虑扰动量 $\Delta D_{1i}(s)/6$ 对零序环流的影响,故在逆变器给定电流不同时,环流控制效果较差。由式(1.62)可以看出,第 N 个逆变器的零序环流

同样受其他$(N-1)$个逆变器的交流侧滤波电感影响。这是因为即使每个逆变器的给定电流相同,若交流侧滤波电感大小不同,则其上电压降也不同,相当于每个逆变器交流侧电压不同,于是每个逆变器中非零矢量的作用时间就会不同,同样会导致$\Delta D_{1i}(s)$不为零。此外,这种方法只控制第一个逆变器与第2～N个逆变器间的环流,此$(N-1)$个逆变器之间的环流并没有控制,故它们各自的环流大小可能相差很多,无法实现各逆变器环流均流。

3. 基于虚拟逆变器的前馈控制

为了抵消$\Delta D_{1i}(s)$产生的扰动且能在一定程度上实现各逆变器零序环流均流,现提出一种基于虚拟逆变器思想的前馈控制:将环流已经得到控制的前$(N-1)$个逆变器视为一个单独的虚拟逆变器,只需控制第 N 个逆变器的环流,此虚拟逆变器与第 N 个逆变器间的环流即可得到控制,进而整个系统的环流也得到了控制。

假定直流母线电压u_{dc}保持不变,对式(1.62)进行拉氏变换可得

$$I_{zN}(s)=\frac{3U_{dc}/L_N'}{s}\left[E_N(s)-\overline{E}_i(s)+\frac{1}{6}\Delta\overline{D}_{iN}(s)\right] \tag{1.65}$$

可见,采用虚拟模块的思路之后,第 N 个逆变器零序电流表达式中多了一个由其余$(N-1)$个逆变器零矢量修正值带来的扰动$\overline{E}_i(s)$,为了消除$\overline{E}_i(s)$和$\frac{1}{6}\Delta\overline{D}_{iN}(s)$的影响,可将这两个量作为前馈量使用,得到第 N 个逆变器零序电流的前馈控制框图,如图 1.35 所示。

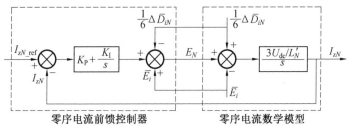

图 1.35 第 N 个逆变器零序电流的前馈控制框图

N 个逆变器并联系统的环流控制框图如图 1.36 所示。系统中第一个逆变器的零序环流不控制,即$\varepsilon_1=0$,其余逆变器的零矢量修正值ε_i可根据图 1.35 或图 1.36(b)所示的前馈控制器计算出来,计算不同逆变器零矢量修正值时只需改变 N 的值即可。在计算ε_N时,需要对其余$(N-1)$个逆变器的零矢量修正值、非零矢量占空比及第 N 个逆变器的零序电流i_{zN}采样,为了尽可能减小零序电流I_{zN},零序电流给定值I_{zN_ref}应为零。

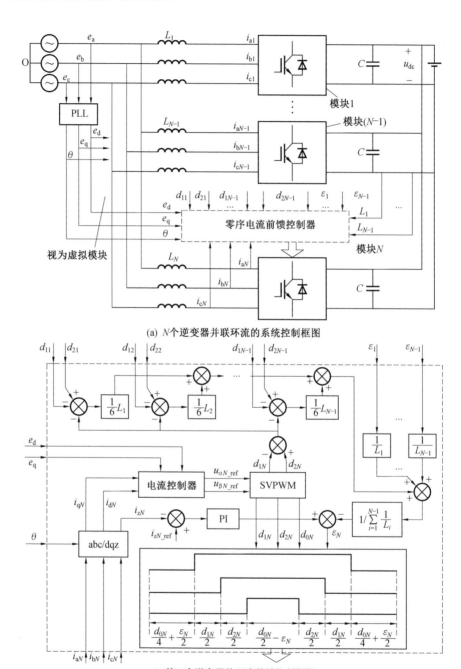

(a) N个逆变器并联环流的系统控制框图

(b) 第N个逆变器的环流前馈控制框图

图 1.36　N个逆变器并联系统的环流控制框图

在控制第 N 个逆变器时,假设前 $(N-1)$ 个逆变器间的环流已经得到控制,即假设前 $(N-1)$ 个逆变器间已经不存在环流,然而实际情况达不到这样的控制效果,各个逆变器的环流控制效果不尽相同,所以只能在一定程度上实现环流的均流。此外,从式(1.62)可以看出,环流控制效果依赖于交流侧滤波电感值的精确性,因此需要事先知道系统交流侧滤波电感值的大致范围。而且随着逆变器数量的增加,环流表达式会变得越来越复杂,环流控制也会变得复杂,但根据控制效果来看,在复杂性方面付出这样的代价是值得的。

1.4.4 仿真及实验结果

由于仿真模型使用模块化设计,因此很容易对逆变器的组合和交流侧滤波电感进行研究。仿真时采用三个模块并联,已经能够代表任意数量模块并联的情况。使用前馈控制策略来控制给定电流和交流侧滤波电感大小不同时的环流,并与只使用 PI 控制做对比。给定电流和交流侧滤波电感采用下列值:$I_{a1\_ref}=0\ \text{A}$,$I_{a2\_ref}=5\ \text{A}$,$I_{a3\_ref}=10\ \text{A}$;$L_1=4\ \text{mH}$,$L_2=5\ \text{mH}$,$L_3=6\ \text{mH}$。其余仿真变量与实验参数相同,其中直流母线电压 $u_{dc}=500\ \text{V}$,交流侧线电压 $U_n=190\ \text{V}$,开关频率 $f_s=5\ \text{kHz}$。

图 1.37~1.39 分别为不加环流控制、使用环流 PI 控制及使用环流前馈控制时各模块 A 相电流 i_a 及环流 i_z 的波形。

对比图 1.37~1.39 可以看出,不加环流控制时,环流主要在模块 1 和模块 3 中且较大,模块 2 中的环流较小;使用环流 PI 控制时,模块 1 和模块 3 中的环流得到一定的抑制,但仍与模块 2 中的环流相差较大;当使用环流前馈控制时,3 个模块各自的环流已经得到很好的控制,且它们的最大值几乎相等,在实现环流抑制的同时也实现了环流均流。

由于条件限制,只用了两个三相 PWM 逆变器并联进行实验。逆变器模块使用 Infineon 公司的 IGBT 逆变器模块 FF1400R12IP4,控制器使用 TI 公司的 TSM320F2812。对照仿真条件,使用如下参数进行实验:$I_{a1\_ref}=5\ \text{A}$,$I_{a2\_ref}=10\ \text{A}$;$L_1=4\ \text{mH}$,$L_2=6\ \text{mH}$。实验波形如图 1.40~1.42 所示,分别表示无环流控制、使用环流 PI 控制和环流前馈控制时的电流波形。实验结果显示,无环流控制时电流基本失控,使用环流 PI 控制时电流仍有较大畸变,而使用环流前馈控制时,环流抑制效果很好,与仿真结果和理论分析基本相符。

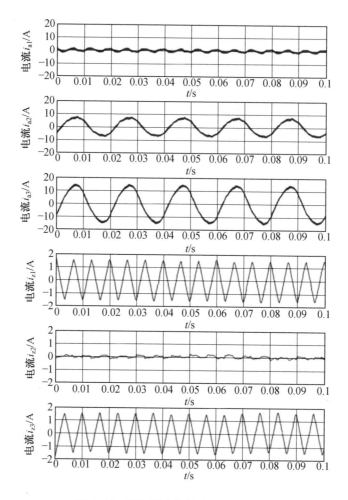

图 1.37　不加环流控制时的电流波形

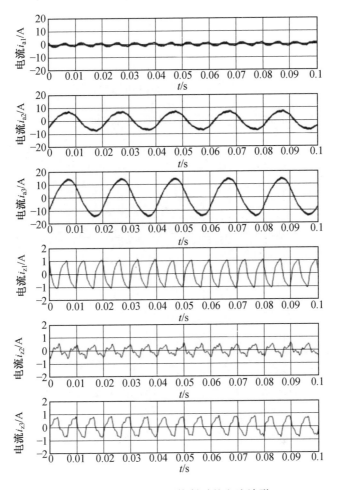

图 1.38　使用环流 PI 控制时的电流波形

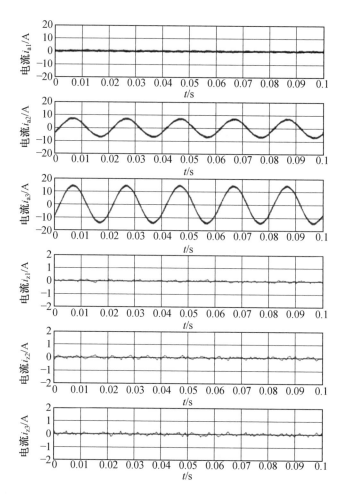

图 1.39 使用环流前馈控制时的电流波形

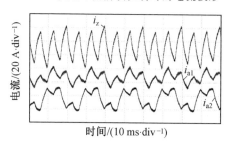

图 1.40 无环流控制时的电流波形

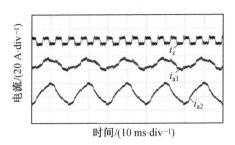

图 1.41　使用环流 PI 控制时的电流波形

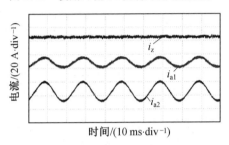

图 1.42　使用环流前馈控制时的电流波形

1.5　无差拍理论在环流控制中的应用

1.5.1　环流无差拍控制方案

将零序电流在同步旋转坐标系下的数学模型改写为离散形式,有

$$\frac{i_{z2}(k+1)-i_{z2}(k)}{T}=\frac{\frac{1}{2}\left[\Delta d_{12}(k)+12y_2(k)\right]u_{dc}(k)}{L_1+L_2} \tag{1.66}$$

式中,$x(k)$ 表示在 kT 时刻物理量 x 的采样值;T 为采样周期。

忽略系统采样及计算延时,设在 $(k+1)T$ 时刻期望得到的零序电流为 i_{z_ref},这样即可得到该周期内的控制量 $y_2(k)$ 为

$$y_2(k)=\frac{\frac{\left[i_{z2\_ref}-i_{z2}(k)\right](L_1+L_2)}{Tu_{dc}(k)}-\frac{1}{2}\Delta d_{12}(k)}{6} \tag{1.67}$$

如果不考虑直流母线电压的输出能力,系统的零序电流将在 $(k+1)T$ 时刻达到给定值 i_{z_ref}。为了尽可能减小零序电流,令 $i_{z\_ref}=0$,此时,有

$$y_2(k) = -\frac{\dfrac{i_{z2}(k)(L_1+L_2)}{Tu_{dc}(k)}+\dfrac{1}{2}\Delta d_{12}(k)}{6} \tag{1.68}$$

此时的系统控制框图如图 1.43 所示,第 1 个逆变器仅对 d 轴和 q 轴电流进行控制,而不对零轴电流进行控制,在进行 SVPWM 调制时,零矢量 $\mathbf{V}_0$ 和 $\mathbf{V}_7$ 平

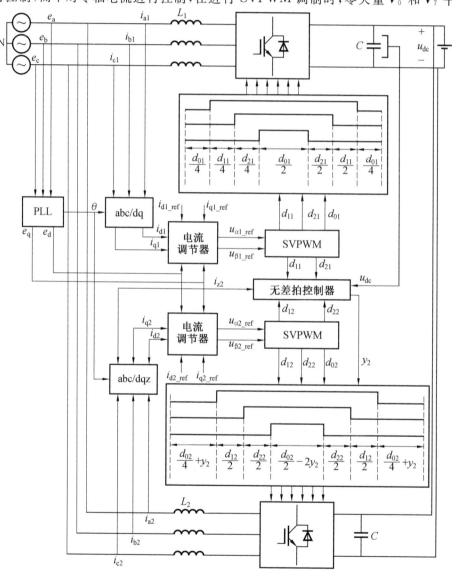

图 1.43 系统控制框图

均分配。第 2 个逆变器除了对 d 轴和 q 轴电流进行控制外,还要对零轴电流进行控制。首先对第 2 个逆变器的零序电流 i_{z2} 进行采样;其次根据无差拍控制器计算出零矢量的修正值 y_2;最后根据图 1.18 所示的调制波形实时调节零矢量的分配。

以上方法同样适用于多模块并联情况。以 3 模块并联情况为例,并联系统中前 2 个模块的控制可以完全采用前面所述的控制方法,针对第 3 个模块采用环流控制时,可以将前 2 个并联模块视为一个虚拟的单独模块。由于各模块间采用共直流母线的结构,因此可以将计算所得第 1 个和第 2 个模块输出的电压零矢量平均值作为单独虚拟模块的零矢量输出,第 3 个模块可以根据虚拟模块的零矢量输出和自身环流采取相应的控制策略。依此类推,当采用 n 模块并联时,可以将之前 $n-1$ 个模块视为虚拟的单独模块,通过模块 n 来进行环流控制。

1.5.2　实验结果及分析

为了验证环流无差拍控制策略的有效性,在双机并联逆变器实验平台上进行了实验。功率器件采用 Infineon 公司的 FF1400R12IP4,开关频率为 5 kHz,控制器采用 TI 公司的 TMS320F2812。实验中直流电压为 450 V,交流线电压为 270 V。图 1.44 所示为电网电压及一个单独逆变器工作时的三相电流波形。

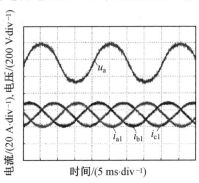

图 1.44　电网电压及一个单独逆变器工作时的三相电流波形

图 1.45 所示为常规控制条件下(即滤波电感相等,两模块给定电流相等)的实验结果。其中 $L_1=L_2=6$ mH,两个逆变器给定电流 $I_{a1\_ref}=I_{a2\_ref}=10$ A。可以看出,在此情况下,传统的环流 PI 控制和环流无差拍控制均可以实现良好的控制效果,环流无差拍控制的环流抑制效果略好于环流 PI 控制。

考虑到实际系统中并联逆变器滤波电感值可能存在偏差,图 1.46 所示为滤波电感不相等而给定电流相等时的实验结果。其中 $L_1=6$ mH,$L_2=4$ mH,2 个

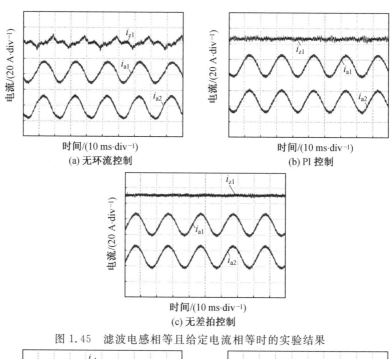

图 1.45　滤波电感相等且给定电流相等时的实验结果

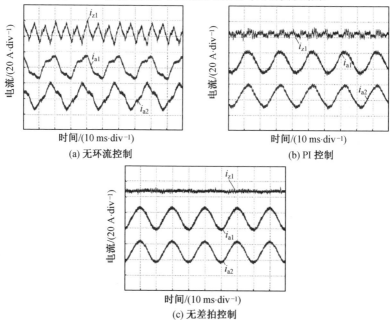

图 1.46　滤波电感不相等而给定电流相等时的实验结果

逆变器给定电流 $I_{a1\_ref} = I_{a2\_ref} = 10$ A。通过实验结果可以看出,在不针对环流进行控制的情况下,电流波形会发生严重畸变;采用环流 PI 控制对环流有一定的抑制效果,但电流波形仍存在一定畸变;而采用环流无差拍控制方法时,其控制效果基本等同于滤波电感相同时的控制效果。

图 1.47 所示为滤波电感不相等且给定电流也不相等时的实验结果。逆变器并联运行时通常只考虑并联均流的情况,但在一些特殊情况下可能需要对各模块的电流给定进行分配,即电流给定值不同。通过实验结果可以看出,当滤波电感不相等且给定电流也不相等时,在不采用环流控制条件下电流基本失控;采用传统 PI 控制时,电流的畸变仍然很大;而采用本节提出的环流无差拍控制策略则可以取得很好的环流抑制效果。

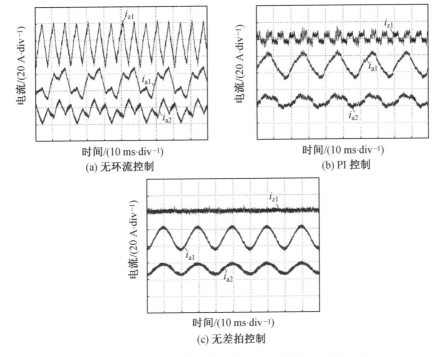

图 1.47　滤波电感不相等且给定电流也不相等时的实验结果

本节提出了一种针对并联型三相 PWM 逆变器系统的环流无差拍控制策略。通过分析并联系统中的环流模型,给出了环流无差拍控制器的设计及实现方法,最后通过实验进行了验证。理论分析和实验结果表明这种环流无差拍控制策略适用于含控制互联线的公共交直流母线型三相 PWM 逆变器系统。相对于传统的环流 PI 控制,此方法的环流控制效果更好,不仅适用于模块均流控制,同时也适用于并联各模块电流给定值不同及网侧滤波电感不同的应用场合。

本 章 小 结

本章首先建立了并联三相并网逆变器在同步旋转坐标系下的数学模型,并介绍了电压电流双闭环控制策略。针对并联系统间的环流,在传统 PI 调节器的基础上,本章提出了一种基于前馈控制的环流抑制策略,在各模块滤波电感不相等或给定电流不相等时也能取得很好的环流抑制效果。

在多台逆变器并联的工况下,环流控制更为复杂。为了控制多个逆变器之间的环流,提出了一种基于虚拟变流器思想的环流控制方案。由于多个逆变器并联的环流模型是一个含扰动量的一阶系统,这些扰动量最终都可转化为零矢量的作用,所以使用了零矢量的前馈控制来抵消这些扰动。最终实现的环流控制效果好,动态响应快,而且可以实现环流的均流。

最后,为了进一步改进环流抑制效果,本章提出了适用于公共交直流母线型逆变器并联系统的环流无差拍控制策略。理论分析和实验结果表明,相对于传统的环流 PI 控制,此方法针对环流的控制效果更好,不仅适用于模块均流控制,同时也适用于并联各模块电流给定值不同及网侧滤波电感不同的场合。

第 2 章

不平衡条件下的并联两电平逆变器控制

三相不平衡会产生非零序环流,影响并联系统的均流效果,影响逆变器的正常运行。

本章首先分析三相电感不平衡对逆变器输出电流的影响,建立电感不平衡时并联系统的零序环流模型,提出一种基于电感等效零序电压和电压非零矢量前馈的环流抑制方法;其次针对比例积分控制方法抑制环流的不足,提出一种环流比例谐振控制方法;最后分析电网电压不平衡对并联系统模块间环流的影响,提出三相不平衡运行条件下并联系统环流抑制的协调方案。

2.1 引　言

三相 PWM 逆变器交流侧滤波电感由于制作工艺的限制和使用环境的影响,其实际值往往与标称值之间存在一定的误差[19,20]。在设计时其误差一般要求控制在 ±10％ 的范围内,而实际使用时的误差可能会超出这个范围。同时三相电感的实际值与标称值之间的误差各不相同可能导致三相电感不平衡,从而影响逆变器的电流控制效果。

在三相平衡的并联系统中,并联模块间的环流主要是零序环流,其存在会使逆变器的输出电流发生畸变,影响并联系统的均流效果,导致逆变器的输出电流畸变,降低逆变器的电能转换效率,这是并联模块控制的一个迫切需要解决的问题。然而,在电网运行过程中,由于负载不平衡等因素的影响,电网不平衡现象时有发生。同时,逆变器的交流侧滤波电感由于制作工艺和使用环境的影响,也存在一定的不平衡度。由于并联结构中非零序环流通路的存在,并联模块中的开关管在电网或电感不平衡条件下均可能产生异步动作,导致非零序环流产生。非零序环流的存在同样会影响并联系统的均流效果,影响逆变器的正常运行。因此,三相系统不平衡时,非零序环流也是并联模块控制需要解决的一个问题。

研究表明,在 SVPWM 调制方式下,并联模块间的环流与每个开关周期内的零矢量有关。因此,可以采用主从控制方式,在每个控制周期内对从模块的矢量分配进行调节,使其跟踪主模块的矢量变化,以实现减小模块间环流的目的[21]。然而,这种开环控制方式在各模块的参数差异较大时,环流抑制效果较差。利用 PI 控制器在每个控制周期内对零矢量重新进行分配,来抑制模块间的零序环流能够取得较好的效果,而且这种方法控制结构清晰,实现起来也比较容易[10,14]。但是,当各模块的输出电流或交流侧滤波电感存在差异时,环流的抑制效果变差。根据环流模型提出的无差拍环流控制算法在调节零矢量分配方面能够克服

PI方法的不足,在给定电流或交流滤波电感差异较大的情形下能够极大改善环流抑制效果[22]。然而,并联模块三相电感存在差异时,控制器的性能同样会下降。

新的并网规则要求分布式发电系统具有一定的耐受异常电压能力,而电网故障中出现频率最高的就是电网电压跌落或不平衡,因此,研究电网不平衡条件下逆变器并联模块的控制,对于提高分布式发电系统的可靠性和电力系统的稳定性都具有非常重要的意义。文献[9]和文献[23]给出了电网不平衡条件下模块并联系统环流的一般模型,并提出通过分别控制环流中的正序、负序和零序分量来抑制模块间环流的控制策略,对于并网逆变器的并联控制具有重要的借鉴意义,但是所提模型均没有分析电感不平衡及模块电感差异对并联系统环流的影响。为了提高并联系统的可靠性,保证并联模块可靠均流,本章将分析电感不平衡对并联系统的影响,研究电网电感不平衡条件下的并联控制策略。

2.2 电感不平衡条件下的逆变器解耦控制

2.2.1 电感不平衡条件下的平均数学模型

图 2.1 所示为本节所要研究的三相 PWM 逆变器电感不平衡时的单机拓扑。图中,e_a、e_b、e_c 和 u_a、u_b、u_c 分别为电网电压和逆变器交流侧电压;u_{dc} 为逆变器直流侧电压;L_a、L_b、L_c 和 R_a、R_b、R_c 分别为逆变器交流侧三相电感及其等效电阻。

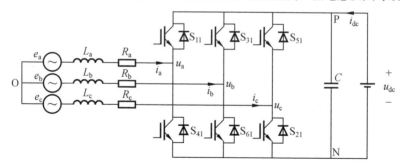

图 2.1 三相 PWM 逆变器电感不平衡时的单机拓扑

以直流侧负极为参考点,图示交流侧到直流侧电流方向为参考方向,根据基尔霍夫电压定律可得

$$\begin{cases} L_a \dfrac{\mathrm{d}i_a}{\mathrm{d}t} + R_a i_a = e_a - u_a + u_{ON} \\[2mm] L_b \dfrac{\mathrm{d}i_b}{\mathrm{d}t} + R_b i_b = e_b - u_b + u_{ON} \\[2mm] L_c \dfrac{\mathrm{d}i_c}{\mathrm{d}t} + R_c i_c = e_c - u_c + u_{ON} \end{cases} \tag{2.1}$$

其矩阵形式为

$$\begin{bmatrix} L_a p + R_a & 0 & 0 \\ 0 & L_b p + R_b & 0 \\ 0 & 0 & L_c p + R_c \end{bmatrix} \begin{bmatrix} i_a \\ i_b \\ i_c \end{bmatrix} = \begin{bmatrix} e_a \\ e_b \\ e_c \end{bmatrix} - \begin{bmatrix} u_a \\ u_b \\ u_c \end{bmatrix} + \begin{bmatrix} u_{ON} \\ u_{ON} \\ u_{ON} \end{bmatrix} \tag{2.2}$$

由于三相静止坐标系下的电压和电流均为时变交流量,当三相电压或电流平衡时,采用经典控制理论设计电流控制器存在一定的困难,为简化控制器的设计,通常采用坐标变换方法将三相交流量转化为正序同步旋转坐标系下的直流量。利用变换矩阵,即可将三相静止坐标系下的交流量 $\begin{bmatrix} x_a & x_b & x_c \end{bmatrix}^{\mathrm{T}}$ 转换到正序同步旋转坐标系下进行控制,对应的变换为

$$\begin{bmatrix} x_d \\ x_q \end{bmatrix} = \boldsymbol{T}_{s-r} \begin{bmatrix} x_a \\ x_b \\ x_c \end{bmatrix} \tag{2.3}$$

式中,$\begin{bmatrix} x_d & x_q \end{bmatrix}^{\mathrm{T}}$ 为正序同步旋转坐标系下对应的直流量。

由式(2.3)可知,三相静止坐标系下的交流量可以用正序同步旋转坐标系下的直流量表示为

$$\begin{bmatrix} x_a \\ x_b \\ x_c \end{bmatrix} = \boldsymbol{T}_{s-r}^{-1} \begin{bmatrix} x_d \\ x_q \end{bmatrix} \tag{2.4}$$

上式中变换矩阵为

$$\boldsymbol{T}_{s-r} = \begin{bmatrix} \cos \omega t & \cos(\omega t - 2\pi/3) & \cos(\omega t + 2\pi/3) \\ -\sin \omega t & -\sin(\omega t - 2\pi/3) & -\sin(\omega t + 2\pi/3) \end{bmatrix}^{\mathrm{T}} \tag{2.5}$$

结合式(2.2)和式(2.5)得到正序同步旋转坐标系下逆变器的平均数学模型为

$$
\begin{cases}
\left(L_{\mathrm{m}}+\dfrac{1}{3}L_{\cos 2n}\right)\dfrac{\mathrm{d}i_{\mathrm{d}}}{\mathrm{d}t}-\dfrac{\omega}{3}L_{\sin 2n}i_{\mathrm{d}}-\omega\left(L_{\mathrm{m}}+\dfrac{1}{3}L_{\cos 2n}\right)i_{\mathrm{q}}- \\[3mm]
\dfrac{L_{\sin 2n}}{3}\dfrac{\mathrm{d}i_{\mathrm{q}}}{\mathrm{d}t}+\left(R_{\mathrm{m}}+\dfrac{1}{3}R_{\cos 2n}\right)i_{\mathrm{d}}-\dfrac{R_{\sin 2n}}{3}i_{\mathrm{q}}=e_{\mathrm{d}}-u_{\mathrm{d}} \\[3mm]
\left(L_{\mathrm{m}}-\dfrac{1}{3}L_{\cos 2n}\right)\dfrac{\mathrm{d}i_{\mathrm{q}}}{\mathrm{d}t}+\dfrac{\omega L_{\sin 2n}}{3}i_{\mathrm{q}}+\omega\left(L_{\mathrm{m}}-\dfrac{1}{3}L_{\cos 2n}\right)i_{\mathrm{d}}- \\[3mm]
\dfrac{L_{\sin 2n}}{3}\dfrac{\mathrm{d}i_{\mathrm{d}}}{\mathrm{d}t}-\dfrac{R_{\sin 2n}}{3}i_{\mathrm{d}}+\left(R_{\mathrm{m}}-\dfrac{1}{3}R_{\cos 2n}\right)i_{\mathrm{q}}=e_{\mathrm{q}}-u_{\mathrm{q}}
\end{cases}
\tag{2.6}
$$

式中，L_{m} 为三相电感的平均值，$L_{\mathrm{m}}=(L_{\mathrm{a}}+L_{\mathrm{b}}+L_{\mathrm{c}})/3$；$L_{\cos 2n}$ 为三相电感不平衡度的余弦量，$L_{\cos 2n}=L_{\mathrm{a}}\cos 2\omega t+L_{\mathrm{b}}\cos(2\omega t+2\pi/3)+L_{\mathrm{c}}\cos(2\omega t-2\pi/3)$；$L_{\sin 2n}$ 为三相电感不平衡度的正弦量，$L_{\sin 2n}=L_{\mathrm{a}}\sin 2\omega t+L_{\mathrm{b}}\sin(2\omega t+2\pi/3)+L_{\mathrm{c}}\sin(2\omega t-2\pi/3)$；与 $L_{\cos 2n}$ 和 $L_{\sin 2n}$ 类似，$R_{\cos 2n}$ 和 $R_{\sin 2n}$ 分别为三相电感等效电阻不平衡度的余弦量和正弦量。

对于电感而言，由于其寄生的等效电阻一般都比较小，因此其不平衡度对逆变器的性能影响一般可以忽略。为简化分析，不考虑三相电感电阻的差异，即认为 $R_{\mathrm{a}}=R_{\mathrm{b}}=R_{\mathrm{c}}=R_{\mathrm{m}}$，此时有 $R_{\cos 2n}=R_{\sin 2n}=0$。

为方便分析，定义三相电感的不平衡度为

$$
L_{\mathrm{un}}=\sqrt{(L_{\mathrm{a}}-L_{\mathrm{m}})^{2}+(L_{\mathrm{b}}-L_{\mathrm{m}})^{2}+(L_{\mathrm{c}}-L_{\mathrm{m}})^{2}}/L_{\mathrm{m}}
\tag{2.7}
$$

式(2.6)是一个关于电流 d 轴和 q 轴分量的线性方程组，对其进行整理可得

$$
\begin{cases}
\left(L_{\mathrm{m}}+\dfrac{1}{3}L_{\cos 2n}-\dfrac{L_{\sin 2n}^{2}}{9L_{\mathrm{m}}-3L_{\cos 2n}}\right)\dfrac{\mathrm{d}i_{\mathrm{d}}}{\mathrm{d}t}+R_{\mathrm{m}}i_{\mathrm{d}}-\omega\left(L_{\mathrm{m}}+\dfrac{1}{3}L_{\cos 2n}-\dfrac{L_{\sin 2n}^{2}}{9L_{\mathrm{m}}-3L_{\cos 2n}}\right)i_{\mathrm{q}} \\[3mm]
=e_{\mathrm{d}}-u_{\mathrm{d}}+\dfrac{L_{\sin 2n}}{3L_{\mathrm{m}}-L_{\cos 2n}}(e_{\mathrm{q}}-u_{\mathrm{q}}) \\[3mm]
\left(L_{\mathrm{m}}-\dfrac{1}{3}L_{\cos 2n}-\dfrac{L_{\sin 2n}^{2}}{9L_{\mathrm{m}}+3L_{\cos 2n}}\right)\dfrac{\mathrm{d}i_{\mathrm{q}}}{\mathrm{d}t}+R_{\mathrm{m}}i_{\mathrm{q}}+\omega\left(L_{\mathrm{m}}-\dfrac{1}{3}L_{\cos 2n}-\dfrac{L_{\sin 2n}^{2}}{9L_{\mathrm{m}}+3L_{\cos 2n}}\right)i_{\mathrm{d}} \\[3mm]
=\dfrac{L_{\sin 2n}}{3L_{\mathrm{m}}+L_{\cos 2n}}(e_{\mathrm{d}}-u_{\mathrm{d}})+e_{\mathrm{q}}-u_{\mathrm{q}}
\end{cases}
\tag{2.8}
$$

为简化分析，令

$$\begin{cases} Z_d = \left(L_m + \dfrac{1}{3}L_{\cos 2n} - \dfrac{L_{\sin 2n}^2}{9L_m - 3L_{\cos 2n}}\right)p + R_m \\[3mm] Z_q = \left(L_m - \dfrac{1}{3}L_{\cos 2n} - \dfrac{L_{\sin 2n}^2}{9L_m + 3L_{\cos 2n}}\right)p + R_m \\[3mm] Z_{qd} = \omega\left(L_m + \dfrac{1}{3}L_{\cos 2n} - \dfrac{L_{\sin 2n}^2}{9L_m - 3L_{\cos 2n}}\right) \\[3mm] Z_{dq} = \omega\left(L_m - \dfrac{1}{3}L_{\cos 2n} - \dfrac{L_{\sin 2n}^2}{9L_m + 3L_{\cos 2n}}\right) \\[3mm] \lambda_{qd} = \dfrac{L_{\sin 2n}}{3L_m - L_{\cos 2n}} \\[3mm] \lambda_{dq} = \dfrac{L_{\sin 2n}}{3L_m + L_{\cos 2n}} \end{cases} \tag{2.9}$$

式中，p 为微分算子。

得到正序同步旋转坐标系下逆变器电流环模型为

$$\begin{cases} Z_d i_d - Z_{qd} i_q = e_d - u_d + \lambda_{qd}(e_q - u_q) \\ Z_q i_q + Z_{dq} i_d = e_q - u_q + \lambda_{dq}(e_d - u_d) \end{cases} \tag{2.10}$$

逆变器电感不平衡条件下等效电路模型和电流环系统模型分别如图 2.2 和图 2.3所示。

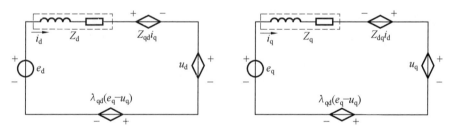

图 2.2　逆变器电感不平衡条件下等效电路模型

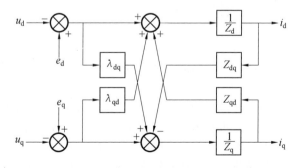

图 2.3　逆变器电感不平衡条件下电流环系统模型

从物理角度看,Z_d、Z_q 分别为 d 轴和 q 轴电感的阻抗,Z_{qd}、Z_{dq} 分别为 d 轴和 q 轴电感耦合量,λ_{qd}、λ_{dq} 分别为 d 轴和 q 轴电感电压耦合系数。通过系统模型可以看出,d 轴和 q 轴之间存在比较强的耦合,在逆变器启动、电流突变时,耦合量的存在容易导致积分器饱和而引起过流冲击。为消除耦合量的不利影响,提高电流控制效果,设计控制器的时候往往需要对 d 轴和 q 轴电流环进行解耦。

2.2.2 电感不平衡条件下的电流解耦控制

对于一个三相平衡系统,一般不考虑三相电感的差异,此时有 $Z_d=Z_q=L_m p+R_m$,$Z_{qd}=Z_{dq}=\omega L_m$,逆变器的模型可以简化为

$$\begin{cases}(L_m p+R_m)i_d-\omega L_m i_q=e_d-u_d\\(L_m p+R_m)i_q+\omega L_m i_d=e_q-u_q\end{cases} \tag{2.11}$$

简化的电流环系统模型如图 2.4 所示。此时 d 轴和 q 轴的阻抗均为恒定值,且其耦合量在稳态时为直流量,可以采用传统的 PI 控制器对其进行控制,对应的电流环控制框图如图 2.5 所示,电流控制器的输出为

$$\begin{cases}u_{d\_ref}=e_d+\omega L_m i_q-\left(K_P+\dfrac{K_I}{s}\right)(i_{d\_ref}-i_d)\\u_{q\_ref}=e_q-\omega L_m i_d-\left(K_P+\dfrac{K_I}{s}\right)(i_{q\_ref}-i_q)\end{cases} \tag{2.12}$$

可以看出,理想条件下,采用该方法能够完全解除 d 轴和 q 轴电流环之间的干扰,实现对 d 轴和 q 轴电流的独立调节,获得较好的电流控制效果。

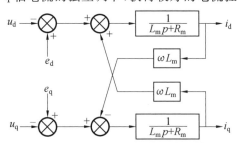

图 2.4 忽略三相电感差异时的电流环系统模型

然而,在实际应用中,受电感制造工艺的限制,实际值与标称值之间往往存在一定的误差,各相电感的电感值也因此并不严格相等。一般要求误差不超过 ±10%,但随着电感使用次数的增加以及使用环境的影响,电感的老化会进一步增大其实际值与标称值之间的误差,三相电感的不平衡度也可能由此而增大。图 2.6 所示为电感不平衡条件下采用传统电流控制方法的电流环等效框图。可以看出,三相电感不平衡时,电流环 d 轴和 q 轴之间存在二倍电网基波频率的交

流耦合量,采用传统电流控制方法无法实现有效解耦。由于 PI 控制器无法实现对交流信号的无静差控制,因此稳态时耦合量会在电感上产生负序电压干扰,使逆变器输出电流中含有负序分量,导致逆变器输出电流不平衡,在直流电压稳定性较差的时候甚至畸变,影响逆变器的正常运行。因此,需要改进控制算法来消除耦合量的不利影响,改善电流控制效果。

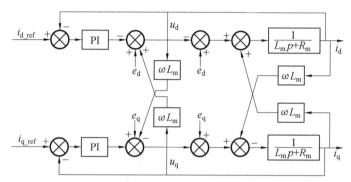

图 2.5　三相电感平衡条件下传统 PI 控制的电流环控制框图

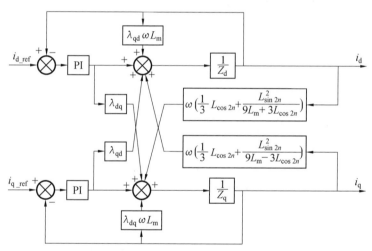

图 2.6　电感不平衡条件下采用传统电流控制方法的电流环等效框图

考虑三相电感之间的差异,对式(2.10)进行整理,可以得到电感不平衡条件下逆变器交流侧输出电压的关系为

$$\begin{cases} u_{\mathrm{d}} = e_{\mathrm{d}} + \dfrac{Z_{\mathrm{qd}} i_{\mathrm{q}} + \lambda_{\mathrm{qd}} Z_{\mathrm{qd}} i_{\mathrm{d}}}{1 - \lambda_{\mathrm{qd}} \lambda_{\mathrm{dq}}} + \dfrac{\lambda_{\mathrm{qd}} Z_{\mathrm{q}} i_{\mathrm{q}} - Z_{\mathrm{d}} i_{\mathrm{d}}}{1 - \lambda_{\mathrm{qd}} \lambda_{\mathrm{dq}}} \\ u_{\mathrm{q}} = e_{\mathrm{q}} - \dfrac{Z_{\mathrm{dq}} i_{\mathrm{d}} + \lambda_{\mathrm{dq}} Z_{\mathrm{qd}} i_{\mathrm{q}}}{1 - \lambda_{\mathrm{qd}} \lambda_{\mathrm{dq}}} + \dfrac{\lambda_{\mathrm{dq}} Z_{\mathrm{d}} i_{\mathrm{d}} - Z_{\mathrm{q}} i_{\mathrm{q}}}{1 - \lambda_{\mathrm{qd}} \lambda_{\mathrm{dq}}} \end{cases} \tag{2.13}$$

稳态时，$\lambda_{qd}Z_q$ 相比 Z_{qd}，$\lambda_{dq}Z_d$ 相比 Z_{dq} 均非常小，因此忽略 d 轴和 q 轴电流环动态过程中的相互影响，可以得到电流环的控制器输出为

$$
\begin{cases}
u_{d\_ref} = e_d + \dfrac{Z_{qd}\,i_q + \lambda_{qd}Z_{dq}\,i_d}{1 - \lambda_{qd}\lambda_{dq}} - \left(K_P + \dfrac{K_I}{s}\right)(i_{d\_ref} - i_d) \\[4mm]
u_{q\_ref} = e_q - \dfrac{Z_{dq}\,i_d + \lambda_{dq}Z_{qd}\,i_q}{1 - \lambda_{qd}\lambda_{dq}} - \left(K_P + \dfrac{K_I}{s}\right)(i_{q\_ref} - i_q)
\end{cases}
\tag{2.14}
$$

理论上，利用式(2.14)的输出量基本可以实现对 d 轴和 q 轴的解耦，消除电感不平衡带来的负序电流，使逆变器输出电流平衡。

在式(2.14)中，d 轴和 q 轴电流控制器输出量中的第二项计算量比较大，容易加重数字控制系统中控制器的负担，降低电流控制效果。在实际使用场合，逆变器的三相电感实际值与标称值之间的差异一般要求控制在 $\pm 10\%$ 以内。因此，理论上任意两相电感之间的差异不会超过 20%。考虑到老化等因素的影响，这里以 B 相电感值为参考，假设其实际值与给定值相同，而 A、C 两相电感实际值与给定值之间的误差均为 50%，根据式(2.7)，此时电感的不平衡度为 0.707。

(1)若 $L_a = L_c = 1.5L_b$，则

$$
L_{\cos 2n} = -0.5L_b \cos\left(2\omega t + \frac{2\pi}{3}\right)
$$

$$
L_{\sin 2n} = -0.5L_b \sin\left(2\omega t + \frac{2\pi}{3}\right)
$$

$$
|\lambda_{qd}| = \left|\frac{L_{\sin 2n}}{3L_m - L_{\cos 2n}}\right| \leqslant \frac{|L_{\sin 2n}|}{|3L_m| - |L_{\cos 2n}|} \leqslant \frac{0.5}{4 - 0.5} \approx 0.143
$$

$$
|\lambda_{dq}| = \left|\frac{L_{\sin 2n}}{3L_m + L_{\cos 2n}}\right| \leqslant \frac{|L_{\sin 2n}|}{|3L_m| - |L_{\cos 2n}|} \leqslant \frac{0.5}{4 - 0.5} \approx 0.143
$$

$$
|\lambda_{qd}\lambda_{dq}| \leqslant 0.020
$$

(2)若 $L_a = 1.5L_b$，$L_c = 0.5L_b$，则

$$
L_{\cos 2n} = \frac{\sqrt{3}}{2}L_b \sin\left(2\omega t + \frac{\pi}{3}\right)
$$

$$
L_{\sin 2n} = \frac{\sqrt{3}}{2}L_b \sin\left(2\omega t - \frac{\pi}{6}\right)
$$

$$
|\lambda_{qd}| = \left|\frac{L_{\sin 2n}}{3L_m - L_{\cos 2n}}\right| \leqslant \frac{|L_{\sin 2n}|}{|3L_m| - |L_{\cos 2n}|} \leqslant \frac{0.866}{3 - 0} \approx 0.289
$$

$$
|\lambda_{dq}| = \left|\frac{L_{\sin 2n}}{3L_m + L_{\cos 2n}}\right| \leqslant \frac{|L_{\sin 2n}|}{|3L_m| - |L_{\cos 2n}|} \leqslant \frac{0.866}{3 - 0} \approx 0.289
$$

$$
|\lambda_{qd}\lambda_{dq}| \leqslant 0.083
$$

同样地，$L_a = 0.5L_b$，$L_c = 1.5L_b$ 时有 $|\lambda_{qd}\lambda_{dq}| \leqslant 0.083$。

可以看出,即使电感的实际值与给定值之间的误差达到 50%,$|\lambda_{qd}\lambda_{dq}|\ll1$,其影响仍可以忽略不计,因此,电流控制器的输出可以简化为

$$\begin{cases} u_{d\_ref}=e_d+Z_{qd}i_q+\lambda_{qd}Z_{dq}i_d-\left(K_P+\dfrac{K_I}{s}\right)(i_{d\_ref}-i_d) \\ u_{q\_ref}=e_q-Z_{dq}i_d-\lambda_{dq}Z_{qd}i_q-\left(K_P+\dfrac{K_I}{s}\right)(i_{q\_ref}-i_q) \end{cases} \qquad (2.15)$$

电感不平衡时电流解耦控制框图如图 2.7 所示,此为简化的电流环系统控制框图。简化的控制算法可以有效减小数字控制器的计算量,在不降低电流控制效果的前提下降低控制算法的复杂性,对于减小数字控制器的延时和提高电流环的带宽都具有重要意义。

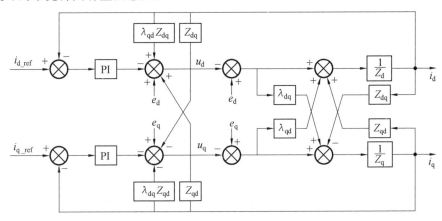

图 2.7　电感不平衡时电流解耦控制框图

2.2.3　两种电流控制策略的动态性能分析

根据前述分析可知,交流侧三相电感不平衡会导致逆变器的输出电流中含有负序分量。在正序同步旋转坐标系下,正、负序电流分别表现为直流量和二倍电网基波频率的交流量。而二倍电网基波频率的交流量既可以采用陷波器滤除,也可以采用在该频率点处具有谐振特性的控制器对其进行抑制。基于这一认识,可以采用两种思路来控制逆变器的输出电流。

第一种思路是在正、负序双同步旋转坐标系(Double Synchronous Reference Frame,DSRF)下分别对正、负序电流进行控制。图 2.8 为对应的系统控制框图,这种方法的优点在于设计控制器的时候无须考虑三相电感参数的差异,对电感参数的准确度要求低。在控制正、负序电流时,为消除双同步旋转坐标系相互间存在的交流干扰,需要在电流反馈环节采用陷波器分别滤取正、负序电流的直

流量。然而,负序同步旋转坐标系的引入会增加控制器的计算量。同时,陷波器的使用会引入延时,为了保证系统的稳定性,需要降低电流环的带宽,因此系统的动态响应会比较慢。

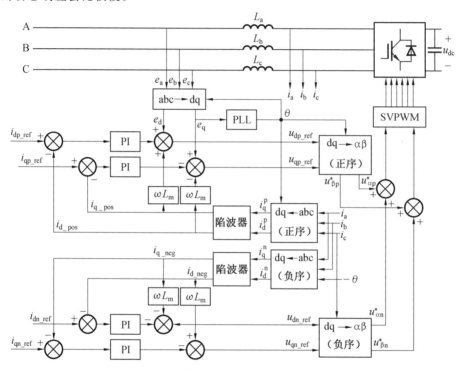

图 2.8 电感不平衡条件下 DSRF 方法的系统控制框图

另外一种思路是在传统电流控制方法的基础上增加一个谐振控制器对负序电流进行控制,即比例积分谐振(Proportional Integral Resonant,PIR)方法,图2.9 为对应的系统控制框图。PIR 方法对电感参数的准确性要求比较低,而且电流控制器在正序同步旋转坐标系下执行,不需要提取电流的正、负序分量,计算量相比 DSRF 方法大大减小,控制系统也相对简单,因此该方法能够有效克服 DSRF 方法在动态响应方面的不足,可获得较快的 u_{dc} 动态控制效果。

相比本节所提的解耦控制方法,当系统受到扰动时,由于扰动信号传输到控制器以及控制器抑制扰动均需要一定的时间,因此 PIR 方法的动态响应同样较慢,下面具体对其进行分析。

PIR 控制器的传递函数为

$$G_{CPIR}(s) = G_{CPI}(s) + \frac{2K_R s}{s^2 + \omega_r^2} = K_P + \frac{K_I}{s} + \frac{2K_R s}{s^2 + \omega_r^2} \tag{2.16}$$

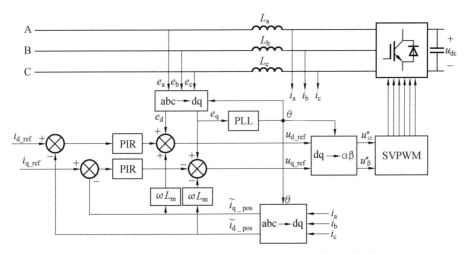

图 2.9　电感不平衡条件下采用 PIR 方法的系统控制框图

式中，$G_{CPIR}(s)$ 为比例积分控制器传递函数；K_P、K_I、K_R 分别为比例、积分、谐振系数；ω_r 为控制器的谐振频率，此处为在正序同步旋转坐标系下抑制负序电流，取 ω_r 为二倍电网基波角频率。

若用 $F(s)$ 表示电感不平衡引起的干扰，Z 表示电流环的阻抗，则系统控制框图可以简化为图 2.10(a)。

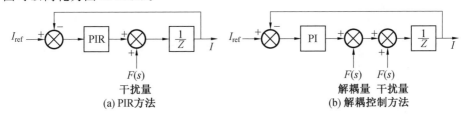

图 2.10　PIR 方法和本节所提解耦控制方法下电流环简化框图

根据逆变器的数学模型式(2.8)可知，电感不平衡条件下，其 d 轴和 q 轴对应的阻抗(导纳)含有时变量，因此通过传递函数分析系统的稳定性存在较大的困难。这里为了便于说明，选取 $L_a = 6$ mH，$L_b = 4$ mH，$L_c = 2$ mH，$R_m = 0.1$ Ω，此时 d 轴导纳的拉普拉斯变换为

$$G_P(s) = L\left(\frac{1}{Z_d}\right) = \frac{1\,000(s^2 + \omega_r^2)}{4s^3 + 101s^2 + \left(4\omega_r^2 - \dfrac{\sqrt{3}}{2\omega_r}\right)s + 100\omega_r^2} \tag{2.17}$$

系统开环传递函数为

$$G_{\mathrm{O}}(s)=\frac{1\ 000\left[K_{\mathrm{P}}s^3+(K_{\mathrm{I}}+2K_{\mathrm{R}})s^2+K_{\mathrm{P}}\omega_{\mathrm{r}}^2 s+K_{\mathrm{I}}\omega_{\mathrm{r}}^2\right]}{4s^4+101s^3+\left(4\omega_{\mathrm{r}}^2-\dfrac{\sqrt{3}}{2\omega_{\mathrm{r}}}\right)s^2+100\omega_{\mathrm{r}}^2 s} \tag{2.18}$$

结合前述分析,本节所提解耦控制方法在消除电感不平衡的影响后,对应的电流环控制框图可以简化为图 2.10(b)。设计电流环 PI 控制器的参数时,为提高电流环的鲁棒性,可以选择让控制器的零点对消掉被控对象的极点。为此,$L_{\mathrm{a}}=6$ mH,$L_{\mathrm{b}}=4$ mH,$L_{\mathrm{c}}=2$ mH,$R_{\mathrm{m}}=0.1\ \Omega$ 时,$L_{\mathrm{m}}=4$ mH。可选取 $K_{\mathrm{P}}=4$,$K_{\mathrm{I}}=100$,$K_{\mathrm{R}}=150$,图 2.11 给出了两种方法下的系统开环特性。可以看出,在相同的 PI 参数和硬件参数下,本节所提解耦控制方法和 PIR 方法的带宽基本相同。若改变电感参数并按照前述分析选取控制器参数,可以得到类似的分析结果。

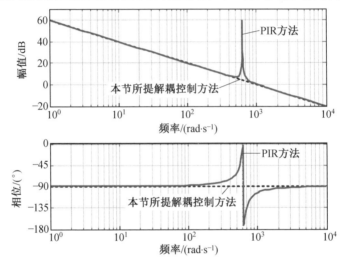

图 2.11　PIR 方法和本节所提解耦控制方法下的系统开环特性

结合图 2.10,在带宽相当的情况下,若逆变器的电流发生突变,由电流突变引起的扰动量变化可以利用解耦控制及时消除,PI 控制器只需要将输出电流调节到给定值即可;而 PIR 控制器除需要将输出电流控制到给定值外,还需要额外时间来调节由电流突变引起的扰动量变化。因此,理论上采用本节所提解耦控制策略能够获得更快的动态响应,获得更好的动态性能。

2.2.4　仿真与实验验证

为了验证理论分析的正确性和本节所提解耦控制策略的有效性,在仿真软件中搭建了三相 PWM 逆变器的仿真模型,仿真时电网线电压设置为 200 V,直流侧电压为 450 V,逆变器采用电网电压矢量定向控制,电流给定值为 $I_{\mathrm{d\_ref}}=$

$10 \text{ A}, I_{q\_ref} = 0$,功率器件的开关频率为 5 kHz。

　　首先,对控制算法的有效性进行分析。图 2.12 给出了 $L_a = 6 \text{ mH}, L_b = 4 \text{ mH}, L_c = 6 \text{ mH}$ 时的仿真结果。可以看出,当有一相电感与其他两相不相同时,三相电流中会产生负序分量,导致逆变器输出电流不平衡。采用三相平衡条件下的传统电流控制方法无法有效控制负序电流,而通过本节所提的解耦控制策略能够有效消除电感不平衡带来的不利影响,获得更好的电流控制效果。

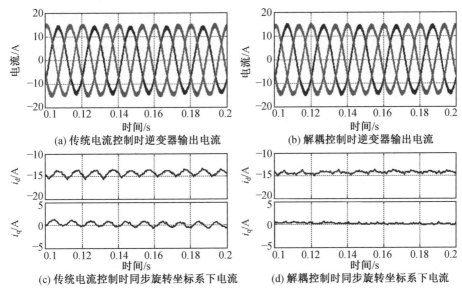

图 2.12　$L_a = 6 \text{ mH}, L_b = 4 \text{ mH}, L_c = 6 \text{ mH}$ 时的仿真结果

　　图 2.13 给出了 $L_a = 6 \text{ mH}, L_b = 4 \text{ mH}, L_c = 2 \text{ mH}$ 时的仿真结果。可以看出,三相电感的不平衡度变大时,三相电流中的负序分量会增大,对逆变器的正常运行产生不利影响。通过采用本节所提的解耦控制策略能够有效消除电感不平衡带来的负面影响,保证逆变器的输出电流平衡,获得更好的电流控制效果。

　　其次,对本节所提解耦控制策略的动态性能进行了仿真分析。图 2.14 给出了分别采用 DSRF 方法、PIR 方法以及本节所提解耦控制方法的电流环动态响应仿真结果。仿真时 $L_a = 6 \text{ mH}, L_b = 4 \text{ mH}, L_c = 2 \text{ mH}$,给定电流在 0.2 s 时刻由 10 A 突变到 20 A。对比可以看出,采用 DSRF 方法和 PIR 方法均能在稳态时有效控制负序电流,获得较好的电流控制效果。引入滤波环节的 DSRF 方法动态响应较慢,计算量相对较小的 PIR 方法可以有效提高电流环的动态响应,而采用本节所提的解耦控制方法对电流环进行精确解耦控制时,能够获得比 DSRF 方法和 PIR 方法更快、更平稳的动态响应。

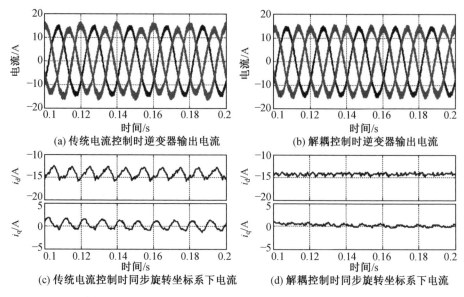

(a) 传统电流控制时逆变器输出电流 (b) 解耦控制时逆变器输出电流

(c) 传统电流控制时同步旋转坐标系下电流 (d) 解耦控制时同步旋转坐标系下电流

图 2.13 $L_a=6$ mH,$L_b=4$ mH,$L_c=2$ mH 时的仿真结果

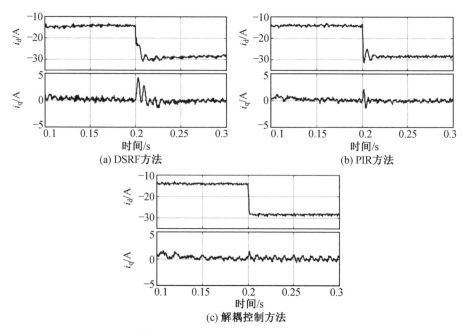

(a) DSRF方法 (b) PIR方法

(c) 解耦控制方法

图 2.14 $L_a=6$ mH,$L_b=4$ mH,$L_c=2$ mH 时不同方法的动态性能仿真

为了进一步说明电感不平衡对逆变器输出电流及其并联系统零序环流的影响，验证所提电流解耦控制策略的有效性和动态性能，在所搭建的双模块并联实验平台上进行了验证。选择并联系统中的模块一进行实验，利用断路器将模块二从系统中切除。实验时直流侧电压设为 450 V，交流侧线电压设为 200 V，采用电网电压定向矢量控制，电流给定值为 $I_{d\_ref} = 10$ A，$I_{q\_ref} = 0$。

图 2.15 所示为常规平衡条件下的实验结果，逆变器三相电感大小一样，即 $L_a = L_b = L_c = 6$ mH，电流解耦控制策略与常规三相平衡条件下的传统电流控制方法等效。实验结果表明，三相电感标称值相等时，三相电流之间的幅值仍然存在一定的差异，并不完全平衡，这也从侧面说明了电感标称值与实际值之间存在一定的差异。而由于设计控制器时 d 轴和 q 轴解耦量中的电感为其给定值，与电感的实际值存在一定的误差，因此输出电流中的幅值不平衡属于正常现象。

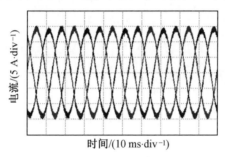

图 2.15　$L_a = L_b = L_c = 6$ mH 时的实验结果

图 2.16 和图 2.17 分别给出了 $L_a = 6$ mH，$L_b = 4$ mH，$L_c = 6$ mH 和 $L_a = 6$ mH，$L_b = 4$ mH，$L_c = 2$ mH 时的实验结果。对比图 2.15 可以看出，三相电感不平衡度增大时，逆变器的输出电流明显不平衡。采用传统电流控制方法无法消除电感不平衡带来的负序电流的影响，而利用本节所提的解耦控制策略能够有效抑制负序电流，获得更好的电流控制效果。

同时，为了进一步验证本章所提解耦控制策略的动态性能，在 $L_a = 6$ mH，$L_b = 4$ mH，$L_c = 2$ mH，且给定电流由 10 A 突变到 5 A 时，分别利用正、负序 DSRF 方法、PIR 控制方法和本节所提解耦控制方法的实验结果如图 2.18 和图 2.19 所示，其中图 2.18 为 d 轴和 q 轴电流动态响应，图 2.19 为对应的三相电流动态响应。对比可以看出，采用本节所提的解耦控制方法对电流环进行精确解耦控制时，能够获得比 DSRF 方法和 PIR 方法更快、更平稳的动态响应。

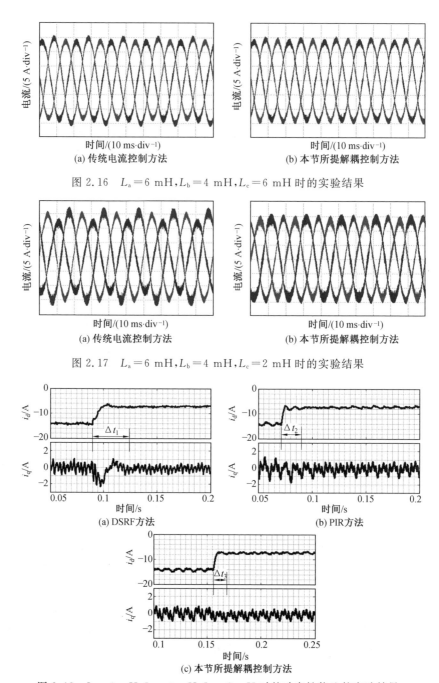

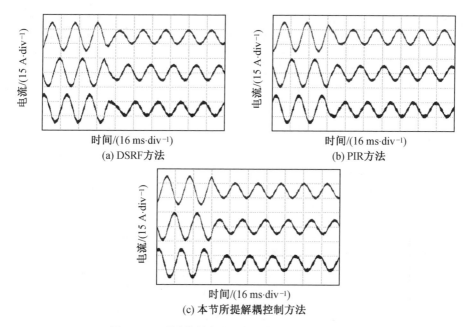

(a) DSRF方法　　　　　　　　　　　(b) PIR方法

(c) 本节所提解耦控制方法

图 2.19　不同控制方法下的三相电流动态响应

2.3　电感不平衡条件下的零序环流抑制

2.3.1　电感不平衡条件下的逆变器数学模型

对于双模块并联结构,每相中均存在两条零序环流回路,而零序环流是均匀分配在三相中的,因此模块间的零序环流可以定义为

$$i_{zx} = \frac{i_{ax} + i_{bx} + i_{cx}}{3} \tag{2.19}$$

式中,$x = 1,2$ 分别代表上下两个逆变器模块。

在设计并联系统时,一般采用模块化方法来设计各并联模块。然而,在实际设计时,逆变器的三相电感由于制作工艺水平的限制以及使用环境的影响,往往允许其实际值与给定值之间存在 $\pm 10\%$ 的差异。因此,逆变器的三相电感实际上并不严格相等,并联模块间的电感也因此存在差异。而并联系统的各相电感又都处在各相的环流通路上,必然会对模块间的环流产生影响。

为分析电感对零序环流的影响,首先需要推导出并联结构在电感不平衡条件下的数学模型。为方便分析,选取直流侧负极为参考点,交流侧到直流侧的电流方向为参考方向,设模块 x 第 k 相上桥臂的开关管占空比为 d_{kx},根据基尔霍夫电压定律可得

$$
\begin{cases}
L_{ax}\dfrac{\mathrm{d}i_{ax}}{\mathrm{d}t}=e_a-d_{ax}u_{dc}+u_{ON} \\[2mm]
L_{bx}\dfrac{\mathrm{d}i_{bx}}{\mathrm{d}t}=e_b-d_{bx}u_{dc}+u_{ON} \\[2mm]
L_{cx}\dfrac{\mathrm{d}i_{cx}}{\mathrm{d}t}=e_c-d_{cx}u_{dc}+u_{ON}
\end{cases}
\tag{2.20}
$$

为方便控制器的设计,通常将三相静止坐标系下的模型转换到同步旋转坐标系下。然而,与单个模块不同,并联结构中由于存在零序回路,且零序分量无法通过 d 轴和 q 轴来观测,因而在进行坐标变换时需要将其独立体现出来。这里将采用三维坐标变换,将三相静止坐标系下的模型转换到同步旋转坐标系下,对应的变换为

$$
\boldsymbol{X}_{dqz}=\boldsymbol{T}_x \cdot \boldsymbol{X}_{abc}
\tag{2.21}
$$

式中,$\boldsymbol{X}_{abc}$ 为三相静止坐标系下的交流量;$\boldsymbol{X}_{dqz}$ 为 $\boldsymbol{X}_{abc}$ 在同步旋转坐标系下的量。

对应的转换矩阵为

$$
\boldsymbol{T}_x=\frac{2}{3}
\begin{bmatrix}
\cos\omega t & \cos\left(\omega t-\dfrac{2\pi}{3}\right) & \cos\left(\omega t+\dfrac{2\pi}{3}\right) \\[3mm]
-\sin\omega t & -\sin\left(\omega t-\dfrac{2\pi}{3}\right) & -\sin\left(\omega t+\dfrac{2\pi}{3}\right) \\[3mm]
\dfrac{1}{2} & \dfrac{1}{2} & \dfrac{1}{2}
\end{bmatrix}
\tag{2.22}
$$

式中,ω 为交流侧电网基波角频率;ωt 为电网电压的相位角。

由此可得到同步旋转坐标系下并联系统的数学模型为

$$
\begin{cases}
\left(L_{mx}+\dfrac{1}{3}L_{\cos 2nx}\right)\dfrac{\mathrm{d}i_{dx}}{\mathrm{d}t}-\omega\left(L_{mx}+\dfrac{1}{3}L_{\cos 2nx}\right)i_{qx}- \\[3mm]
\dfrac{\omega L_{\sin 2nx}}{3}i_{dx}-\dfrac{L_{\sin 2nx}}{3}\dfrac{\mathrm{d}i_{qx}}{\mathrm{d}t}+\dfrac{2L_{\cos px}}{3}\dfrac{\mathrm{d}i_{zx}}{\mathrm{d}t}=e_d-u_{dx} \\[3mm]
\left(L_{mx}-\dfrac{1}{3}L_{\cos 2nx}\right)\dfrac{\mathrm{d}i_{qx}}{\mathrm{d}t}+\omega\left(L_{mx}-\dfrac{1}{3}L_{\cos 2nx}\right)i_{dx}+ \\[3mm]
\dfrac{\omega L_{\sin 2nx}}{3}i_{qx}-\dfrac{L_{\sin 2nx}}{3}\dfrac{\mathrm{d}i_{dx}}{\mathrm{d}t}-\dfrac{2L_{\sin px}}{3}\dfrac{\mathrm{d}i_{zx}}{\mathrm{d}t}=e_q-u_{qx} \\[3mm]
\dfrac{L_{\cos px}}{3}\dfrac{\mathrm{d}i_{dx}}{\mathrm{d}t}-\dfrac{\omega L_{\sin px}}{3}i_{dx}-\dfrac{L_{\sin px}}{3}\dfrac{\mathrm{d}i_{qx}}{\mathrm{d}t}-\dfrac{\omega L_{\cos px}}{3}i_{qx}+L_{mx}\dfrac{\mathrm{d}i_{zx}}{\mathrm{d}t}=-u_{zx}
\end{cases}
\tag{2.23}
$$

式中,u_{zx} 为逆变器交流侧输出端的零序电压,有

$$L_{mx} = (L_{ax} + L_{bx} + L_{cx})/3$$

$$L_{\cos 2nx} = L_{ax}\cos 2\omega t + L_{bx}\cos\left(2\omega t + \frac{2\pi}{3}\right) + L_{cx}\cos\left(2\omega t - \frac{2\pi}{3}\right)$$

$$L_{\sin 2nx} = L_{ax}\sin 2\omega t + L_{bx}\sin\left(2\omega t + \frac{2\pi}{3}\right) + L_{cx}\sin\left(2\omega t - \frac{2\pi}{3}\right)$$

$$L_{\cos px} = L_{ax}\cos \omega t + L_{bx}\cos\left(\omega t - \frac{2\pi}{3}\right) + L_{cx}\cos\left(\omega t + \frac{2\pi}{3}\right)$$

$$L_{\sin px} = L_{ax}\sin \omega t + L_{bx}\sin\left(\omega t - \frac{2\pi}{3}\right) + L_{cx}\sin\left(\omega t + \frac{2\pi}{3}\right)$$

$$u_{zx} = (d_{ax} + d_{bx} + d_{cx})u_{dc}/3$$

同样,为方便分析,定义并联系统电感的不平衡度为

$$L_{un\,p} = \left| \sqrt{\sum_{k=a,b,c}\left(\frac{L_{k1}}{L_{m1}} - 1\right)^2} + \lambda\sqrt{\sum_{k=a,b,c}\left(\frac{L_{k2}}{L_{m2}} - 1\right)^2} \right| \tag{2.24}$$

式中,λ 为

$$\lambda = \begin{cases} 1, & (L_{a1} - L_{m1})(L_{a2} - L_{m2}) < 0 \\ -1, & (L_{a1} - L_{m1})(L_{a2} - L_{m2}) \geqslant 0 \end{cases} \tag{2.25}$$

对于单个模块,其交流侧零序电压平均分配在三相内,不会对 d 轴和 q 轴电流构成影响,由此各模块 d 轴和 q 轴的电流环模型可以简化为

$$\begin{cases} \left(L_{mx} + \frac{1}{3}L_{\cos 2nx} - \frac{L_{\sin 2nx}^2}{9L_{mx} - 3L_{\cos 2nx}}\right)\frac{di_{dx}}{dt} - \omega\left(L_{mx} + \frac{1}{3}L_{\cos 2nx} - \frac{L_{\sin 2nx}^2}{9L_m - 3L_{\cos 2nx}}\right)i_{qx} \\ = e_d - u_{dx} + \frac{L_{\sin 2nx}}{3L_{mx} - L_{\cos 2nx}}(e_q - u_{qx}) \\ \left(L_{mx} - \frac{1}{3}L_{\cos 2nx} - \frac{L_{\sin 2nx}^2}{9L_{mx} + 3L_{\cos 2nx}}\right)\frac{di_{qx}}{dt} + \omega\left(L_{mx} - \frac{1}{3}L_{\cos 2nx} - \frac{L_{\sin 2nx}^2}{9L_m + 3L_{\cos 2nx}}\right)i_{dx} \\ = e_q - u_{qx} + \frac{L_{\sin 2nx}}{3L_{mx} + L_{\cos 2nx}}(e_d - u_{dx}) \end{cases}$$

$$\tag{2.26}$$

采用上一节所提的解耦控制策略,即可实现对各模块的 d 轴和 q 轴电流控制。在控制器性能良好的条件下,各模块 d 轴和 q 轴稳态电流基本能够达到给定值,此时有 $di_{dx}/dt = 0, di_{qx}/dt = 0$。因此零序电流环可以简化为

$$\begin{cases} -\frac{\omega L_{\sin p1}}{3}i_{d1} - \frac{\omega L_{\cos p1}}{3}i_{q1} + L_{m1}\frac{di_{z1}}{dt} = e_z - u_{z1} \\ -\frac{\omega L_{\sin p2}}{3}i_{d2} - \frac{\omega L_{\cos p2}}{3}i_{q2} + L_{m2}\frac{di_{z2}}{dt} = e_z - u_{z2} \end{cases} \tag{2.27}$$

对于双模块并联结构,模块间的环流大小相等、方向相反,因此有

$$i_{z1} = -i_{z2} \tag{2.28}$$

定义各模块的零序占空比为

$$d_{zx} = \frac{d_{ax} + d_{bx} + d_{cx}}{3} \tag{2.29}$$

结合式(2.27)~(2.29),可得零序电流环的平均模型为

$$(L_{m1} + L_{m2})\frac{di_{z2}}{dt} = u_{Lz1} - u_{Lz2} + \Delta d_z u_{dc} \tag{2.30}$$

式中,Δd_z 为两模块的零序占空比之差,$\Delta d_z = d_{z1} - d_{z2}$;$u_{Lzx}$ 可以计算为

$$u_{Lzx} = -\begin{bmatrix} \omega L_{ax} & \omega L_{bx} & \omega L_{cx} \end{bmatrix} \begin{bmatrix} \sin\omega t & \sin\left(\omega t - \frac{2}{3}\pi\right) & \sin\left(\omega t + \frac{2}{3}\pi\right) \\ \cos\omega t & \cos\left(\omega t - \frac{2}{3}\pi\right) & \cos\left(\omega t + \frac{2}{3}\pi\right) \end{bmatrix}^{T} \begin{bmatrix} i_{dx} \\ i_{qx} \end{bmatrix} \tag{2.31}$$

可以看出,u_{Lzx} 实质上是各模块电感上的零序电压。

2.3.2 基于电感零序电压前馈的环流抑制方案

为了弥补传统环流 PI 抑制方法的不足,排除电感不平衡对零序电流环的干扰,提高电感不平衡条件下零序环流抑制效果,可以在传统 PI 控制方法的基础上,引入电感零序电压和电压非零矢量前馈控制。图 2.20 给出了对应的控制框图,此时零序电流环的输出为

$$y_2 = \left(K_P + \frac{K_I}{s}\right)(i_{z2\_ref} - i_{z2}) - \frac{\Delta d_{12}}{12} - \frac{\Delta u_{Lz}}{2u_{dc}} \tag{2.32}$$

前馈量的引入可以有效排除电感不平衡对零序电流环的干扰,这样有利于拓展零序电流环控制系统的带宽,提高零序环流的抑制效果,增强系统的稳定性和可靠性。

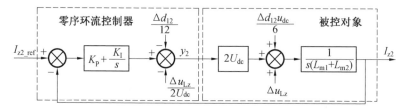

图 2.20 基于电感零序电压和电压非零矢量前馈控制的零序环流控制框图

图 2.21 为逆变器并联系统电感不平衡条件下的控制框图。其中电流调节器 1 和电流调节器 2 分别为两并联模块的 d 轴和 q 轴电流控制器,电流环采用

2.2 节所提的电流解耦控制器进行控制。模块一采用常规的 SVPWM 调制方式，仅对 d 轴和 q 轴的电流环进行控制。并联模块间的零序环流通过本节所提的前馈控制策略实时调节模块二的零序占空比来抑制。虚线框内为零序环流控制器，在零矢量实时调节时，控制系统首先对模块二的零序环流进行采样，然后将采样值与零序环流给定值的差送入零序环流控制器，零序环流控制器利用式 (2.32) 计算零矢量修正值并实时调节模块二的零矢量分配，以实现对零序环流的抑制。在零序环流控制器中，利用系统采集到的电流按照式 (2.31) 计算获得两个模块的电感零序电压，而电压非零矢量则可以通过计算每个开关周期内两个非零矢量的持续时间与整个开关周期的比值来获取。

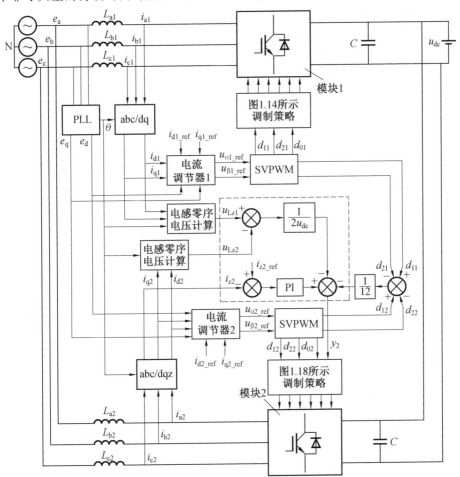

图 2.21　逆变器并联系统电感不平衡条件下的控制框图

2.3.3 仿真及实验结果

为了更直观分析电感不平衡对并联模块零序电流的影响,在仿真软件中搭建了三相 PWM 逆变器双模块并联结构的仿真模型。仿真时交流电压和直流母线电压分别设置为 200 V 和 450 V,并联模块采用电网电压矢量控制,电流给定值为 $I_{d1\_ref} = I_{d2\_ref} = 10$ A,$I_{q1\_ref} = I_{q2\_ref} = 0$,功率器件的开关频率设为 5 kHz。

在 $L_{a1} = L_{b1} = L_{c1} = 6$ mH,$L_{a2} = 6$ mH,$L_{b2} = 4$ mH,$L_{c2} = 6$ mH 条件下,仿真结果如图 2.22 所示。可以看出,逆变器电感不平衡会导致并联模块间产生比较明显的零序环流,零序环流主要成分的频率为 50 Hz,与理论分析一致。环流会使逆变器的输出电流产生畸变,影响逆变器的正常运行。由于电感的不平衡度比较小($L_{unp} = 0.43$),因此零序电流环受到的干扰相对较小,采用传统的环流 PI 控制方法能够获得较好的控制效果。利用本节所提的前馈控制策略则能够进一步抑制零序环流,获得更好的环流抑制效果。

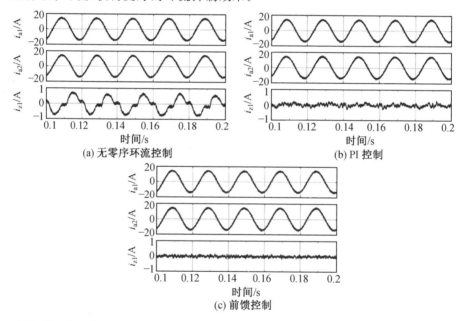

图 2.22 $L_{a1} = L_{b1} = L_{c1} = 6$ mH,$L_{a2} = 6$ mH,$L_{b2} = 4$ mH,$L_{c2} = 6$ mH 时的仿真结果

图 2.23 和图 2.24 分别给出了 $L_{a1} = L_{b1} = L_{c1} = 6$ mH,$L_{a2} = 6$ mH,$L_{b2} = 4$ mH,$L_{c2} = 2$ mH 和 $L_{a1} = 2$ mH,$L_{b1} = 4$ mH,$L_{c1} = 6$ mH,$L_{a2} = 6$ mH,$L_{b2} = 4$ mH,$L_{c2} = 2$ mH 时的仿真结果。根据式(2.24)可以计算出相应的电感不平衡度分别为 $L_{unp1} = 0.707$ 和 $L_{unp2} = 1.414$。可以看出,并联系统的电感不平衡度增

大会对零序电流环产生较大的干扰,导致模块间产生较大的零序环流,影响模块并联均流效果,降低逆变器输出电流波形的品质。传统的 PI 控制方法能够在一定程度上抑制环流,但是随着电感不平衡度的增大,环流抑制效果会变差。相比之下,本节所提的前馈控制策略能够消除电感不平衡产生的不利影响,在传统方法的基础上进一步抑制零序环流,减小逆变器输出电流波形的畸变,可获得较满意的环流抑制效果。

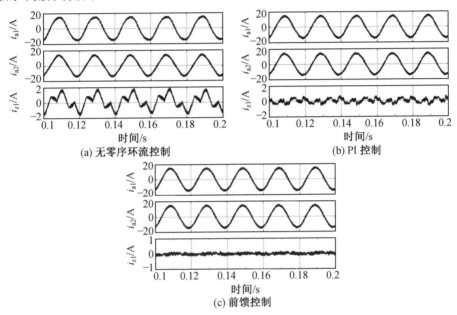

图 2.23　$L_{a1}=L_{b1}=L_{c1}=6$ mH,$L_{a2}=6$ mH,$L_{b2}=4$ mH,$L_{c2}=2$ mH 时的仿真结果

为了进一步验证基于电感零序电压和非零电压矢量前馈环流控制策略的有效性,在所搭建的双模块并联实验平台上进行了验证。通过断路器将模块二投入运行,分别在无零序环流控制、零序环流 PI 控制、PI 加非零电压矢量前馈控制以及 PI 结合电感零序电压和非零电压矢量前馈控制等条件下进行了实验,分析了电感不平衡对并联零序环流的影响,验证了本节所提前馈控制策略的有效性。实验时交流母线电压为 200 V,直流母线电压为 450 V,并联模块均流运行,电流给定值为 $i_{d1\_ref}=i_{d2\_ref}=10$ A,$i_{q1\_ref}=i_{q2\_ref}=0$,零序环流给定值为 $i_{z2\_ref}=0$。

图 2.25 给出了常规并联均流条件下的实验结果。并联模块交流侧接入的滤波电感参数相等,即 $L_{a1}=L_{b1}=L_{c1}=L_{a2}=L_{b2}=L_{c2}=6$ mH。实验结果表明,即使采用模块化设计,并联模块的三相电感以及不同模块的电感实际值也不会严格相等,由此会对零序电流环形成干扰,导致工频环流的产生。环流会使逆变

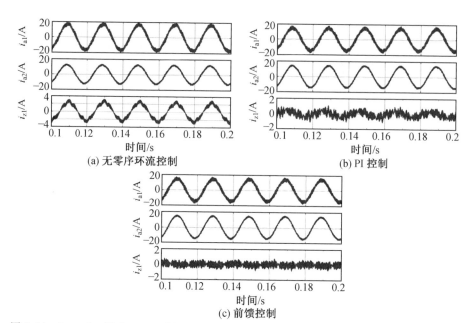

图 2.24 $L_{a1}=2$ mH，$L_{b1}=4$ mH，$L_{c1}=6$ mH，$L_{a2}=6$ mH，$L_{b2}=4$ mH，$L_{c2}=2$ mH 时的仿真结果

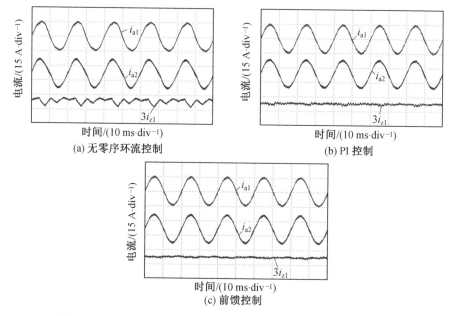

图 2.25 $L_{a1}=L_{b1}=L_{c1}=L_{a2}=L_{b2}=L_{c2}=6$ mH 时的实验结果

器输出电流产生畸变,导致系统均流效果变差。由于模块化设计的三相电感不平衡度以及模块间电感差异都相对较小,因此其扰动引起的零序环流可以通过传统的 PI 控制方法得到有效抑制,而本节所提前馈控制策略则能够从根本上消除电感不平衡引起的干扰,结合 PI 控制能够获得更好的环流抑制效果。

　　图 2.26 和图 2.27 所示分别是 $L_{a1}=L_{b1}=L_{c1}=6\ mH$,$L_{a2}=6\ mH$,$L_{b2}=4\ mH$,$L_{c2}=2\ mH$ 和 $L_{a1}=2\ mH$,$L_{b1}=4\ mH$,$L_{c1}=6\ mH$,$L_{a2}=6\ mH$,$L_{b2}=4\ mH$,$L_{c2}=2\ mH$时的实验结果。可以看出,并联系统电感不平衡度的增大会对零序电流环产生较大干扰,使并联模块间产生较大的工频环流,导致逆变器的输出电流严重畸变。采用传统的 PI 控制方法虽然能够在一定程度上改善系统的均流效果,但却无法从根本上排除电感不平衡带来的工频干扰,无法有效消除逆变器输出电流的畸变。而采用本节所提的前馈控制策略能够基本排除电感不平衡产生的干扰,将模块间的环流抑制到很小的范围内,获得更好的电流控制效果。

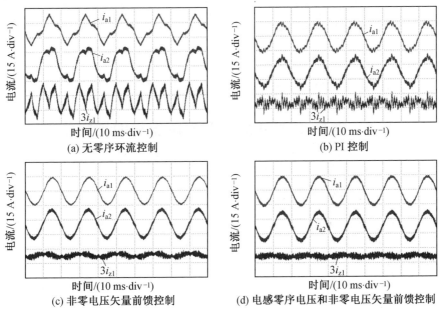

图 2.26　$L_{a1}=L_{b1}=L_{c1}=6\ mH$,$L_{a2}=6\ mH$,$L_{b2}=4\ mH$,$L_{c2}=2\ mH$ 时的实验结果

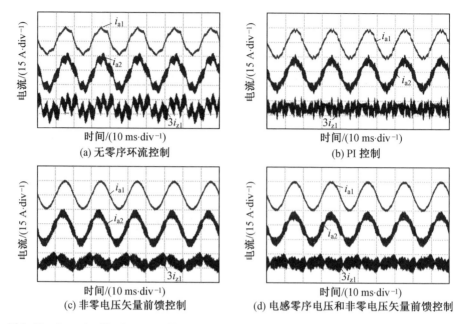

图 2.27　$L_{a1}=2$ mH，$L_{b1}=4$ mH，$L_{c1}=6$ mH，$L_{a2}=6$ mH，$L_{b2}=4$ mH，$L_{c2}=2$ mH 时的实验结果

2.4　电感不平衡条件下的环流比例谐振控制

2.4.1　比例谐振控制器的设计

理想的比例谐振控制器只能在某一频率点起作用，而实际应用中电流频率会有一定波动，所以需要采用能在一定带宽内都有效的准比例谐振控制器。其传递函数为

$$G(s)=K_{P}+\frac{2K_{R}\omega_{c}s}{s^{2}+2\omega_{c}s+\omega_{0}^{2}} \tag{2.33}$$

式中，ω_{c} 为控制器的带宽。

因为要在数字信号处理器（Digital Signal Processor，DSP）上进行数字控制，需要将上式离散化，因此采用常用的双线性变换得到

$$G(z)=\frac{b_{0}+b_{1}z^{-1}+b_{2}z^{-2}}{1+a_{1}z^{-1}+a_{2}z^{-2}} \tag{2.34}$$

式中

$$b_0 = \frac{K_P \omega_0^2 T^2 + 4K_R \omega_c T + 4K_P \omega_c T + 4K_P}{\omega_0^2 T^2 + 4\omega_c T + 4}$$

$$b_1 = \frac{2K_P \omega_0^2 T^2 - 8K_P}{\omega_0^2 T^2 + 4\omega_c T + 4}$$

$$b_2 = \frac{K_P \omega_0^2 T^2 - 4K_R \omega_c T - 4K_P \omega_c T + 4K_P}{\omega_0^2 T^2 + 4\omega_c T + 4}$$

$$a_1 = \frac{2\omega_0^2 T^2 - 8}{\omega_0^2 T^2 + 4\omega_c T + 4}, \quad a_2 = \frac{\omega_0^2 T^2 - 4\omega_c T + 4}{\omega_0^2 T^2 + 4\omega_c T + 4}$$

进而获得相应的差分方程为

$$v(k) = b_0 e(k) + b_1 e(k-1) + b_2 e(k-2) - a_1 v(k-1) - a_2 v(k-2) \quad (2.35)$$

式中,v 是输出量;e 是输入量;$k-n$ 表示 n 个采样周期的延迟。

参数选择有如下规律:K_P 越大,抗扰能力越强;K_R 越大,增益越大,静差越小;ω_c 越大,增益和带宽均越大。本节中控制周期 $T = 0.1$ ms,$K_P = 0.24$,$K_R = 0.08$,$\omega_c = 5$ rad/s,谐振中心频率 $\omega_0 = 314$ rad/s。得到差分方程系数为:$a_1 = -1.998\ 0$,$a_2 = 0.999\ 0$,$b_0 = 0.240\ 0$,$b_1 = -0.479\ 5$,$b_2 = -0.239\ 7$。

2.4.2　零序环流比例谐振控制方案

由前面的 dq 轴模型分析可知,dq 轴电流存在相互耦合。在正序旋转坐标系下,三相电感的不平衡会引起负序电流,表现为两倍电网频率的波动,并产生负序环流。PI 控制虽然能很好地跟踪直流量,但是无法消除静差,所以需要采用 PI 控制器。

不控环流频谱图如图 2.28 所示,由图可见,环流最主要的成分是直流量,其幅值是基频的 2.5 倍,而 PI 控制器可以消除直流偏差,使其为零。一般情况下两个逆变器的给定电流相等,输出的电压给定值基本相等,则有 $d_{11} = d_{12}$,$d_{21} = d_{22}$,进而 $\Delta d_{12} = 0$,零序环流的计算公式化简为

$$I_z(s) = \frac{\Delta U_{lz} + 2U_{dc} \cdot y}{(L_{m1} + L_{m2})s} \quad (2.36)$$

因此,采用 PI 控制的关系式为

$$y = \left(K_P + \frac{K_I}{s}\right)(i_{z\_ref} - i_z) \quad (2.37)$$

频谱中除了直流量,主要还有 50 Hz 倍数的波动,因此可以采用比例谐振控制器来消除其中主要的波动成分,如 50 Hz 和 150 Hz,为此控制关系式为

$$y = \sum_{50\ Hz, 150\ Hz} G_{PR}(i_{z\_ref} - i_z) \quad (2.38)$$

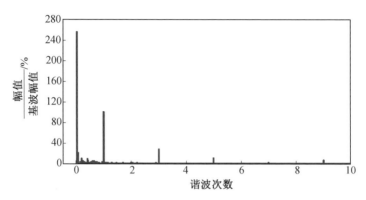

图 2.28　不控环流频谱图

但以上两种方法只有当并联模块给定电流基本相等时,才能实现较好的控制效果;而当给定电流相差较大时,效果会变差,有一定的局限性。

由环流的控制框图可知,两模块非零矢量占空比之差和电感零序电压差为环流控制回路的扰动量,因此可以加入前馈量$-\Delta d_{12}/12$。若采用 PI 控制器,则 y 的计算公式为

$$y=\left(K_{\mathrm{P}}+\frac{K_{\mathrm{I}}}{s}\right)(i_{z\_ref}-i_z)-\frac{\Delta d_{12}}{12} \tag{2.39}$$

加入前馈后,环流依然受电感零序电压差的影响。而 Δu_{1z} 造成的影响是工频波动,故可以采用比例谐振控制器来抑制,不必对其进行前馈控制。因此可以得到零矢量调节因子 y 的表达式为

$$y=\left(K_{\mathrm{P}}+\frac{2K_{\mathrm{R}}\omega_{\mathrm{c}}s}{s^2+2\omega_{\mathrm{c}}s+\omega_0^2}\right)(i_{z\_ref}-i_z)-\frac{\Delta d_{12}}{12} \tag{2.40}$$

图 2.29 为比例谐振加前馈的控制框图,系统通过数字锁相环(PLL)对电网电压锁相,得到坐标变换所需的角度。对 dq 轴电流进行控制后,其输出参考电压作为 SVPWM 的输入,通过在从模块加上环流回路输出的零序占空比调节因子,实现系统的控制。

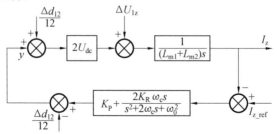

图 2.29　比例谐振加前馈的控制框图

2.4.3　仿真及实验结果

采用仿真软件搭建三相 PWM 并联逆变器的模型,实现 2.3 节所提前馈控制策略。仿真中直流电压 $U_{dc}=450$ V,交流线电压 $u_{pp}=190$ V,仿真步长 $T_S=2$ μs,PWM 开关频率 $f_{PWM}=5$ kHz,调节器周期 $T_{S\_PLL}=0.2$ ms。两模块给定相电流有效值 $i_1=10$ A,$i_2=10$ A。主模块三相电感为 $L_{a1}=6$ mH,$L_{b1}=6$ mH,$L_{c1}=6$ mH;从模块三相电感为 $L_{a2}=6$ mH,$L_{b2}=4$ mH,$L_{c2}=2$ mH。下面为环流分别采用 PI 控制和比例谐振(Proportional Resonant,PR)控制的结果,图中从上到下依次为主模块三相电流、从模块三相电流和三相的零序环流之和。实验中 DSP 采用 TI 公司的 TMS320F2812,其调节周期为 0.1 ms,其他参数与仿真相同。

环流抑制的仿真结果如图 2.30 所示,由仿真结果看,PI 和 PR 的流流均较大,而 PI 中加入前馈后,基本抑制了 50 Hz 以上整数倍的波动,但无法消除工频成分。而采用 PR 加前馈控制后,基本消除了低频成分,环流有效值明显减小。

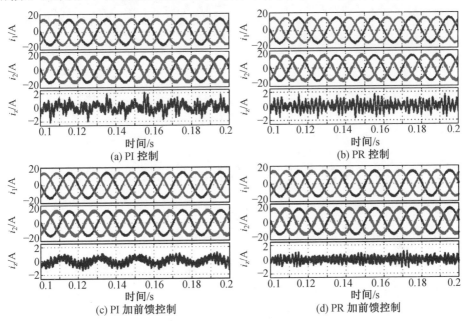

图 2.30　环流抑制的仿真结果

环流抑制的实验结果如图 2.31 所示(图中,上方波形和中间波形分别表示两个并联模块的三相电流,下方波形表示零序环流),从实验结果可以看出,采用 PI 控制时,环流很大,三相电流波形畸变大。改用 PR 控制后,环流减小,电流波形改善,但仍有较大畸变。采用 PI 加非零矢量占空比之差的前馈来控制环流,电流波形明显改善,除工频波动外,基本消除了其他低次成分,但环流有效值仍较大。而采用 PR 加前馈控制之后,基本消除了 50 Hz 波动,实验中环流有效值从 PI 加前馈控制的2.06 A减小为 1.36 A,环流明显减小,控制效果得到改进。

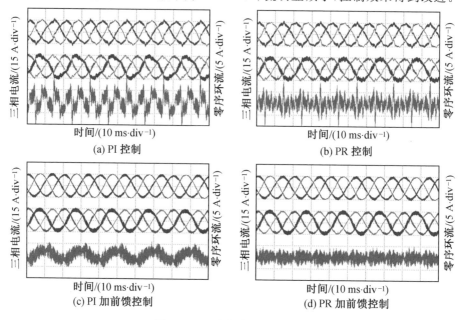

图 2.31　环流抑制的实验结果

2.5　电网电感不平衡时的并联逆变器控制

2.5.1　电网电感不平衡对环流成分的影响

由于逆变器主电路、采样电路以及控制电路的参数差异和死区等因素的影响,并联系统中不同模块的开关管动作存在不同步,从而产生环流。以 A 相为例,从并联三相PWM 逆变器拓扑可以看出:当回路一导通时,环流的存在会使 i_{a1} 减小,i_{a2} 增大;当回路二导通时,i_{a1} 则会增大,i_{a2} 会减小。对其他两相分析可以得到类似的结论,从这个角度出发,模块间的环流可以定义为

$$i_{ck} = \frac{i_{k1} - i_{k2}}{2} \tag{2.41}$$

式中,$k=$a,b,c 分别代表 A、B、C 三相。

根据基尔霍夫电压定律有

$$L_{kx}pi_{kx}=e_a-u_{kx}+u_{ON}$$ (2.42)

式中，$x=1,2$ 分别代表上下两个逆变器模块的编号；p 为微分算子。

根据式(2.41)和式(2.42)可得

$$\begin{cases} i_{ca}=\dfrac{1}{2}\left(\dfrac{e_a-u_{a1}+u_{ON}}{L_{a1}p}-\dfrac{e_a-u_{a2}+u_{ON}}{L_{a2}p}\right) \\[3mm] i_{cb}=\dfrac{1}{2}\left(\dfrac{e_b-u_{b1}+u_{ON}}{L_{b1}p}-\dfrac{e_b-u_{b2}+u_{ON}}{L_{b2}p}\right) \\[3mm] i_{cc}=\dfrac{1}{2}\left(\dfrac{e_c-u_{c1}+u_{ON}}{L_{c1}p}-\dfrac{e_c-u_{c2}+u_{ON}}{L_{c2}p}\right) \end{cases}$$ (2.43)

为了更好地分析环流产生机理及其影响因素，采用瞬时对称分量法对环流进行分解，可得

$$\begin{bmatrix} i_{cz} \\ i_{cp} \\ i_{cn} \end{bmatrix}=\frac{1}{3}\begin{bmatrix} 1 & 1 & 1 \\ 1 & \alpha & \alpha^2 \\ 1 & \alpha^2 & \alpha \end{bmatrix}\begin{bmatrix} i_{ca} \\ i_{cb} \\ i_{cc} \end{bmatrix}$$ (2.44)

式中，$\alpha=1\angle120°$；i_{cz}、i_{cp}、i_{cn} 分别为环流中的零序、正序和负序分量。

结合式(2.41)～(2.44)可得

$$\begin{cases} i_{cz}=\dfrac{1}{6}\left(\sum\limits_{k=a,b,c}i_{k1}-\sum\limits_{k=a,b,c}i_{k2}\right) \\[3mm] i_{cp}=\dfrac{1}{6}\left[(i_{a1}+\alpha i_{b1}+\alpha^2 i_{c1})-(i_{a2}+\alpha i_{b2}+\alpha^2 i_{c2})\right] \\[3mm] i_{cn}=\dfrac{1}{6}\left[(i_{a1}+\alpha^2 i_{b1}+\alpha i_{c1})-(i_{a2}+\alpha^2 i_{b2}+\alpha i_{c2})\right] \end{cases}$$ (2.45)

式中，i_{kx} 为流过并联模块各相电感的电流，$i_{kx}=(e_k+u_{ON}-u_{kx})/L_{kx}p$，$x=1,2$。

根据式(2.45)可以看出，i_{cp} 和 i_{cn} 实质上分别为流过两模块电感的正序电流和负序电流。

三相电网电压平衡时，若并联模块三相电感平衡且相等，即 $L_{kx}=L_{m1}=L_{m2}=L_m(k=a,b,c;x=1,2)$，在正序同步旋转坐标系下采用 PI 控制器即可将各模块三相电流控制到平衡，对应控制器的输出为

$$\begin{cases} u_{dx\_ref}=e_d+\omega L_{mx}i_{qx}-\left(K_P+\dfrac{K_I}{s}\right)(i_{dx\_ref}-i_{dx}) \\[3mm] u_{qx\_ref}=e_q-\omega L_{mx}i_{dx}-\left(K_P+\dfrac{K_I}{s}\right)(i_{qx\_ref}-i_{qx}) \end{cases}$$ (2.46)

式中，K_P、K_I 分别为 PI 控制器的比例系数和积分系数。

对于模块化设计的逆变器，可以采用一套 PI 参数进行控制。并联模块均流

运行时,在控制器控制性能良好的条件下,各模块的 d 轴和 q 轴电流基本都能控制到给定值,在这种情况下,两模块的电流控制器输出基本相等。因此,两模块的交流侧输出电压平衡且基本相等,此时有

$$i_{cz} = \frac{1}{6}\left(\sum_{k=a,b,c} i_{k1} - \sum_{k=a,b,c} i_{k2}\right) = \frac{1}{2}(i_{z1} - i_{z2}) = i_{z1} \tag{2.47}$$

$$i_{cp} = \frac{1}{6}\left[(i_{a1} + \alpha i_{b1} + \alpha^2 i_{c1}) - (i_{a2} + \alpha i_{b2} + \alpha^2 i_{c2})\right]$$

$$= \frac{(e_a + \alpha e_b + \alpha^2 e_c) - (u_{a1} + \alpha u_{b1} + \alpha^2 u_{c1}) + 3u_{ON}}{6L_{m1}p} -$$

$$\frac{(e_a + \alpha e_b + \alpha^2 e_c) - (u_{a2} + \alpha u_{b2} + \alpha^2 u_{c2}) + 3u_{ON}}{6L_{m2}p}$$

$$= \frac{(u_{a2} + \alpha u_{b2} + \alpha^2 u_{c2}) - (u_{a1} + \alpha u_{b1} + \alpha^2 u_{c1})}{6L_m p} = \frac{u_{2p} - u_{1p}}{2L_m p} \tag{2.48}$$

$$i_{cn} = \frac{1}{6}\left[(i_{a1} + \alpha^2 i_{b1} + \alpha i_{c1}) - (i_{a2} + \alpha^2 i_{b2} + \alpha i_{c2})\right]$$

$$= \frac{(e_a + \alpha^2 e_b + \alpha e_c) - (u_{a2} + \alpha^2 u_{b2} + \alpha u_{c2}) + 3u_{ON}}{6L_{m1}p} -$$

$$\frac{(e_a + \alpha^2 e_b + \alpha e_c) - (u_{a1} + \alpha^2 u_{b1} + \alpha u_{c1}) + 3u_{ON}}{6L_{m2}p}$$

$$= \frac{(u_{a2} + \alpha^2 u_{b2} + \alpha u_{c2}) - (u_{a1} + \alpha^2 u_{b1} + \alpha u_{c1})}{6L_m p} = \frac{u_{2n} - u_{1n}}{2L_m p} \tag{2.49}$$

式中,$u_{xp} = u_{ax} + \alpha u_{bx} + \alpha^2 u_{cx}$、$u_{xn} = u_{ax} + \alpha^2 u_{bx} + \alpha u_{cx}$ 分别为逆变器交流侧输出端的正序电压和负序电压。结合式(2.46),$u_{2p} = u_{1p}$,$u_{2n} = u_{1n} = 0$。因此,对于一个三相平衡的并联系统,有 $i_{cp} = i_{cn} = 0$,$i_{ca} = i_{cb} = i_{cc} = i_{z1}$。所以,电网和电感平衡条件下,零序环流是并联系统中环流的主要成分,也是系统并联运行时的主要抑制对象。

1. 电网不平衡对环流的影响

实际电网在运行过程中,由于单相大功率负载和非线性负载的使用,电网电压容易出现波动。电网出现不平衡时,其三相电压可以表示为

$$\begin{bmatrix} e_a \\ e_b \\ e_c \end{bmatrix} = E_{pm} \begin{bmatrix} \cos\omega t \\ \cos\left(\omega t - \frac{2}{3}\pi\right) \\ \cos\left(\omega t + \frac{2}{3}\pi\right) \end{bmatrix} + E_{nm} \begin{bmatrix} \cos\omega t \\ \cos\left(\omega t + \frac{2}{3}\pi\right) \\ \cos\left(\omega t - \frac{2}{3}\pi\right) \end{bmatrix} \tag{2.50}$$

式中,E_{pm}、E_{nm} 分别为电网电压正序分量和负序分量的幅值。

利用式(2.21)将其转换到正序同步旋转坐标系下,可以得到

$$\begin{bmatrix} e_{\mathrm{d}} \\ e_{\mathrm{q}} \end{bmatrix} = \begin{bmatrix} E_{\mathrm{pm}} + E_{\mathrm{nm}}\cos 2\omega t \\ -E_{\mathrm{nm}}\sin 2\omega t \end{bmatrix} \tag{2.51}$$

可以看出,电网不平衡时,其负序电压分量在正序同步旋转坐标系下表现为两倍电网基波频率的交流量,会对 d 轴和 q 轴电流环产生干扰。对于常规平衡条件下基于传统 PI 控制器的电流控制系统来说,由于带宽限制,难以无静差地追踪和控制交流信号,由此会导致逆变器的输出电流产生负序分量。根据式(2.46)可知,若并联模块的三相电感平衡且相等,忽略逆变器模块的参数差异以及其他因素的影响,并联模块 d 轴和 q 轴的电流环都采用传统 PI 方法进行控制时,各模块输出电流中的正序分量均能够控制到给定值,而负序电流分量的控制误差也基本相等,因此各模块电流控制器的输出基本相等,即有 $u_{2\mathrm{p}}=u_{1\mathrm{p}}$,$u_{2\mathrm{n}}=u_{1\mathrm{n}}$。需要注意的是,此时式(2.48)和式(2.49)仍然成立,因此各逆变器的输出电流也基本相等,即 $i_{\mathrm{cp}}=i_{\mathrm{cn}}=0$,模块间的非零序环流基本可以忽略不计。

2. 电感不平衡对环流的影响

根据 2.3 节的分析可知,逆变器三相电感不平衡也会对 d 轴和 q 轴电流环产生负序电压干扰,采用传统的电流控制方式同样会产生负序电流。然而,与电网不平衡不同的是,实际系统中不同模块的电感参数往往也会存在差异,并联系统的电感不平衡度并不为零。结合图 2.6 可知,在传统的电流控制方法下,电感不平衡在 d 轴和 q 轴电流环之间引起的交流耦合量为

$$\begin{cases} u_{\mathrm{qd}x} = \omega\left(\dfrac{1}{3}L_{\cos 2nx} - \dfrac{L_{\sin 2nx}^{2}}{9L_{\mathrm{m}x} - 3L_{\cos 2nx}}\right)i_{\mathrm{q}x} \\ u_{\mathrm{dq}x} = \omega\left(\dfrac{1}{3}L_{\cos 2nx} + \dfrac{L_{\sin 2nx}^{2}}{9L_{\mathrm{m}x} + 3L_{\cos 2nx}}\right)i_{\mathrm{d}x} \end{cases} \tag{2.52}$$

可以看出,两模块电感不平衡存在差异时,各模块受到的负序电压干扰并不相同,这会造成不同模块输出电流中负序分量的差异,导致负序环流的产生。为了直观说明这一点,在仿真软件中进行了系统分析,结果如图 2.32 所示,其中 $u_{\mathrm{qd}x}$ 和 $u_{\mathrm{dq}x}$($x=1,2$)为各模块 d 轴和 q 轴相互间的交流耦合量。仿真时各模块电感为 $L_{\mathrm{a1}}=2\ \mathrm{mH}$,$L_{\mathrm{b1}}=4\ \mathrm{mH}$,$L_{\mathrm{c1}}=6\ \mathrm{mH}$,$L_{\mathrm{a2}}=6\ \mathrm{mH}$,$L_{\mathrm{b2}}=4\ \mathrm{mH}$,$L_{\mathrm{c2}}=2\ \mathrm{mH}$,给定电流为 $I_{\mathrm{d1\_ref}}=I_{\mathrm{d2\_ref}}=10\ \mathrm{A}$,$I_{\mathrm{q1\_ref}}=I_{\mathrm{q2\_ref}}=0$,d 轴和 q 轴电流均采用传统控制方式。通过仿真分析可以发现,在传统电流控制方法下,模块电感不平衡差异造成了不同的负序干扰电压,负序干扰电压的差异使各模块的电流控制器输出不相等,导致不同模块非零序环流通路上开关管的动作异步,最终在模块间引发负序环流。负序环流同样会影响并联模块的均流效果,降低逆变器的输出电能

质量,甚至使逆变器的输出电流畸变。为解决负序环流的不利影响,应设法对其进行抑制。

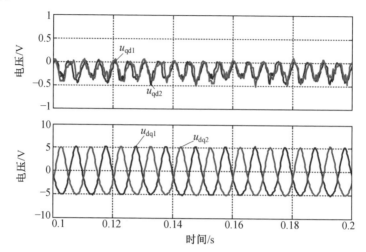

图 2.32 $L_{a1}=2$ mH,$L_{b1}=4$ mH,$L_{c1}=6$ mH,$L_{a2}=6$ mH,$L_{b2}=4$ mH,$L_{c2}=2$ mH 时的交流耦合量对比(彩图见附录)

2.5.2 电网电感不平衡时的环流协调控制

根据式(2.45)可知,电网和电感不平衡条件下,要抑制模块间的环流,需要同时对环流中的正序分量、负序分量和零序分量进行控制。其中,零序环流可以采用2.3节所提前馈控制策略进行抑制。并联均流条件下,对于非零序环流中的正序分量,则可以将各模块的 d 轴和 q 轴正序电流控制到相同的给定值。而要抑制非零序环流中的负序分量,有两种控制方案供选择:一种方案是允许各模块输出负序电流,并将负序电流控制到同样大小;另一种方案是将各模块的负序电流抑制到零,通过消除各模块的负序电流来达到抑制负序环流的目的。在整流应用中,为了消除直流侧电压的脉动,常常要求逆变器输出一定的负序电流,此时宜采用前一种方案。但在逆变应用中,为提高整个系统的稳定性,逆变器直流侧的电压一般可以通过大电容维持稳定,此时负序电流的存在容易导致逆变器的三相桥臂电流应力和开关管的损耗不一致,从而缩短逆变器的寿命,不利于逆变器的长久运行。并网导则要求分布式发电系统在电网发生不平衡故障时具有维持正常运行的能力,因此为保证并联系统的可靠性,提高逆变器的电能传输效率,往往选择消除输出电流中的负序分量,即采用后一种方案来抑制负序环流。

为有效控制逆变器的输出电流,抑制并联模块间的非零序环流,保证并联系统在电网和电感不平衡条件下可靠均流,既可以在正负序双同步旋转坐标系下分别对正序和负序电流进行控制,也可以在正序同步旋转坐标系下采用 PIR 控制器同时控制正序电流和负序电流。采用双旋转坐标系能够对正序电流和负序电流分别进行控制,在稳态时能够获得较好的电流控制效果。然而,这种方法计算量比较大,而且往往要求使用陷波器或者低通滤波器来提取电流的正负序分量,电流控制系统的带宽受到限制,电流环的动态响应比较慢。相比之下,正序同步旋转坐标系下的 PIR 方法不需要分离电流的正负序分量,而且能够在一个旋转坐标系下同时实现正负序电流的控制,能够获得更好的电流动态响应及良好的静态控制效果。因此,逆变器的输出电流在本章中采用 PIR 方法控制。PIR 控制器的传递函数已经在 2.4 节给出,理论上,控制器在谐振频率点具有无穷大的增益,因而在闭环控制时能够实现对负序电流的无静差调节。实际数字控制系统中,无穷大增益难以实现,因此,控制器的谐振部分通常用准谐振控制器代替,此时控制器的传递函数可以表示为

$$G_{\text{PIR}}(s) = G_{\text{CPI}}(s) + \frac{2K_R\omega_c s}{s^2 + 2\omega_c s + \omega_r^2} = K_P + \frac{K_I}{s} + \frac{2K_R\omega_c s}{s^2 + 2\omega_c s + \omega_r^2} \quad (2.53)$$

式中,K_P、K_I、K_R 分别为控制器比例、积分、谐振系数;ω_c 为表征控制器选频特性的带宽系数。

图 2.33 给出了 $K_P = 4$,$K_I = 200$,$K_R = 150$ 不同带宽系数下的 PIR 控制器开环特性。可以看出,ω_c 基本不会影响控制器在谐振频率点处的增益,带宽系数越小,控制器的选频特性越好。实际的电网频率一般存在微小的波动,当电网频率

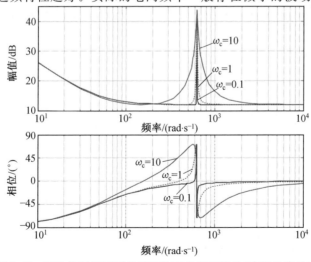

图 2.33　PIR 控制器不同品质因数下的开环特性(彩图见附录)

发生波动时,控制器的性能会下降,从而影响负序电流控制效果。带宽系数增大时,控制器的选频特性会有所下降,电网频率波动对控制器增益的影响比较小,但会降低控制器在谐振频率点附近的相角裕度,不利于系统的稳定运行。实际设计时,为了获得良好的电流动静态控制效果,应在保证系统稳定性的前提下选择较大的带宽系数。

2.5.3 仿真与实验验证

为了验证理论分析的正确性和控制策略的可行性,利用仿真软件中搭建的三相 PWM 逆变器双模块并联模型进行了分析。仿真时直流母线电压设为 450 V,并联模块的给定电流为 $I_{d1\_ref}=I_{d2\_ref}=10$ A,$I_{q1\_ref}=I_{q2\_ref}=0$,功率器件的开关频率为 5 kHz。

首先,分析了电网不平衡对模块间环流的影响。交流母线正序电压为 200 V,负序电压幅值设为正序电压的 20%。两模块交流侧电感给定值为 $L_{a1}=L_{b1}=L_{c1}=6$ mH,$L_{a2}=L_{b2}=L_{c2}=6$ mH,仿真结果如图 2.34 所示。仿真结果表

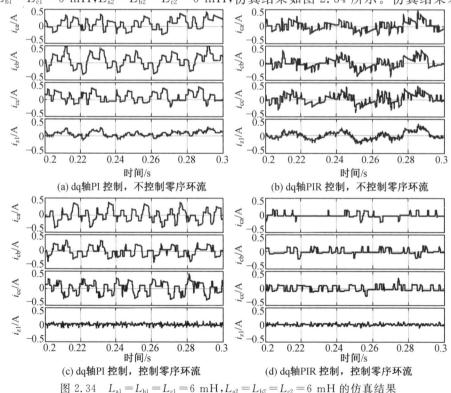

(a) dq轴PI 控制,不控制零序环流   (b) dq轴PIR 控制,不控制零序环流

(c) dq轴PI 控制,控制零序环流   (d) dq轴PIR 控制,控制零序环流

图 2.34 $L_{a1}=L_{b1}=L_{c1}=6$ mH,$L_{a2}=L_{b2}=L_{c2}=6$ mH 的仿真结果

明,电网不平衡时,在传统电流控制方法下,并联模块间的环流主要为低频零序环流。对于模块化设计的逆变器并联系统,模块间的环流相对较小,在所提的协调控制策略下环流能够得到有效抑制。

其次,分析了电感不平衡对环流的影响。图 2.35 和图 2.36 分别给出了电网平衡、电感不平衡以及电网和电感均不平衡时的仿真结果,两图中均为 $L_{a1}=L_{b1}=L_{c1}=6$ mH,$L_{a2}=6$ mH,$L_{b2}=4$ mH,$L_{c2}=2$ mH。其中,交流母线正序电压为 200 V,电网不平衡时,交流母线负序电压分量幅值设为正序分量的 20%。

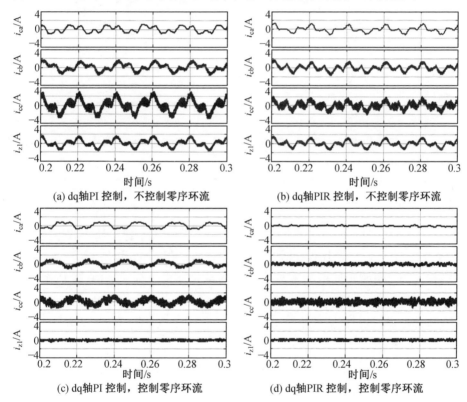

(a) dq轴PI 控制,不控制零序环流　(b) dq轴PIR 控制,不控制零序环流

(c) dq轴PI 控制,控制零序环流　(d) dq轴PIR 控制,控制零序环流

图 2.35　电网平衡、电感不平衡时的仿真结果

由仿真结果可以看出,电感不平衡会导致模块间产生较大的环流。在传统电流控制方法下,环流中同时存在零序和负序分量,其中零序环流分量可以采用前馈控制得到有效抑制,而负序环流可以利用 PIR 控制器抑制。利用协调控制策略可以同时实现对零序和负序环流的控制,获得较满意的环流控制效果。

最后,利用实验平台进一步验证了不平衡运行条件下所提协调控制策略的

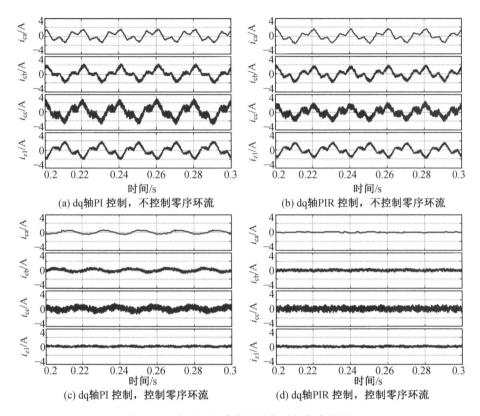

图 2.36　电网和电感均不平衡时的仿真结果

有效性。为了直观说明电感不平衡对并联系统环流成分的影响,先是在电网平衡条件下进行了实验,实验时直流母线电压为 450 V,交流母线电压设为 200 V,并联模块均流运行,电流给定值为 $i_{d1\_ref}=i_{d2\_ref}=10$ A,$i_{q1\_ref}=i_{q2\_ref}=0$,零序环流给定值 $i_{z2\_ref}=0$。

图 2.37 给出了电网平衡、电感不平衡条件下的实验结果,其中 $L_{a1}=2$ mH,$L_{b1}=4$ mH,$L_{c1}=6$ mH,$L_{a2}=6$ mH,$L_{b2}=4$ mH,$L_{c2}=2$ mH。实验结果表明,电感不平衡不仅会对零序电流环产生干扰,导致工频环流的产生,同时还会在并联系统中引发负序环流,造成逆变器的输出电流不平衡,影响并联模块的均流效果,不利于并联系统的正常运行。采用所提的协调控制方案分别对正序、负序、零序环流进行抑制,能够有效抑制模块间的环流,保证并联模块的输出电流平衡。

为了进一步验证电网不平衡对并联系统环流成分的影响,在电网不平衡条

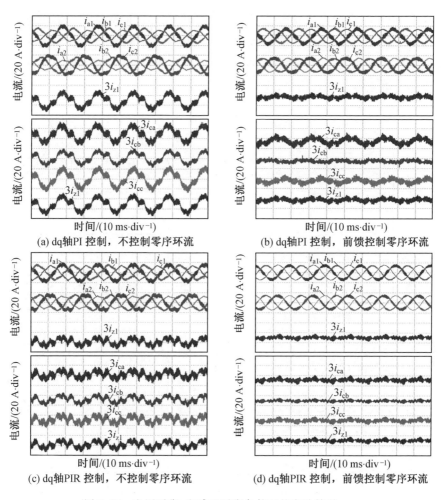

图 2.37　电网平衡、电感不平衡条件下的实验结果

件下进行了相应的实验。其中不平衡电网由多抽头变压器模拟产生，交流母线电压为 $u_{ab}=200\text{ V}$，$u_{ac}=173\text{ V}$，$u_{bc}=100\text{ V}$，图 2.38 和图 2.39 分别给出了电网不平衡、电感平衡以及电网和电感均不平衡时的实验结果。其中，图 2.38 中 $L_{a1}=L_{b1}=L_{c1}=L_{a2}=L_{b2}=L_{c2}=6\text{ mH}$；图 2.39 中 $L_{a1}=2\text{ mH}$，$L_{b1}=4\text{ mH}$，$L_{c1}=6\text{ mH}$，$L_{a2}=6\text{ mH}$，$L_{b2}=4\text{ mH}$，$L_{c2}=2\text{ mH}$。实验结果表明，电网不平衡时，在电感平衡条件下，模块间的环流主要为零序环流，通过抑制零序环流能够获得较满意的环流抑制效果，然而，采用传统基于 PI 控制器的方法控制 d 轴和 q 轴电流时，各模块的输出电流不平衡，不利于逆变器的正常运行。在电感不平衡

条件下,模块间会产生比较明显的负序环流,负序环流的存在同样影响并联系统的均流效果,不利于逆变器的正常运行。采用 2.3 节所提前馈控制策略能够在抑制零序环流的同时,有效控制各模块的负序电流,保证并联系统不平衡运行条件下输出电流得到有效控制,获得良好的电流控制效果。

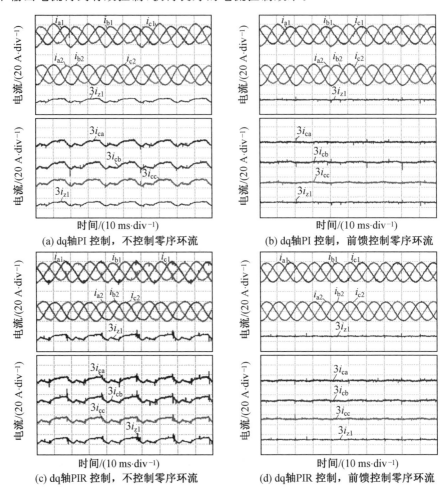

图 2.38　电网不平衡、电感平衡条件下的实验结果

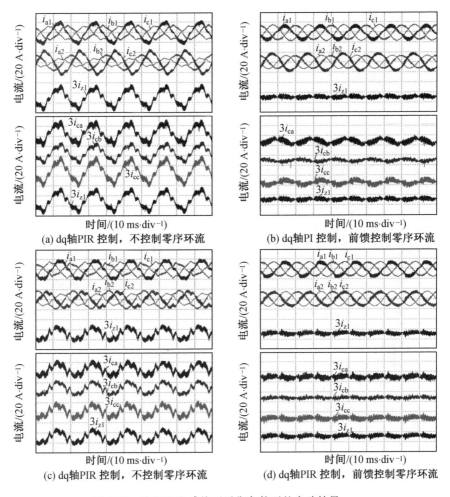

(a) dq轴PIR 控制，不控制零序环流

(b) dq轴PI 控制，前馈控制零序环流

(c) dq轴PIR 控制，不控制零序环流

(d) dq轴PIR 控制，前馈控制零序环流

图 2.39　电网和电感均不平衡条件下的实验结果

本 章 小 结

　　本章首先分析了电感不平衡对逆变器输出电流的影响，在同步旋转坐标系下建立了逆变器电感不平衡条件下的数学模型，在传统电流控制方法的基础上，提出一种电流解耦控制策略，并将其动态性能与常用的两种三相不平衡条件下的电流控制方法进行了比较。

　　基于逆变器模块并联环流产生的机理，本章在同步旋转坐标系下建立了电感不平衡时并联系统的零序环流模型,分析了电感不平衡对模块间零序环流的影响,在传统 PI 环流抑制方法的基础上,提出了一种基于电感零序电压和电压非零矢量前馈的环流抑制方法。

根据比例积分控制方法抑制环流的不足,本章提出了一种环流比例谐振控制方法。该方法通过调整一个模块 SVPWM 的零矢量,来减小不平衡条件下的波动进而降低环流大小,分别给出了连续域和离散域 PR 控制器的设计方法,然后针对 dq 轴电流存在的耦合进行了解耦,消除了二倍频波动,因而控制了环流中的正序和负序分量。

本章最后分析了电网电感不平衡对并联系统模块间环流的影响,利用对称分量法对环流进行分解,从理论上分析了电网和电感不平衡对环流正序、负序和零序分量的影响,并给出不平衡运行条件下并联系统的协调控制方案,通过仿真和实验验证了理论分析的正确性和控制方案的有效性。

第 3 章

载波不同步条件下并联逆变器高频环流抑制

逆 变器并联模块载波存在一定的相位差异时,在并联系统中就会产
生频率为开关频率的环流,称为开关环流。开关环流具有很高的
频率,采用常规的控制策略很难对其进行抑制。本章首先建立载波不同
步的并联三相并网逆变器系统环流模型,在分析并联开关环流特性的基
础上,提出一种基于载波相位差调节的环流抑制方法,然后通过环流反馈
调节并联模块中一个模块的载波相位,减小模块间的载波相位差,从根本
上解决因载波不同步而产生环流的问题。

3.1　引　　言

  如果两台逆变器模块的正弦调制波完全相同,而载波存在一定的相位差异,在并联系统中就会产生频率为开关频率的环流,称为开关环流。对于因载波存在相位差而引起的环流,目前的建模方法大多采用平均模型,利用傅里叶分解将并联桥臂的输出电压近似分解为直流分量和开关频率分量[24]。如果并联模块的调制波完全相同,而且两台逆变器模块参数基本相同,那么分解后的输出电压差将只含有开关频率分量。载波相位差越大,并联系统的开关环流也就越大。

  将载波移相正弦脉冲宽度调制(Carrier Phase Shifted Sinusoidal Pulse Width Modulation,CPS-SPWM)技术运用到 N 个模块并联的系统中时,相移角为 $\theta=2\pi/N$,即每个模块的载波相位依次相差 $2\pi/N$。采用这种调制方式可以在并网侧获得高频输出谐波电流,频率为由并联系统产生的较低频开关环流频率的两倍,减小了网侧滤波器的体积和成本[25],但是交错载波会造成并联系统内产生很大的环流。开关环流具有很高的频率,采用常规的控制策略很难对其进行抑制。文献[26]提出了一种新的载波交错方法来抑制开关环流,该方法的两个并联模块载波间有 180° 相位差,在每个模块内的三相载波也依次有 120° 相位差。采用这种方法既可以减少并网电流的谐波,同时也可以减小由并联模块载波 180° 相位差产生的环流,但是这种方法对控制器芯片的要求较高,难以在一个控制器上随意调节逆变器三相载波的相位。

  文献[27]研究了不同系统拓扑结构和 PWM 调制策略对高频环流的影响。单相全桥逆变器系统采用单双极性 PWM 调制方法时,系统中不存在高频环流;并联系统采用单极性双倍频 PWM 调制方法时,系统中存在高频环流,但是可以通过滤波器把高频环流对基波成分的影响降低。文献[28]对开关器件级的并联电路模型进行了分析,得到开关环流与电路参数之间的关系,根据此结论给出了电路参数的设计原则,该原则能够有效抑制开关环流,但是该方法对硬件参数的依赖性较强。文献[29]提出了一种减小并联模块载波相位差的策略,但是这种方法是基于硬件参数完全相同无偏差的条件,而在实际的实验设备中硬件参数不可能完全一样。由于并联逆变器模块不对称等原因造成系统中产生环流,对控制系统进行载波相位差判断产生干扰,因此在实验中很难达到减小并联模块载波相位差的目的。

本章首先建立载波不同步的并联三相并网逆变器系统环流模型,在三相静止坐标系下,以 A 相为例对并联模块载波相位不同步的运行情况进行分析。根据调制信号和载波相交点的相对位置,分 $M\sin \omega_s t < 1 - \dfrac{\theta}{\pi}$ 和 $M\sin \omega_s t \geqslant 1 - \dfrac{\theta}{\pi}$ 两种情况进行计算,得到并联模块载波不同步情况下三相并联系统的相间环流模型。

在分析载波不同步并联三相并网逆变器系统环流特性的基础上,本章将提出一种调节载波相位差抑制环流的方法,通过环流反馈调节并联模块中一个模块的载波相位,从而减小模块间的载波相位差,从根本上解决因载波不同步而产生环流的问题。

3.2 载波不同步条件下的并联环流建模

3.2.1 高频环流的产生机理

对于多个逆变器模块组成的并联系统,如果各并联模块的 PWM 驱动信号一致,而各模块的线路硬件参数不一致,就会在系统中产生环流。并联模块的 PWM 驱动信号不一致,各逆变器的开关状态也不一致,也会引起环流问题。各模块的 PWM 驱动信号由其调制信号和载波信号共同决定。并联逆变器模块的控制器参数或给定信号等不完全一致时,模块产生的调制信号不同,从而会在并联系统中产生环流。并联系统在模块间 PWM 载波信号不同步的情况下运行时,并联模块间载波信号不一致也会使系统产生环流。

在并联模块 PWM 驱动信号一致,并联逆变器的输出电压相同时,如果并联模块线路硬件参数不一致(以电感参数不一致为例),假定并联模块给定电流相同,模块一的滤波电感为 L_1,逆变器输出电压为 U_{i1},模块二的滤波电感为 L_2,逆变器输出电压为 U_{i2},并联点电压为 U_i,则模块一电流为 $i_1 = (U_{i1} - U_i)/sL_1$,模块二电流为 $i_2 = (U_{i2} - U_i)/sL_2$。由于滤波电感不等,并联模块的电流也不等,因此在模块间会有环流产生。

假定并联模块的线路参数值一致，以 A 相为例进行分析。假定调制信号为 $u_a = M\sin \omega_s t$，采用双傅里叶分析方法，逆变器输出电压表达式为

$$U_A = \frac{MU_d}{2}\sin \omega_s t + \frac{U_d}{\pi}\sum_{m=1}^{\infty}\sum_{n=\pm1}^{\pm\infty}\left\{\left[(-1)^m - (-1)^n\right]\frac{1}{m}J_n\frac{mM\pi}{2}\sin\left[(mN+n)\omega_s t\right]\right\}$$

$$(3.1)$$

式中，M 为调制比；N 为载波比，$N = \omega_c/\omega_s$。

从逆变器输出电压表达式可以看到，基波输出电压跟随调制信号，因此如果两个并联模块的调制信号不一致，输出的基波电压也会不一致，系统间会产生基波环流。此外，输出电压中不含有载波及其倍频次的谐波，高次谐波主要集中在载波及其倍频次频率附近。

根据 CPS-SPWM，N' 个模块调制信号相同，各模块的载波相位依次错开 $1/N'$ 个载波周期，由双傅里叶分析法，第 L 个模块的输出电压表达式为

$$U_L = \frac{MU_d}{2}\sin \omega_s t + \frac{2U_d}{\pi}\sum_{m=1}^{\infty}\frac{J_0\dfrac{mM\pi}{2}}{m}\sin\frac{m\pi}{2}\cos\left[m\left(\omega_c t + \frac{2\pi L}{N}\right)\right] +$$

$$\frac{2U_d}{\pi}\sum_{m=1}^{\infty}\sum_{n=\pm1}^{\pm\infty}\frac{J_n\dfrac{mM\pi}{2}}{m}\sin\left(\frac{m+n}{2}\pi\right)\cos\left[m\left(\omega_c t + \frac{2\pi L}{N}\right) + n\omega_s t - \frac{n\pi}{2}\right] \quad (3.2)$$

对比式(3.1)中无载波相位差时逆变器输出电压表达式，式(3.2)中增加了开关频率及其倍频次成分。两个模块并联、载波相位相差 $180°$ 时，各模块逆变器输出电压表达式为

$$\begin{cases} U_1 = \dfrac{MU_d}{2}\sin \omega_s t + \dfrac{2U_d}{\pi}\sum_{m=1}^{\infty}\dfrac{J_0\dfrac{mM\pi}{2}}{m}\sin\dfrac{m\pi}{2}\cos\left[m(\omega_c t)\right] + \\[4mm] \qquad \dfrac{2U_d}{\pi}\sum_{m=1}^{\infty}\sum_{n=\pm1}^{\pm\infty}\dfrac{J_n\dfrac{mM\pi}{2}}{m}\sin\left(\dfrac{m+n}{2}\pi\right)\cos\left[m(\omega_c t) + n\omega_s t - \dfrac{n\pi}{2}\right] \\[6mm] U_2 = \dfrac{MU_d}{2}\sin \omega_s t + \dfrac{2U_d}{\pi}\sum_{m=1}^{\infty}\dfrac{J_0\dfrac{mM\pi}{2}}{m}\sin\dfrac{m\pi}{2}\cos\left[m(\omega_c t + \pi)\right] + \\[4mm] \qquad \dfrac{2U_d}{\pi}\sum_{m=1}^{\infty}\sum_{n=\pm1}^{\pm\infty}\dfrac{J_n\dfrac{mM\pi}{2}}{m}\sin\left(\dfrac{m+n}{2}\pi\right)\cos\left[m(\omega_c t + \pi) + n\omega_s t - \dfrac{n\pi}{2}\right] \end{cases}$$

$$(3.3)$$

从两个模块逆变器输出电压表达式可以看出，各模块输出电压中基波电压部分相同，开关频率和开关频段附近的电压大小相等、方向相反，如果并联模块

线路参数一致,并网电流中不会包含开关频率和开关频率附近的高次谐波电流,而会以环流的形式在系统中存在。因为两倍的开关频率附近的输出电压相等,所以并网电流中会存在两倍开关频率附近频率的谐波,环流中则不存在这些频率的谐波成分。因此使用载波交错方法可以消除并网电流中开关频率附近的谐波,但是在环流中会出现大量的开关环流。

3.2.2 高频环流的数学模型

对于载波不同步并联系统,两个模块间具有一定的相位差,3.2.1 小节分析了两个模块相位差为 180°时的情况,这一节将对具有任意相位差的并联模块环流进行建模。图 3.1 为具有相位差的并联模块载波图,其中 u_1、u_2 分别是两个模块的载波信号,θ 是两个载波之间的相位差。

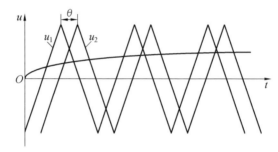

图 3.1　具有相位差的并联模块载波图

根据三角载波波形,可以得到并联逆变器的载波表达式为

$$u_1=\begin{cases}\dfrac{2\omega_c}{\pi}t+\left(1+\dfrac{\theta}{\pi}-4k_1\right), & t\in\left[\dfrac{4k_1\pi-2\pi-\theta}{2\omega_c},\dfrac{4k_1\pi-\theta}{2\omega_c}\right) \\[3mm] -\dfrac{2\omega_c}{\pi}t+\left(1-\dfrac{\theta}{\pi}+4k_1\right), & t\in\left[\dfrac{4k_1\pi-\theta}{2\omega_c},\dfrac{4k_1+2\pi-\theta}{2\omega_c}\right]\end{cases} \tag{3.4}$$

$$u_2=\begin{cases}\dfrac{2\omega_c}{\pi}t+\left(1-\dfrac{\theta}{\pi}-4k_1\right), & t\in\left[\dfrac{4k_1-2\pi+\theta}{2\omega_c},\dfrac{4k_1+\theta}{2\omega_c}\right) \\[3mm] -\dfrac{2\omega_c}{\pi}t+\left(1+\dfrac{\theta}{\pi}+4k_1\right), & t\in\left[\dfrac{4k_1\pi+\theta}{2\omega_c},\dfrac{4k_1\pi+2\pi+\theta}{2\omega_c}\right]\end{cases} \tag{3.5}$$

式中,$\theta\in[0,\pi]$;$k_1\in\mathbf{Z}$;ω_c 是三角载波的角频率。

两个并联模块的调制信号相同,采用正弦脉冲宽度调制(SPWM)方式产生的三相调制信号分别为 u_a、u_b、u_c。为简化分析,将 A 相正弦调制信号初始相位取为 0,则调制信号表达式为

$$\begin{cases} u_{\mathrm{a}} = M \sin \omega_{\mathrm{s}} t \\ u_{\mathrm{b}} = M \sin \left(\omega_{\mathrm{s}} t - \dfrac{2\pi}{3} \right) \\ u_{\mathrm{c}} = M \sin \left(\omega_{\mathrm{s}} t + \dfrac{2\pi}{3} \right) \end{cases} \tag{3.6}$$

式中,M 为调制比;ω_{s} 为电网电压角频率。

以 A 相为例,结合调制信号表达式和载波表达式,可以得到调制方程为

$$\begin{cases} M\sin \omega_{\mathrm{s}} t_1 = \left(1 + \dfrac{\theta}{\pi} - 4k_1\right) + \dfrac{2\omega_{\mathrm{c}} t_1}{\pi}, & t \in \left[\dfrac{4k_1\pi - 2\pi - \theta}{2\omega_{\mathrm{c}}}, \dfrac{4k_1\pi - \theta}{2\omega_{\mathrm{c}}}\right) \\ M\sin \omega_{\mathrm{s}} t_2 = \left(1 - \dfrac{\theta}{\pi} - 4k_1\right) + \dfrac{2\omega_{\mathrm{c}} t_2}{\pi}, & t \in \left[\dfrac{4k_1\pi - 2\pi + \theta}{2\omega_{\mathrm{c}}}, \dfrac{4k_1\pi + \theta}{2\omega_{\mathrm{c}}}\right) \\ M\sin \omega_{\mathrm{s}} t_3 = \left(1 - \dfrac{\theta}{\pi} + 4k_1\right) - \dfrac{2\omega_{\mathrm{c}} t_3}{\pi}, & t \in \left[\dfrac{4k_1\pi - \theta}{2\omega_{\mathrm{c}}}, \dfrac{4k_1\pi + 2\pi - \theta}{2\omega_{\mathrm{c}}}\right] \\ M\sin \omega_{\mathrm{s}} t_4 = \left(1 + \dfrac{\theta}{\pi} + 4k_1\right) - \dfrac{2\omega_{\mathrm{c}} t_4}{\pi}, & t \in \left[\dfrac{4k_1\pi + \theta}{2\omega_{\mathrm{c}}}, \dfrac{4k_1\pi + 2\pi + \theta}{2\omega_{\mathrm{c}}}\right] \end{cases} \tag{3.7}$$

在一个载波周期内,两个并联模块的载波会存在相交点,图 3.2 为具有相位差的并联载波相交图。根据调制信号和载波相交点的相对位置,可分以下两种情况对环流进行分析:情况一,$M\sin \omega_{\mathrm{s}} t < 1 - \dfrac{\theta}{\pi}$;情况二,$M\sin \omega_{\mathrm{s}} t \geqslant 1 - \dfrac{\theta}{\pi}$。

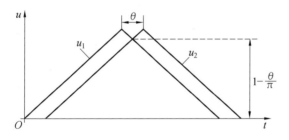

图 3.2　具有相位差的并联载波相交图

1. 满足 $M\sin \omega_{\mathrm{s}} t < 1 - \dfrac{\theta}{\pi}$ 条件时的环流建模

图 3.3 所示为情况一的偏差电压波形,结合调制方程和图 3.3 可得一个载波周期内偏差电压的正负脉冲宽度。

根据调制方程可得下式:

$$M(\sin \omega_{\mathrm{s}} t_2 - \sin \omega_{\mathrm{s}} t_1) = -\dfrac{2\theta}{\pi} + \dfrac{2\omega_{\mathrm{c}}}{\pi}(t_2 - t_1) \tag{3.8}$$

对式(3.8)进行和差化积后变为

$$2M\sin\left(\omega_s \frac{t_2-t_1}{2}\right)\cos\left(\omega_s \frac{t_2+t_1}{2}\right) = -\frac{2\theta}{\pi} + \frac{2\omega_c}{\pi}(t_2-t_1) \tag{3.9}$$

由于负脉冲宽度 t_2-t_1 非常小，可以近似为 $\sin\left(\omega_s \frac{t_2-t_1}{2}\right) \approx \omega_s \frac{t_2-t_1}{2}$，则得到负脉冲宽度为

$$t_2-t_1 = \frac{2\theta}{2\omega_c - \pi M\omega_s\cos\left(\omega_s \frac{t_2+t_1}{2}\right)} \tag{3.10}$$

同理可得正脉冲宽度为

$$t_4-t_3 = \frac{2\theta}{2\omega_c + \pi M\omega_s\cos\left(\omega_s \frac{t_4+t_3}{2}\right)} \tag{3.11}$$

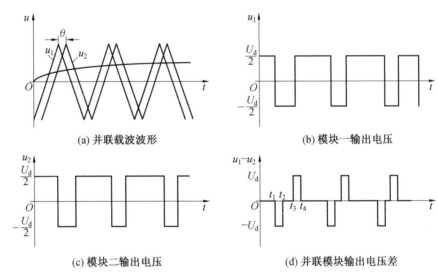

(a) 并联载波波形   (b) 模块一输出电压

(c) 模块二输出电压   (d) 并联模块输出电压差

图 3.3   情况一的偏差电压波形

根据图 3.3 偏差电压波形和环流计算公式 $u_1-u_2 = (L_1+L_2)\dfrac{di_c}{dt}$，满足情况一时，经过一个载波周期环流的变化量为

$$\Delta i'_{c1} = i(t_4) - i(t_1) = \frac{u_1-u_2}{L_1+L_2}\left[(t_4-t_3)-(t_2-t_1)\right] = \frac{U_d}{L_1+L_2}\left[(t_4-t_3)-(t_2-t_1)\right] \tag{3.12}$$

式中

$$(t_4 - t_3) - (t_2 - t_1) = \dfrac{2\theta}{2\omega_c + \pi M \omega_s \cos\left(\omega_s \dfrac{t_4 + t_3}{2}\right)} - \dfrac{2\theta}{2\omega_c - \pi M \omega_s \cos\left(\omega_s \dfrac{t_2 + t_1}{2}\right)}$$

又由于 w_c 很大，$\pi M \omega_s \cos\left(\omega_s \dfrac{t_4 + t_3}{2}\right) \ll 2\omega_c$，$\pi M \omega_s \cos\left(\omega_s \dfrac{t_2 + t_1}{2}\right) \ll 2\omega_c$，因此有如下近似关系：

$$\Delta i'_{c1} \approx -\dfrac{\theta U_d \pi M \omega_s \left[\cos\left(\dfrac{t_1 + t_2}{2}\omega_s\right) + \cos\left(\dfrac{t_3 + t_4}{2}\omega_s\right)\right]}{2(L_1 + L_2)\omega_c^2} \tag{3.13}$$

由于 t_1、t_2、t_3、t_4 非常接近，因此 $\cos\left(\dfrac{t_1 + t_2}{2}\omega_s\right) + \cos\left(\dfrac{t_3 + t_4}{2}\omega_s\right) \approx 2\cos\omega_s t$，$t$ 是该载波周期内的任意时刻，经过一个载波周期环流变化量可以近似为

$$\Delta i'_{c1} \approx -\dfrac{\theta U_d \pi M \omega_s \cos\omega_s t}{(L_1 + L_2)\omega_c^2} \tag{3.14}$$

因此环流的变化率可以表示为

$$\dfrac{\mathrm{d} i'_{c1}}{\mathrm{d} t} = \dfrac{\Delta i'_{c1}}{2\pi/\omega_c} = -\dfrac{\theta U_d M \omega_s \cos\omega_s t}{2(L_1 + L_2)\omega_c} \tag{3.15}$$

则以一个载波周期为单位，分析得到的并联模块 A 相相间环流表达式为

$$i'_{ca1} = \int \dfrac{\mathrm{d} i'_{ca1}}{\mathrm{d} t}\mathrm{d} t = -\dfrac{M\theta U_d}{2(L_1 + L_2)\omega_c}\sin\omega_s t \tag{3.16}$$

在一个载波周期内，由于存在电压偏差脉冲，会产生高频环流。将调制信号在一个载波周期内的值视为恒定，图 3.4 所示为情况一梯形高频环流 i'_{c1} 的产生过程。在情况一 $M\sin\omega_s t < 1 - \dfrac{\theta}{\pi}$ 范围内，梯形高频环流的幅值恒定为 $\dfrac{U_d \theta}{2(L_1 + L_2)\omega_c}$。

对梯形环流进行傅里叶分解，得到在一个载波周期内的环流 i_{ca2} 表达式为

$$i'_{ca2} = a'_0 + \sum_{n=1}^{\infty}(a'_n \cos n\omega_c t + b'_n \sin n\omega_c t) \tag{3.17}$$

式中

$$\begin{cases} a'_0 = -\dfrac{U_d \theta M}{2\omega_c(L_1 + L_2)}\sin\left[\dfrac{\pi\omega_s}{2\omega_c}(1 - M\sin\omega_s t)\right] \\[3mm] a'_n = -\dfrac{U_d \theta}{\omega_c(L_1 + L_2)}\sum_{k=1}^{\infty}\dfrac{2}{k\pi}\sin\left[\dfrac{k}{2}\pi(1 - M\sin\omega_s t)\right]\cos k\omega_c t \\[3mm] b'_n = 0 \end{cases}$$

则并联模块 A 相相间环流的表达式为

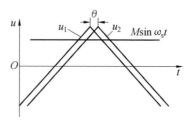

(a) 并联载波波形

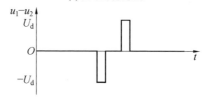

(b) 并联模块输出电压差

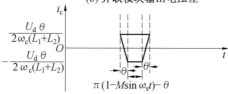

(c) 梯形高频环流

图 3.4 情况一梯形高频环流的产生过程

$$i'_{ca} = \frac{U_d \theta}{\omega_c(L_1+L_2)}\left\{ -\frac{M}{2}\sin \omega_s t - \frac{M}{2}\sin\left[\frac{\pi\omega_s}{2\omega_c}(1-M\sin \omega_s t)\right] - \right.$$

$$\left. \sum_{k=1}^{\infty}\frac{2}{k\pi}\sin\left[\frac{k}{2}\pi(1-M\sin \omega_s t)\right]\cos k\omega_c t \right\} \qquad (3.18)$$

同理,B 相和 C 相的相间环流表达式分别为

$$i'_{cb} = \frac{U_d \theta}{\omega_c(L_1+L_2)}\left(-\frac{M}{2}\sin\left(\omega_s t - \frac{2\pi}{3}\right) - \frac{M}{2}\sin\left\{\frac{\pi\omega_s}{2\omega_c}\left[1-M\sin\left(\omega_s t - \frac{2\pi}{3}\right)\right] - \frac{2\pi}{3}\right\} - \right.$$

$$\left. \sum_{k=1}^{\infty}\frac{2}{k\pi}\sin\left\{\frac{k}{2}\pi\left[1-M\sin\left(\omega_s t - \frac{2\pi}{3}\right)\right]\right\}\cos k\omega_c t \right) \qquad (3.19)$$

$$i'_{cc} = \frac{U_d \theta}{\omega_c(L_1+L_2)}\left(-\frac{M}{2}\sin\left(\omega_s t + \frac{2\pi}{3}\right) - \frac{M}{2}\sin\left\{\frac{\pi\omega_s}{2\omega_c}\left[1-M\sin\left(\omega_s t + \frac{2\pi}{3}\right)\right] + \frac{2\pi}{3}\right\} - \right.$$

$$\left. \sum_{k=1}^{\infty}\frac{2}{k\pi}\sin\left\{\frac{k}{2}\pi\left[1-M\sin\left(\omega_s t + \frac{2\pi}{3}\right)\right]\right\}\cos k\omega_c t \right) \qquad (3.20)$$

2. 满足 $M\sin\omega_s t \geqslant 1-\dfrac{\theta}{\pi}$ 条件时的环流建模

图 3.5 所示为情况二的偏差电压波形,结合调制方程和图 3.5 可得一个载波周期内偏差电压的正负脉冲宽度。

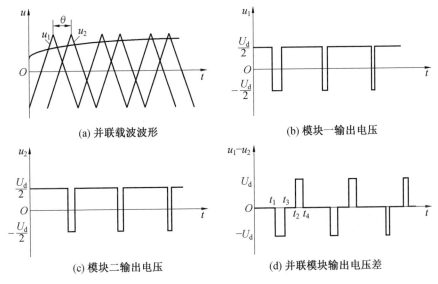

(a) 并联载波波形　　　　　　　　(b) 模块一输出电压

(c) 模块二输出电压　　　　　　　(d) 并联模块输出电压差

图 3.5　情况二的偏差电压波形

根据调制方程,正脉冲宽度为

$$t_4-t_2=\frac{\pi}{\omega_c}-\frac{\pi M}{2\omega_c}(\sin\omega_s t_2+\sin\omega_s t_4) \tag{3.21}$$

同理可得负脉冲宽度为

$$t_3-t_1=\frac{\pi}{\omega_c}-\frac{\pi M}{2\omega_c}(\sin\omega_s t_1+\sin\omega_s t_3) \tag{3.22}$$

满足情况二时,经过一个载波周期环流的变化量为

$$\Delta i''_{c1}=i(t_4)-i(t_1)=\frac{u_1-u_2}{L_1+L_2}\big[(t_4-t_2)-(t_3-t_1)\big]$$

$$=\frac{U_d}{L_1+L_2}\big[(t_4-t_2)-(t_3-t_1)\big] \tag{3.23}$$

式中

$$(t_4-t_2)-(t_3-t_1)=\frac{\pi M}{2\omega_c}(\sin\omega_s t_1-\sin\omega_s t_2+\sin\omega_s t_3-\sin\omega_s t_4)$$

$$=\frac{\pi M}{\omega_c}\Big[\cos\Big(\omega_s\frac{t_1+t_2}{2}\Big)\sin\Big(\omega_s\frac{t_1-t_2}{2}\Big)+$$

$$\cos\left(\omega_s \frac{t_3+t_4}{2}\right)\sin\left(\omega_s \frac{t_3-t_4}{2}\right)\Big]$$

根据图 3.5 可知,$t_1-t_2=-\dfrac{\theta}{\omega_c}$,$t_3-t_4=-\dfrac{\theta}{\omega_c}$。且 t_1、t_2、t_3、t_4 非常接近,于是有

$$\begin{cases} \cos\left(\dfrac{t_1+t_2}{2}\omega_s\right)\approx\cos \omega_s t \\[3mm] \cos\left(\dfrac{t_3+t_4}{2}\omega_s\right)\approx\cos \omega_s t \end{cases} \tag{3.24}$$

式中,t 是该载波周期内的任意时刻。

经过一个载波周期环流变化量可以近似为

$$\Delta i''_{c1}\approx-\frac{\theta U_d\pi M\omega_s\cos \omega_s t}{(L_1+L_2)\omega_c^2} \tag{3.25}$$

因此环流的变化率可以表示为

$$\frac{\mathrm{d}i''_{c1}}{\mathrm{d}t}=\frac{\Delta i''_{c1}}{2\pi/\omega_c}=-\frac{\theta U_d M\omega_s\cos \omega_s t}{2(L_1+L_2)\omega_c} \tag{3.26}$$

则以一个载波周期为单位,分析得到的并联模块 A 相相间环流表达式为

$$i''_{ca1}=\int\frac{\mathrm{d}i''_{ca1}}{\mathrm{d}t}\mathrm{d}t=-\frac{M\theta U_d}{2(L_1+L_2)\omega_c}\sin \omega_s t \tag{3.27}$$

情况二梯形高频环流的产生过程如图 3.6 所示。在一个载波周期内,由于存在电压偏差脉冲,会产生如图 3.6(c)所示梯形高频环流 i''_{c2}。在 $M\sin \omega_s t\geqslant 1-\dfrac{\theta}{\pi}$ 范围内,梯形高频环流的幅值始终是随时间变化的,为 $h=\dfrac{U_d\pi(1-M\sin \omega_s t)}{2(L_1+L_2)\omega_c}$。

对梯形环流进行傅里叶分解,得到在一个载波周期内的环流 i''_{ca2} 的表达式为

$$i''_{ca2}=a''_0+\sum_{n=1}^{\infty}(a''_n\cos n\omega_c t+b''_n\sin n\omega_c t) \tag{3.28}$$

式中

$$\begin{cases} a''_0=\dfrac{\pi U_d M}{2(L_1+L_2)\omega_c}\sin \omega_s t \\[4mm] a''_n=-\dfrac{U_d}{(L_1+L_2)\omega_c}\sum_{k=1}^{\infty}\dfrac{4}{k\pi}\sin \dfrac{k\theta}{2}\cos k\omega_c t \\[4mm] b''_n=0 \end{cases}$$

则并联模块 A 相相间环流的表达式为

$$i''_{ca}=i''_{ca1}+i''_{ca2}=\frac{U_d}{\omega_c(L_1+L_2)}\left[\frac{1}{2}(\pi-\theta)M\sin \omega_s t-\sum_{k=1}^{\infty}\frac{4}{k\pi}\sin \frac{k\theta}{2}\cos k\omega_c t\right]$$

$$\tag{3.29}$$

同理,B 相和 C 相的相间环流表达式分别为

$$i''_{cb} = \frac{U_d}{\omega_c(L_1 + L_2)}\left[\frac{1}{2}(\pi - \theta)M\sin\left(\omega_s t - \frac{2\pi}{3}\right) - \sum_{k=1}^{\infty}\frac{4}{k\pi}\sin\frac{k\theta}{2}\cos k\omega_c t\right]$$

(3.30)

$$i''_{cc} = \frac{U_d}{\omega_c(L_1 + L_2)}\left[\frac{1}{2}(\pi - \theta)M\sin\left(\omega_s t + \frac{2\pi}{3}\right) - \sum_{k=1}^{\infty}\frac{4}{k\pi}\sin\frac{k\theta}{2}\cos k\omega_c t\right]$$

(3.31)

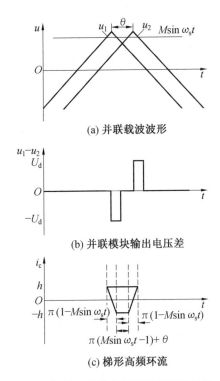

(a) 并联载波波形

(b) 并联模块输出电压差

(c) 梯形高频环流

图 3.6　情况二梯形高频环流的产生过程

3.3　载波不同步条件下的高频环流抑制

3.3.1　环流特性分析

在 3.2 节按照调制信号与并联载波相交点的相对位置不同,分成两种情况分别建立了环流模型,得到了两种情况下并联模块 A、B、C 三相相间环流的表达

式。根据零序环流定义有

$$i_0 = i_{a1} + i_{b1} + i_{c1} = -(i_{a2} + i_{b2} + i_{c2}) \tag{3.32}$$

式中，i_{a1}、i_{b1}、i_{c1} 分别为并联模块中模块一的三相电流；i_{a2}、i_{b2}、i_{c2} 分别为并联模块中模块二的三相电流。

则零序环流可以用并联模块三相电流表示为

$$i_0 = \frac{1}{2} \left[(i_{a1} - i_{a2}) + (i_{b1} - i_{b2}) + (i_{c1} - i_{c2}) \right] \tag{3.33}$$

因此零序环流可以用相间环流表示，即

$$\begin{cases} i_0' = \dfrac{1}{2}(i_{ca}' + i_{cb}' + i_{cc}'), & M\sin \omega_s t < 1 - \dfrac{\theta}{\pi} \\[3mm] i_0'' = \dfrac{1}{2}(i_{ca}'' + i_{cb}'' + i_{cc}''), & M\sin \omega_s t \geqslant 1 - \dfrac{\theta}{\pi} \end{cases} \tag{3.34}$$

本章之后的内容若无特指相间环流，则环流均指的是并联模块间的零序环流。

1. 满足 $M\sin \omega_s t < 1 - \dfrac{\theta}{\pi}$ 条件时的环流特性

根据式（3.18）~（3.20），相间环流由三部分组成，对零序环流的分析也将分为三部分进行。

显然，对称三相正弦环流相加后为零，因此在并联模块调制信号相等时，环流的第一部分应该为零。

第二部分环流表达式为

$$i_{02}' = -\frac{U_d \theta M}{4\omega_c(L_1 + L_2)} \left(\sin\left[\frac{\pi \omega_s}{2\omega_c}(1 - M\sin \omega_s t) \right] + \sin\left\{ \frac{\pi \omega_s}{2\omega_c}\left[1 - M\sin\left(\omega_s t - \frac{2\pi}{3} \right) \right] - \frac{2\pi}{3} \right\} + $$
$$\sin\left\{ \frac{\pi \omega_s}{2\omega_c}\left[1 - M\sin\left(\omega_s t + \frac{2\pi}{3} \right) \right] + \frac{2\pi}{3} \right\} \right) \tag{3.35}$$

令 $f_1 = i_{02}' / \left[-\dfrac{U_d \theta M}{4\omega_c(L_1 + L_2)} \right]$，则 f_1 的波形如图 3.7 所示，可见环流的第二部分为基频环流，幅值大约为 $\dfrac{0.005 U_d \theta M}{\omega_c(L_1 + L_2)}$。

第三部分环流表达式为

$$i_{03}' = -\frac{U_d \theta}{\omega_c(L_1 + L_2)} \sum_{k=1}^{\infty} \frac{1}{k\pi} \left(\sin\left[\frac{k}{2}\pi(1 - M\sin \omega_s t) \right] + \right.$$
$$\sin\left\{ \frac{k}{2}\pi\left[1 - M\sin\left(\omega_s t - \frac{2\pi}{3} \right) \right] \right\} +$$

$$\sin\left\{\frac{k}{2}\pi\left[1-M\sin\left(\omega_{\mathrm{s}}t+\frac{2\pi}{3}\right)\right]\right\}\right)\cos k\omega_{\mathrm{c}}t \tag{3.36}$$

令

$$f_{100k}=\frac{1}{k\pi}\left(\sin\left[\frac{k}{2}\pi(1-M\sin\omega_{\mathrm{s}}t)\right]+\sin\left\{\frac{k}{2}\pi\left[1-M\sin\left(\omega_{\mathrm{s}}t-\frac{2\pi}{3}\right)\right]\right\}+$$

$$\sin\left\{\frac{k}{2}\pi\left[1-M\sin\left(\omega_{\mathrm{s}}t+\frac{2\pi}{3}\right)\right]\right\}\right),\quad k=1,2,3,\cdots$$

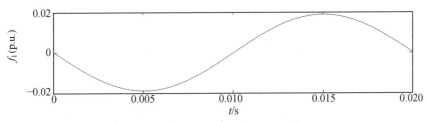

图 3.7　f_1 的波形

当 $k=1$ 时，环流成分为载波频率环流，f_{100} 的波形如图 3.8 所示，f_{100} 波动范围很小，为 0.000 5 左右，f_{100} 可以近似视为恒值，因此第三部分环流中载波频率的环流幅值大约为 $\dfrac{0.613\,5U_{\mathrm{d}}\theta}{\omega_{\mathrm{c}}(L_1+L_2)}$。

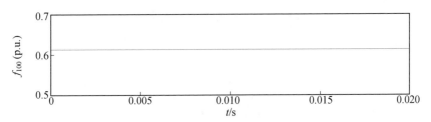

图 3.8　f_{100} 的波形

当 k 为偶数时，环流成分 $f_{100k}\cos k\omega_{\mathrm{c}}t$ 不含有载波频率的 k 倍频率成分，含有 3 次及 3 的倍频次环流。以 $k=2$ 为例，流成分 $f_{200}\cos 2\omega_{\mathrm{c}}t$ 的波形如图 3.9 所示，因此第三部分环流中还含有 3 次环流成分。

综合前面对 $M\sin\omega_{\mathrm{s}}t<1-\dfrac{\theta}{\pi}$ 情况下三部分环流的成分分析，可知环流中含有幅值为 $\dfrac{0.005U_{\mathrm{d}}\theta M}{\omega_{\mathrm{c}}(L_1+L_2)}$ 的基频环流，3 次及 3 的倍频次环流，幅值约为 $\dfrac{0.613\,5U_{\mathrm{d}}\theta}{\omega_{\mathrm{c}}(L_1+L_2)}$ 的载波频率环流，以及载波频率奇数倍的高频环流，不含有载波频率偶数倍的高频环流。各次成分的环流都与直流电源电压 U_{d}、并联模块间载波相位差 θ 成正

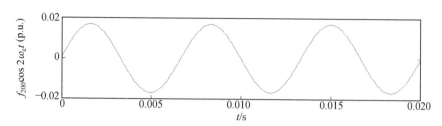

图 3.9　$f_{200}\cos 2\omega_c t$ 的波形

比，与载波角频率 ω_c、环路阻抗(L_1+L_2)成反比。基频环流与调制比 M 成正比，而 3 次及 3 的倍频次环流以及高频环流都与调制比 M 无关。

2. 满足 $M\sin \omega_s t \geqslant 1-\dfrac{\theta}{\pi}$ 条件时的环流特性

式(3.29)~(3.31)为情况二时的三相相间环流表达式，可以分为两部分。情况一和情况二下的相间环流第一部分成分都为基频环流，因此在并联模块调制信号相等时，情况二下环流的第一部分也应该为零。

第二部分环流表达式为

$$i''_{03}=-\frac{3U_d}{\omega_c(L_1+L_2)}\sum_{k=1}^{\infty}\frac{2}{k\pi}\sin\frac{k\theta}{2}\cos k\omega_c t \tag{3.37}$$

因此第二部分环流为载波频率及其倍频次高频环流成分，且幅值恒定，载波频率环流的幅值为 $\dfrac{6U_d}{\pi\omega_c(L_1+L_2)}\sin\dfrac{\theta}{2}$。

综合前面对 $M\sin \omega_s t \geqslant 1-\dfrac{\theta}{\pi}$ 情况下两部分环流的成分分析，可知环流中含有载波频率环流以及载波频率奇数倍的高频环流。各次成分的环流都与直流电源电压 U_d 成正比，与载波角频率 ω_c、环路阻抗(L_1+L_2)成反比，与调制比 M 无关。其中载波频率的环流与并联模块间的载波相位差 $\theta/2$ 呈正弦关系。

3. 整个范围内的环流特性

如果并联模块间的载波相位差 θ 很小，满足 $\theta<\pi(1-M)$ 时，调制信号的幅值始终不会超过载波相交点，则 $M\sin \omega_s t<1-\theta/\pi$ 始终成立。对于确定的载波相位差 θ，环流的幅值恒定，环流特性与 3.2.1 小节中得到的环流特性一样，即环流中含有幅值很小的基频环流，3 次及 3 的倍频次环流，载波频率环流及其奇数倍的高频环流。各次成分的环流幅值都与直流电源电压 U_d 和并联模块间载波相位差 θ 成正比，与载波角频率 ω_c 和环路阻抗(L_1+L_2)成反比。基频环流与调制比 M 成正比，而 3 次及 3 的倍频次环流以及高频环流都与调制比 M 无关。

如果载波间相位差 θ 较大,满足 $\theta \geqslant \pi(1-M)$ 时,在一个调制周期内情况一和情况二都会出现,且随着载波相位差 θ 的增大,情况一所占的比重下降,情况一的环流特性减弱,情况二所占比重上升,情况二的环流特性增强。综合情况一和情况二的环流特性,随着载波相位差 θ 的增大,环流幅值增大;环流中的基频成分先增大后减小,但其幅值相比于高频环流可忽略不计;3 次环流幅值先增大后减小;载波频率环流幅值增大,但增大速度逐渐减小。同样,在载波相位差较大的情况下,各次环流幅值都与直流电源电压 U_d 成正比,与载波角频率 ω_c、环路阻抗 (L_1+L_2) 成反比,环流中基频环流、3 次环流幅值与调制比 M 成正比,高频环流幅值与调制比 M 无关。环流中各成分(基频环流、3 次环流和载波频率环流)在两种情况下随着载波相位差增大的变化趋势见表 3.1。

表 3.1　环流中各成分在两种情况下随着载波相位差增大的变化趋势

成分	$\theta < \pi(1-M)$	$\theta \geqslant \pi(1-M)$
基频环流	增大	先增大后减小
3 次环流	增大	先增大后减小
载波频率环流	增大	增大

4. 扫描法验证环流特性

根据理论分析,环流幅值随模块间载波相位差的增大而增大,因此可以采用扫描法来验证这种特性。保持并联系统中一个模块的载波相位不变,调整另外一个模块的载波相位,以控制模块间载波相位差。本节将载波相位不变的模块称为模块一,载波相位需调节的模块称为模块二。

启动两个并联的逆变器模块后,保持模块一的载波相位不变,移动模块二的载波相位,直至模块二的载波相位与其原始载波相位错开 $180°$,这个过程为前半周期;再将模块二的相位往反方向移动,直至模块二的载波相位与其原始相位相同,这个过程为后半周期。记录模块二载波相位移动过程中环流的波形。其中,载波相位移动为恒速移动,即每个时刻向某一方向移动固定角度。如图 3.10 所示,在前半周期中,模块一和模块二的载波相位差会随着模块二载波相位的移动先变小再变大;在后半周期中,模块间的载波相位差会随着模块二载波相位的移动先变大再变小,与前半周期对称,这个过程称为扫描。

根据理论分析得到的环流特性和载波相位差对环流的影响,在载波相位差变化的过程中,系统环流会以同样的趋势变化,在载波相位差最小时环流也最小。如果此理论分析正确,那么在一个扫描周期中,前半周期和后半周期会分别

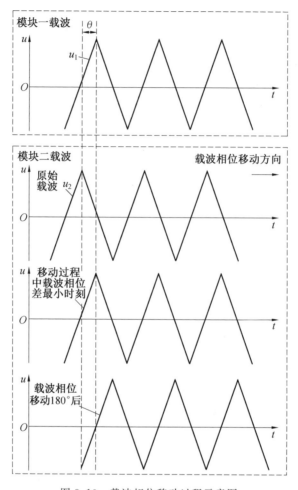

图 3.10　载波相位移动过程示意图

出现一次环流最小时刻,记录的环流最小时刻即为载波相位差最小时刻。系统采集环流后,计算该时刻采样以及该时刻前 $n-1$ 次采样得到的共 n 个环流值的方差及平方和,根据冒泡法找到 n 个环流值方差及平方和最小的时刻,即载波相位差最小的时刻。由模块二载波相位的移动速度和载波相位差最小时刻,计算对应的载波相位移动量。

　　扫描 N 个周期,重复扫描步骤,其中,N 为大于 1 的整数。计算 N 个扫描周期得到的环流最小时刻对应的载波相位移动量平均值,该值即为理论上两个模块的载波相位差。在 N 个周期扫描结束后,将模块二的载波相位在原始载波相位的基础上,移动计算得到的载波相位移动量平均值,减小载波相位差。

3.3.2 基于载波相位调节的环流抑制

在引入调节载波相位抑制高频环流方法前,先介绍一种有效的低频零序环流抑制方法,即无差拍零序环流控制。

对于并联逆变器系统模块不对称的情况,例如滤波电感不等、模块给定电流不一致等情况,采用 SVPWM 调制方式时无差拍控制方法能有效抑制环流,并且具有动态响应快等优点。根据零序环流的定义 $i_0 = i_a + i_b + i_c$,零序环流占空比可以定义为

$$d_z = d_a + d_b + d_c \tag{3.38}$$

式中,d_a、d_b、d_c 分别为三相桥臂输出占空比。

两个并联模块的占空比之差就可以表示为 $\Delta d_z = d_{z1} - d_{z2}$。在采用 SVPWM 调制方式时,是用两个非零矢量和零矢量来构成控制矢量的。将模块一的非零矢量表示为 d_{11}、d_{21},零矢量为 d_{01};模块二的非零矢量表示为 d_{12}、d_{22},零矢量为 d_{02}。

由于在一个 PWM 周期内,零矢量分为全 0 和全 1 两种,在总的零矢量中每种零矢量所占比例是可以调节的。假定在一个 PWM 周期内,全 1 零矢量所占时间为 $(d_0/2 - 2y)T$,全 0 零矢量所占时间为 $(d_0/2 + 2y)T$,其中 T 为采样周期,y 为控制变量,y 应该满足如下条件:

$$-\frac{d_0}{4} \leqslant y \leqslant \frac{d_0}{4} \tag{3.39}$$

零序环流在两相旋转坐标系下可以表示为

$$\frac{\mathrm{d}i_0}{\mathrm{d}t} = \frac{\frac{1}{2}(\Delta d_{12} + 12 y_2) U_d}{L_1 + L_2} \tag{3.40}$$

式中,U_d 为直流侧电压;L_1、L_2 分别为并联模块的滤波电感;y_2 为模块二的零序占空比调节变量;$\Delta d_{12} = -d_{11} + d_{21} + d_{12} - d_{22}$。

如果将式(3.38)的零序环流在两相旋转坐标系下的数学模型改为离散形式,可以表示为

$$\frac{i_0(k+1) - i_0(k)}{T} = \frac{\frac{1}{2}[\Delta d_{12}(k) + 12 y_2(k)] U_d(k)}{L_1 + L_2} \tag{3.41}$$

式中,$x(k)$ 为物理量 x 在 kT 时刻的采样值。

假定在 $(k+1)T$ 时刻的零序环流值能达到给定值,那么要想将零序环流减小至最小值,应该令 $i_0(k+1) = 0$,这样便可以得到控制变量 $y_2(k)$ 的表达式为

$$y_2(k) = -\frac{\dfrac{i_0(k)(L_1+L_2)}{TU_d(k)}+\dfrac{1}{2}\Delta d_{12}(k)}{6} \tag{3.42}$$

根据计算得到的零矢量控制变量 y_2 表达式设计相应的控制器,便可以对零矢量进行实时分配,从而抑制零序低次环流。

对于并联模块 PWM 载波信号不同步的运行情况,并联模块载波之间存在相位差。根据对环流特性的分析,在不考虑其他产生环流的因素时,系统环流幅值随模块间载波相位差的增大而增大。因此调节载波相位差大小可以抑制由于并联模块间载波相位差的存在而产生的系统高频环流。

目前已有许多方法可对低频环流进行抑制,本节针对因载波不同步而产生的高频环流,通过调整并联模块间的载波相位差来抑制高频环流。保持并联系统中一个模块的载波相位不变,通过控制器实时调整另外一个模块的载波相位,从而调节模块间载波相位差,达到抑制高频环流的目的。

启动两个并联的逆变器模块,采集系统环流,信号经过载波相位调节器。其中,可以选取比例调节器或者比例-积分调节器作为载波相位调节器。系统采集环流后,计算该时刻采样以及该时刻前 $n-1$ 次采样得到的共 n 个环流值的平方和,将其作为载波相位调节器的输入,n 个环流平方和给定值为 i_{c_ref},输出为载波相位移动量 $\Delta\theta$。图 3.11 为载波相位调节器框图,采用比例调节器时 $K_I=0$。

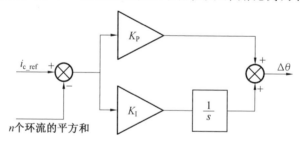

图 3.11　载波相位调节器框图

本节选择比例调节器作为载波相位调节器,将 n 个环流的平方和信号与给定值 i_{c_ref} 做比较,如果差值为正,输出载波相位移动量为正值,则模块二的载波相位向正方向移动,载波相位差减小;如果差值为负,输出载波相位移动量为负值,则模块二的载波相位向负方向移动,载波相位差增大。

系统处于稳定状态后,n 个环流的平方和在环流给定值 i_{c_ref} 附近变化,环流也会在某一定值附近变化,因此改变给定值可以调节环流大小。根据环流特性和载波相位差对环流的影响,这种方法可以调节载波相位差大小。图 3.12 所示为调节载波相位差抑制环流系统控制框图。

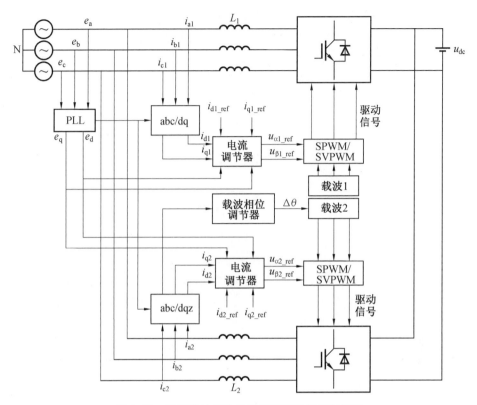

图 3.12　调节载波相位差抑制环流系统控制框图

3.4　仿真与实验验证

3.4.1　仿真结果

为了验证上述并联系统环流特性分析的正确性及调节载波相位差抑制环流方法的有效性,本节在仿真环境下进行了分析。仿真中采用的交流侧线电压为 $U_{PP}=190$ V,直流侧电压为 $U_d=400$ V,仿真步长 $T_s=2$ μs,两个模块的滤波电感为 $L_1=L_2=6$ mH,载波频率和控制频率均为 5 kHz。

图 3.13 所示为仿真中 3 次环流和载波频率环流随载波相位差 θ 的变化情况,由于 3 次环流和载波频率环流为主要环流成分,其他成分环流幅值基本可以忽略不计,因此只分析 3 次环流和载波频率环流变化趋势。从图中可知在载波

相位差 θ 从 0°变到 180°的过程中,3 次环流的幅值先增大后减小到零,载波频率环流幅值逐渐增大,且增大速度逐渐变小,与理论分析一致。

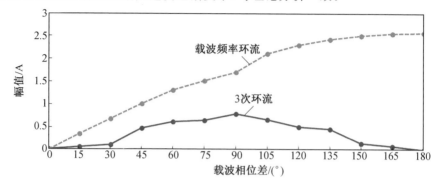

图 3.13　仿真中 3 次环流和载波频率环流随载波相位差 θ 的变化情况

为了具体说明环流中各次环流成分与载波相位差的关系,本节以载波相位差分别为 90°、135°和 180°为例,给出了环流波形及快速傅里叶变换(Fast Fourier Transform,FFT)分析结果。图 3.14～3.16 所示分别为仿真中载波相位差为 90°、135°和 180°时环流波形及 FFT 分析结果。从图中可以看出,在相位差为 90°时 3 次环流幅值很大,约为 1 A。在相位差为 180°时基本上不存在 3 次环流,环流中几乎全为载波频率成分环流。

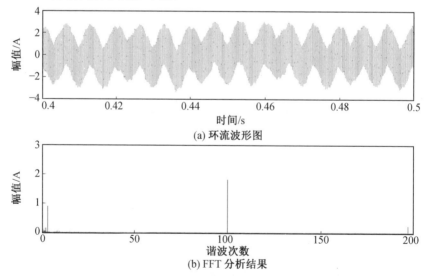

(a) 环流波形图

(b) FFT 分析结果

图 3.14　载波相位差为 90°时环流波形及 FFT 分析结果

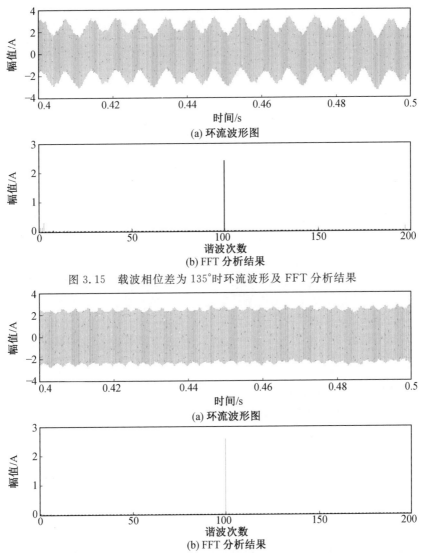

图 3.15　载波相位差为 135°时环流波形及 FFT 分析结果

图 3.16　载波相位差为 180°时流波形及 FFT 分析结果

　　为了更直观地证明环流幅值随载波相位差增大而增大的特性,将并联模块初始相位差设置为 0°,在一个完整的扫描周期内,载波相位差会先增大到 180°,然后再逐步减小至 0°。图 3.17 所示为扫描法环流变化波形仿真结果。从图中可以看出,在一个完整的扫描周期内,随着模块二载波相位的移动,环流幅值在前半周期内增大,后半周期内减小。可见总的环流幅值的变化趋势与模块间载波相位差的变化趋势相同,其中在载波从 0°变化到 180°的过程中,高频环流成分随载波相位差的增大而增大,3 次低频环流成分先增大后减小,与理论分析得出的环流各成分幅值随载波相位差的变化趋势结论相同。

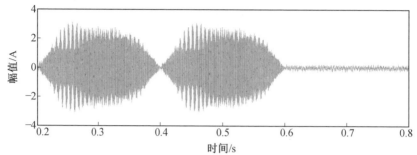

图 3.17　扫描法环流变化波形仿真结果

为了验证调节载波相位差抑制环流方法的有效性和适用范围,分别在采用SPWM 调制方式和采用 SVPWM 调制方式时,在并联模块给定电流一致及给定电流不一致等情况下进行了仿真。

图 3.18 所示为采用 SPWM 调制方式,并联模块的给定电流都为 5 A 时,并联模块对称情况下调节载波相位差抑制环流方法的仿真结果。系统环流幅值相比控制前减小了 3 A 左右,且能将环流幅值控制在 0.5 A 内,高频环流大大减小,说明调节载波相位差抑制环流方法对采用 SPWM 调制方式的情况适用。

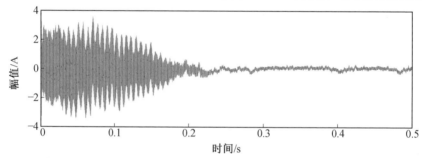

图 3.18　并联模块对称时采用 SPWM 调制方式的环流抑制仿真结果

图 3.19 所示为采用 SVPWM 调制方式,并联模块给定电流都为 5 A 时,并联模块对称情况下调节载波相位差抑制环流方法的仿真结果。系统环流幅值相比于控制前减小了 3 A 左右,且能将稳定状态下的环流幅值控制在 0.5 A 内,高频环流大大减小,说明调节载波相位差抑制环流方法同样适用于采用 SVPWM调制方式的情况。

图 3.20 所示为采用 SVPWM 调制方式,模块一的给定电流为 5 A,模块二的给定电流为 3 A,并联模块不对称的情况下,采用调节载波相位差抑制环流方法的仿真结果。通过对比控制前后环流 FFT 分析结果可知,经过调节载波相位

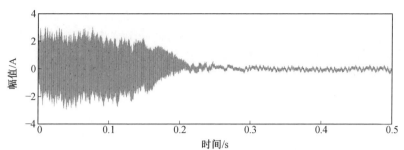

图 3.19　并联模块对称时采用 SVPWM 调制方式的环流抑制仿真结果

差抑制环流方法的控制后,高频环流成分大大减少,幅值从 2.5 A 减小为 0.5 A,3 次环流成分的幅值基本不变,总的环流幅值控制在 2 A 以内,说明该方法在并联模块不对称的情况下也适用。

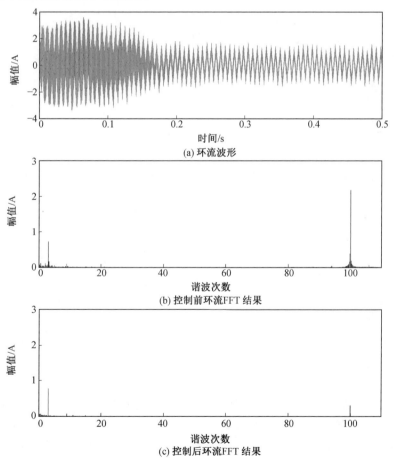

(a) 环流波形

(b) 控制前环流 FFT 结果

(c) 控制后环流 FFT 结果

图 3.20　并联模块不对称时采用 SVPWM 调制方式的环流抑制仿真结果

图 3.21 所示为采用 SVPWM 调制方式,模块一的给定电流为 5 A,模块二的给定电流为 3 A,并联模块不对称的情况下,结合调节载波相位差抑制环流方法和无差拍环流抑制方法的仿真结果。对比图 3.20 未加入无差拍控制时的环流 FFT 分析结果,加入无差拍控制后三次环流成分基本消除,且调节载波相位差抑制环流的方法对高频环流的抑制效果更好。

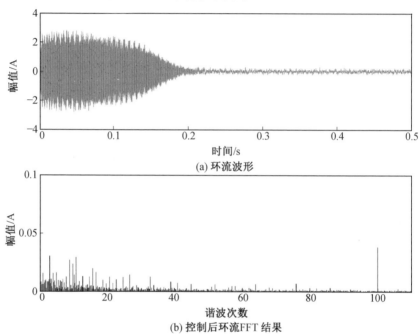

图 3.21　并联模块不对称时采用 SVPWM 调制方式结合无差拍控制对环流进行抑制的仿真结果

通过以上三种条件下环流抑制的仿真结果可以看出,调节载波相位差抑制环流方法在采用 SPWM 调制方式和 SVPWM 调制方式时都适用,都能有效地减小并联系统环流。对于并联模块不对称的情况,该方法也能有效减小环流中的高频成分,将环流幅值控制在一定范围内,而且结合无差拍控制时可以实现更好的环流抑制效果。

3.4.2　实验验证

为了验证载波不同步并联系统环流特性分析的正确性以及调节载波相位差抑制环流方法的有效性,在三相并联逆变器实验平台上进行了实验。实验中直流电压为 $U_d = 400$ V,交流侧线电压为 $U_{pp} = 190$ V,并联模块硬件参数对称,模块一滤波电感为 $L_1 = 6$ mH,模块二滤波电感为 $L_2 = 6$ mH。

首先验证并联逆变器的环流特性,环流中 3 次环流和载波频率环流随载波相位差 θ 变化的实验结果如图 3.22 所示。从图中可知在载波相位差 θ 从 $0°$ 变到 $180°$ 的过程中,3 次环流的幅值先增大后减小到零,载波频率环流幅值逐渐增大,且增大速度逐渐变小,与理论分析和仿真结果都一致。

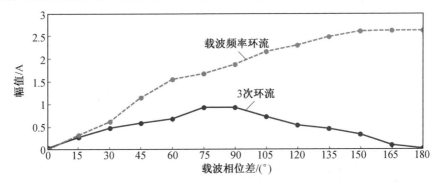

图 3.22　环流主要成分随载波相位差变化图(实验数据)

　　为了具体说明环流中各次环流成分与载波相位差的关系,以载波相位差分别为 $90°$、$135°$ 和 $180°$ 为例,给出了实验时的环流波形及 FFT 分析结果。图 3.23 所示为载波相位差为 $90°$ 时环流波形及 FFT 分析结果,从图中可以看出,当载波相位差为 $90°$ 时,环流中的 3 次环流成分幅值很大,约为 1 A。

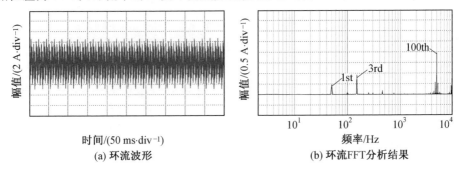

| (a) 环流波形 | (b) 环流FFT分析结果 |

图 3.23　载波相位差为 $90°$ 时环流波形及 FFT 分析结果

　　图 3.24 所示为载波相位差为 $135°$ 时环流波形及 FFT 分析结果,从图中可以看出,当载波相位差为 $135°$ 时,环流中的 3 次环流成分约为 0.5 A,相比于载波相位差为 $90°$ 时 3 次环流幅值减小,载波频率环流的幅值增大。

　　图 3.25 所示为载波相位差为 $180°$ 时环流波形及 FFT 分析结果,可以看出,当载波相位差为 $180°$ 时,环流中基本上不存在 3 次环流成分,且载波频率环流的幅值达到最大值。

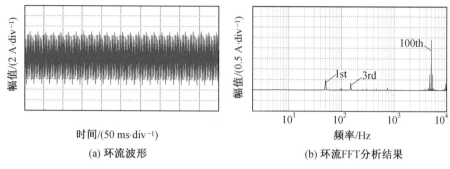

(a) 环流波形　　　　　　　(b) 环流FFT分析结果

图 3.24　载波相位差为 135°时环流波形及 FFT 分析结果

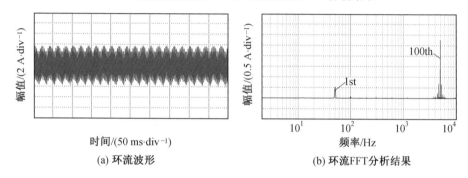

(a) 环流波形　　　　　　　(b) 环流FFT分析结果

图 3.25　载波相位差为 180°时环流波形及 FFT 分析结果

　　通过扫描法可以将并联载波相位差调整至较小的范围内,相关实验波形如图 3.26 所示,可以看出,经过两个周期的扫描后,环流幅值变成 1 A 左右。但是这种方法只能用于短时间调整载波相位差,而不能在稳定状态下将载波相位差控制在一定范围内,因为稳定状态下控制器本身的晶振问题使得各个模块的频率不能保持恒定,会出现微小的偏差。因此如果不采取一定的控制策略,并联模块间的载波相位差在扫描完成后,载波相位差会有一定的减小,但是系统处于稳定状态后载波相位差又会逐渐增大,系统的环流也会逐渐增大。

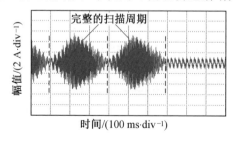

图 3.26　扫描法验证环流特性实验结果

为了验证调节载波相位差抑制环流方法的有效性和适用范围,分别在采用 SPWM 调制方式和采用 SVPWM 调制方式时,对并联模块给定电流一致及给定电流不一致等情况进行了实验。

图 3.27 所示为并联模块对称时采用 SPWM 调制方式的环流抑制波形,其中并联模块给定相电流都为 5 A。系统环流幅值相比于控制前减小了 3 A 左右,环流幅值可控制在 1 A 内,有效减小了并联系统环流。

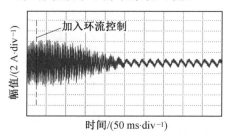

图 3.27　并联模块对称时采用 SPWM 调制方式的环流抑制波形

图 3.28 所示为并联模块对称时采用 SVPWM 调制方式的环流抑制波形,其中并联模块给定相电流都为 5 A。从图中可以看出,经过调节后环流幅值能控制在 1 A 内,相比控制前减小了 3 A 左右,有效减小了并联系统环流。

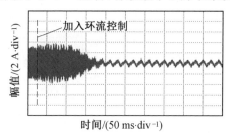

图 3.28　并联模块对称时采用 SVPWM 调制方式的环流抑制波形

图 3.29 所示为并联模块不对称时采用 SVPWM 调制方式的实验结果,其中模块一给定相电流为 5 A,模块二给定相电流为 3 A。由于两个模块给定电流不一致,系统中会产生 3 次零序环流。加入环流控制前 3 次环流幅值约为 0.8 A,开关频率环流幅值约为 3 A。加入环流控制后稳定状态下 3 次环流幅值约为 0.8 A,开关频率环流幅值约为 0.6 A。因此经过调节载波相位差抑制环流方法控制后,3 次环流基本不变,环流中高频成分幅值大大减小。

图 3.30 所示为并联模块不对称时采用 SVPWM 调制方式结合无差拍控制的实验结果,其中模块一给定相电流为 5 A,模块二给定相电流为 3 A。由实验结果可知,3 次环流基本消除,开关环流的幅值约为 0.3 A。对比图 3.29 未加入

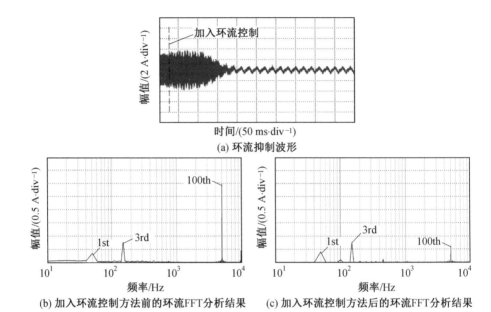

(a) 环流抑制波形

(b) 加入环流控制方法前的环流FFT分析结果　　(c) 加入环流控制方法后的环流FFT分析结果

图 3.29　并联模块不对称时采用 SVPWM 调制方式的实验结果

无差拍控制时的环流 FFT 分析结果,加入无差拍控制后 3 次环流成分基本消除,且调节载波相位差抑制环流方法对高频环流的抑制效果更好。

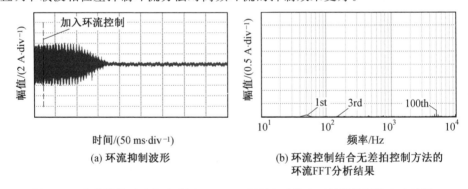

(a) 环流抑制波形

(b) 环流控制结合无差拍控制方法的环流FFT分析结果

图 3.30　并联模块不对称时采用 SVPWM 调制方式结合无差拍控制的实验结果

通过以上实验结果可以看出,调节载波相位差抑制环流方法在采用 SPWM 调制方式和 SVPWM 调制方式时都适用,都能有效减小并联系统环流。即使是在并联模块不对称的情况下,该方法也能有效减小环流中的高频成分,将环流幅值控制在一定范围内,而且结合无差拍控制时该方法取得的环流抑制效果更好。

本 章 小 结

本章首先建立了载波不同步的并联三相并网逆变器系统环流模型,分析了环流产生机理,对环流的回路、定义和产生原因进行了讨论。针对载波不同步的并联模块具有任意载波相位差的情况,根据调制信号和载波相交点的相对位置,分 $M\sin \omega_s t < 1 - \dfrac{\theta}{\pi}$ 和 $M\sin \omega_s t \geqslant 1 - \dfrac{\theta}{\pi}$ 两种情况进行计算,得到了载波不同步情况下的三相并联系统相间环流模型。

本章在并联模块间存在载波相位差的环流模型基础上,对不同条件下的环流特性进行了分析,提出了一种环流特性扫描验证法;在此基础上,引入了无差拍低频环流抑制方法,并提出一种调节载波相位差抑制环流方法。仿真和实验结果验证了环流特性分析的正确性,以及在不同情况下调节载波相位差抑制环流方法的有效性,说明该方法在采用 SPWM、SVPWM 调制方式时都能有效实现高频环流的抑制。

第 4 章

三电平逆变器并联运行的常规控制方法

三 电平逆变器是实际工程中应用最为广泛的多电平结构,其并联运行同样会产生零序环流问题。三电平逆变器并联系统的零序环流会影响逆变器的中点电位平衡,而中点电位的不平衡反过来又会影响并联系统零序环流的控制,使得三电平逆变器并联系统的控制更为复杂。本章首先分析三电平逆变器的工作原理和调制策略;其次基于不同的调制策略研究并联系统的零序环流抑制方法,在考虑中点平衡控制的条件下实现中点和环流的协同控制;最后研究背靠背并联系统的控制方案。

4.1　引　　言

在中压大功率风电逆变器系统中,直流母线电压往往会达到 5 kV 以上[30],受限于开关器件的耐压值,传统两电平逆变器拓扑已经难以满足中压应用。而多电平变流技术通过全控开关器件的组合实现不同的电平状态,逆变器的相电压输出具有更多的电平数量,不仅可以承受更高的直流电压,还可以使其输出的阶梯波更加接近正弦波[31,32]。由于多电平逆变器拓扑的输出波形质量较高、器件耐压等级低、功率器件损耗小、电压应力小,因此得到了广泛的研究和应用。

三电平逆变器的电路结构相对较为简单,控制和调制也相对易于实现,是实际工程中应用最为广泛的多电平结构。根据主电路拓扑形式的不同,目前三电平大功率逆变器主要分为三种基本形式:级联型 H 桥[33-35]、中点钳位(Neutral-Point-Clamped,NPC)型[36-39]和飞跨电容型[40-42]三电平逆变器。三种三电平逆变器拓扑结构如图 4.1 所示。由于飞跨电容型拓扑中需要额外的钳位电容,增大了系统的体积和成本;级联型 H 桥拓扑难以形成背靠背结构,不适用于风电逆变器场所;而 NPC 型拓扑结构和控制相对简单,因此得到了较为广泛的应用。

NPC 型三电平逆变器在 1980 年由日本的 A. Nable 等人提出,其拓扑结构如图 4.1(c)所示,也被称为 I-NPC 结构。这种拓扑结构的逆变器在每个时刻至少都会有两个绝缘栅双极型晶体管(Insulated Gate Bipolar Transistor,IGBT)开关管保持关断状态,因此每个功率器件上所承受的最大电压只有直流电压的一半,可以用较低耐压等级的功率器件满足大容量的应用需求。该拓扑具有结构简单、开关损耗小、输出谐波性能好、控制简单等优点,因此得到了广泛的应用。但是这种拓扑结构也存在缺点,比如其中间两个开关管的导通时间一般远长于外侧的开关管,从而会导致内外开关管存在损耗不均、发热不同的问题,此外还有直流侧电容电压不平衡的问题等。

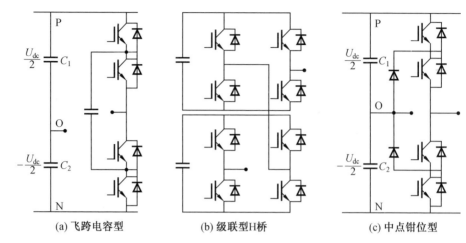

(a) 飞跨电容型   (b) 级联型H桥   (c) 中点钳位型

图 4.1 三种三电平逆变器拓扑结构

另外,随着逆变器技术的不断发展,NPC 型逆变器还衍生出了 T－NPC 和 A－NPC 等拓扑结构。其中 T－NPC 功率器件最少,硬件成本最低,不过功率器件的耐压等级只有 I－NPC 功率器件的一半,不太适用于电压等级较高的场所;A－NPC 拓扑采用有源器件钳位,每相增加了可控开关管,提升了控制自由度,且不存在内外管损耗不均的问题,不过硬件成本和控制难度都相应提升。因此在实际风电逆变器应用中,I－NPC 的应用最为广泛,也是本章的主要研究对象。

NPC 型三电平逆变器虽然具有多种优点,但是存在直流侧中点电位的不平衡问题,中点电位的不平衡会导致输出波形畸变,降低输出电流波形质量和系统效率,缩短电容寿命,损害开关器件等[43]。常见的中点电位平衡方法大多是通过改进三电平调制策略实现的。文献[44,45]提出一种实现中点平衡的方法,其基本过程是在基于载波的调制过程中,通过在调制波中注入零序分量,调整流过直流侧电容中点的电流,从而实现中点电位的平衡。文献[46,47]提出冗余小矢量对中点电位有相反的影响,调整冗余小矢量的作用时间分配不会影响合成电压矢量,但是可以达到控制中点电位的效果,此种方法和零序分量注入的本质是相同的。文献[48,49]提出虚拟矢量的中点控制方法,指出三电平逆变器中点电位的波动主要是由中矢量引起的,因而在调制中摒弃实际的中矢量,利用小矢量和中矢量合成虚拟矢量参与调制以消除中点电位的波动。近年来有少数文献研究基于断续脉宽调制(Discontinuous－PWM,DPWM)策略下的中点电位平衡方法,由于 DPWM 策略在一个开关周期内不存在冗余的小矢量,调制波在固定的区间被钳位在固定的电位,因此适用于连续调制策略的基于零序分量注入和冗余小矢量作用时间调整的方法不再适用或平衡能力受限。文献[50]通过分析

DPWM1 和 DPWM3 策略在每个区间内流入电容中点的电荷,提出一种基于滞环控制器的 DPWM1 和 DPWM3 混合调制策略,以两种调制策略的公共矢量作用时刻为切换时刻,能够在降低开关频率的同时实现对中点电位的控制。

三电平逆变器并联运行还会产生零序环流问题,文献[51,52]通过建立并联零序环流的数学模型,分析零序环流的组成成分,对三电平拓扑的零序环流进行了详细分类,提出通过共享正负母线和中点抑制通态环流,设计改进的 LCL 滤波器抑制高频环流,通过调整零序分量作用时间抑制低频环流,有较好的抑制效果,不过分析过程较为复杂。在基于三电平空间矢量的调制过程中,冗余小矢量对参考矢量的合成无影响,但是对零序环流有相反的影响,文献[50]提出一种基于 PI 控制器的环流抑制方法,通过调整冗余小矢量的作用时间抑制零序环流。上述方法在电流参考给定值相等时,有比较理想的零序环流抑制效果,但是在电流给定不一致时,环流抑制效果不明显。文献[53,54]在此基础上引入 PI 加前馈控制,在电流参考给定不一致或电感参数不相等时也能有效抑制零序环流。文献[55]指出基于 SVPWM 调制的并联系统会有环流跳变的现象,还指出环流跳变的产生是由于调制过程中使用了冗余小矢量,并通过引入"第四矢量"消除了零序环流的跳变。文献[56]通过基于零序分量注入的载波调制策略建立零序环流的平均模型和等效模型,分析零序环流的产生机理,提出了一种基于 PIR 控制器的零序环流抑制方法,能有效改善零序环流的低频分量。

三电平逆变器并联系统的零序环流会影响逆变器的中点电位平衡,而中点电位的不平衡又会反过来影响并联系统零序环流的控制,因此三电平并联系统的中点电位和零序环流控制间存在着强耦合关系,这使得三电平并联系统的控制更为复杂。本章首先分析三电平逆变器的工作原理和调制策略;其次基于不同的调制策略研究并联系统的零序环流抑制方法,并在考虑中点平衡控制的条件下实现中点和环流的协同控制;最后讨论背靠背并联系统的零序环流通路和环流模型,分析背靠背并联系统的控制方案。

4.2　三电平逆变器的工作原理与调制策略

4.2.1　三电平逆变器的工作原理

NPC 型三相三电平逆变器的拓扑结构如图 4.2 所示,可以看出其包含 A、B、C 三相桥臂,每相桥臂均由四个全控开关器件和两个钳位二极管构成。图中 e_a、e_b、e_c 为三相电网电压,i_a、i_b、i_c 是三相并网电流,L 是交流滤波电感,R 是寄生电阻,C_1、C_2 是直流母线电容,O 是直流侧电位中点,$S_{ax}(x=1\sim4)$ 是 A 相四个可控功率开关管。

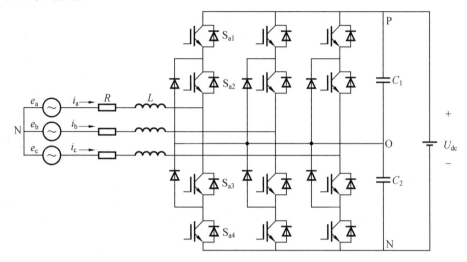

图 4.2　NPC 型三相三电平逆变器的拓扑结构

NPC 型三相三电平逆变器每相都可以输出三个电平状态,以直流侧中点 O 为参考点,在中点电位平衡的情况,上下电容两端的电压都是 $U_{dc}/2$。以 A 相桥臂为例分析三电平逆变器的工作原理,通过控制功率开关管 S_{ax} 的通断可以获得 $-U_{dc}/2,0,U_{dc}/2$ 三种输出电压,分别用 p、o、n 表示,输出电压与开关管状态的对应关系见表 4.1。表中,"$s_{ax}=0$"代表此功率开关管处于关断状态,而"$s_{ax}=1$"则代表此开关管导通。

从表 4.1 中可以看出开关管 S_{a1} 和 S_{a2}、S_{a3} 和 S_{a4} 的通断状态总是互补的,定义开关函数 $s_i(i=a,b,c)$ 为

$$s_i=\begin{cases}-1, & \text{输出电压为 n 状态}\\0, & \text{输出电压为 o 状态}\\1, & \text{输出电压为 p 状态}\end{cases} \tag{4.1}$$

表 4.1　三电平逆变器输出电压与开关管状态的对应关系

s_{a1}	s_{a2}	s_{a3}	s_{a4}	输出电压	输出状态
1	1	0	0	$U_{dc}/2$	p
0	1	1	0	0	o
0	0	1	1	$-U_{dc}/2$	n

结合表 4.1 和式(4.1)可将三电平逆变器的输出相电压表示为

$$u_i = \frac{U_{dc}}{2} s_i \tag{4.2}$$

式中,u_i 代表三电平逆变器的 $i(i=\text{a,b,c})$ 相输出电压。

4.2.2　三电平逆变器的调制策略

调制策略是实现能量转换的关键技术,调制策略的优劣直接影响到三电平逆变器的工作性能。按照脉冲的产生方式,目前较为常见的三电平逆变器调制策略主要分为两大类:基于载波的脉宽调制策略和空间矢量脉宽调制(SVPWM)策略。按照在每个开关周期内开关序列的连续性,调制算法又可以分为连续 PWM 调制和断续 PWM 调制。下面介绍几种常用的三电平调制策略的实现方式。

1. 空间矢量脉宽调制策略

空间矢量脉宽调制策略基于磁链轨迹控制的思想,其基本原理是通过矢量合成,利用基本开关矢量合成逆变器的参考矢量,其物理意义清晰明确、电压利用率高,是应用最为广泛的三电平调制策略之一。在 abc 坐标系下,三电平逆变器的三相输出电压幅值相等,相位各差 $120°$,三相输出电压合成的参考矢量可表示为

$$V_{ref} = \frac{2}{3}(u_a + u_b e^{j\frac{2}{3}\pi} + u_c e^{j\frac{4}{3}\pi}) = m\frac{U_{dc}}{\sqrt{3}} e^{j\omega t} \tag{4.3}$$

式中,u_a、u_b、u_c 为三电平逆变器的输出相电压;V_{ref} 为由三相电压确定的空间矢量;m 为调制比;ω 为合成空间矢量的角速度。

根据式(4.3)可知,三电平逆变器的合成矢量在空间中呈现出以角速度 ω 逆时针旋转的圆形轨迹,其幅值恒定,且与调制比和直流电压直接相关。理想的三电平逆变器每一相输出有 p、o、n(正、零、负)三种开关状态,因此三相三电平逆变器就可以有 $3^3=27$ 种不同的逆变器开关状态,其在空间中的分布如图 4.3 所示。

由图 4.3 可以看出,27 种开关状态组合对应 19 个有效的基本空间矢量,即不同的电压矢量存在冗余,按照矢量长度可以将基本电压矢量分成四类:大矢量、中矢量、小矢量和零矢量,其中每个大矢量和中矢量只有 1 个对应的开关状态,每个小矢量有 2 个对应的开关状态,零矢量则有 3 个对应的开关状态,见表 4.2。

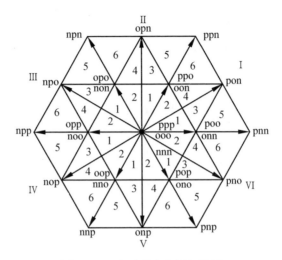

图 4.3　三电平基本空间矢量图

表 4.2　矢量分类

基本矢量类型	对应开关状态
零矢量	ooo、ppp、nnn
小矢量	poo(onn)、ppo(oon)、opo(non)、 opp(noo)、oop(nno)、pop(ono)
中矢量	pon、opn、npo、nop、onp、pno
大矢量	pnn、ppn、npn、npp、nnp、pnp

　　根据表 4.2 可知,零矢量有两种冗余状态,但是在调制过程中一般只会用到 ooo 开关状态,而小矢量有一种冗余状态。可定义只包含 p 和 o 状态的小矢量为 P－型小矢量,只包含 n 和 o 状态的小矢量为 N－型小矢量。三电平 SVPWM 策略的基本思想是在一个开关周期内,通过基本矢量的组合使其和三相合成参考矢量相等。三电平逆变器的 SVPWM 实现可分成扇区判断、基本作用时间计算、时间状态分配等步骤。三电平 SVPWM 策略示意图如图 4.4 所示,图中,N 为扇区编号,n 为小区编号,M 为调制比。

　　(1)扇区判断。

　　扇区判断的目的主要是找出合成参考电压矢量的三个基本矢量。一般的 SVPWM 策略是将整个矢量空间先分成 6 个扇区,再将每个扇区细分成 4 个小区。由于基本空间矢量中的小矢量在每个采样周期中出现的次数多,为了算法

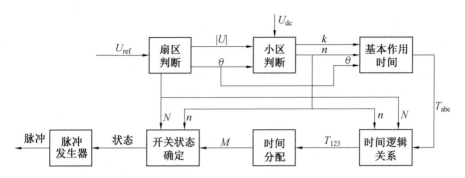

图 4.4　三电平 SVPWM 策略示意图

及仿真的准确性,本节将每个扇区细分成 6 个小区,如图 4.3 所示,图中用Ⅰ、Ⅱ、Ⅲ、Ⅳ、Ⅴ、Ⅵ表示扇区,用 1、2、3、4、5、6 表示小区。

将整个矢量空间每 60°为一扇区进行划分,可分为六个扇区,故可以计算出参考矢量的角度,从而得到参考矢量所在的扇区。按以下的几何和逻辑关系,可以得到参考矢量所在的小区。

以Ⅰ扇区为例,如图 4.5 所示,参考电压矢量 $\boldsymbol{V}_{ref}$ 在 α 轴和 β 轴上的投影分别为 $\boldsymbol{V}_{\alpha}$ 和 $\boldsymbol{V}_{\beta}$,$\boldsymbol{V}_{ref}$ 和 α 轴所成的夹角为 θ,则 $\boldsymbol{V}_{\alpha}=\boldsymbol{V}_{ref}\cos\theta$,$\boldsymbol{V}_{\beta}=\boldsymbol{V}_{ref}\sin\theta$。

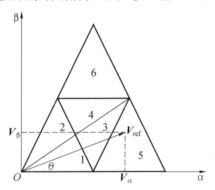

图 4.5　SVPWM 策略的区域判断

当 $\theta\leqslant30°$ 时,参考矢量 $\boldsymbol{V}_{ref}$ 应位于小区 1、3、5 内。若 $\boldsymbol{V}_{\beta}\leqslant\sqrt{3}\boldsymbol{V}_{\alpha}+\sqrt{3}U_{dc}/2$,则参考矢量 $\boldsymbol{V}_{ref}$ 位于小区 1 内;若 $\boldsymbol{V}_{\beta}\leqslant\sqrt{3}\boldsymbol{V}_{\alpha}-\sqrt{3}U_{dc}/2$,则参考矢量 $\boldsymbol{V}_{ref}$ 位于小区 5 内;若两个不等式均不满足,则参考矢量 $\boldsymbol{V}_{ref}$ 位于小区 3 内。

当 $\theta>30°$ 时,参考矢量 $\boldsymbol{V}_{ref}$ 应位于小区 2、4、6 内。若 $\boldsymbol{V}_{\beta}<\sqrt{3}\boldsymbol{V}_{\alpha}+\sqrt{3}U_{dc}/2$,则参考矢量 $\boldsymbol{V}_{ref}$ 位于小区 2 内;若 $\boldsymbol{V}_{\beta}<\sqrt{3}U_{dc}/4$,则参考矢量 $\boldsymbol{V}_{ref}$ 位于小区 6 内;否则 $\boldsymbol{V}_{ref}$ 在小区 4 内。

按照上述逻辑关系,即可判断出参考矢量所在的小区。

(2)时间计算。

判断出参考电压矢量所在的区域之后,根据最近三矢量原则,就能找到三个基本矢量 V_1、V_2、V_3,连同参考电压矢量 V_{ref} 一起代入伏秒平衡方程组,有

$$\begin{cases} T_1\boldsymbol{V}_1 + T_2\boldsymbol{V}_2 + T_3\boldsymbol{V}_3 = T_s\boldsymbol{V}_{ref} \\ T_1 + T_2 + T_3 = T_s \end{cases} \tag{4.4}$$

式中,T_1、T_2、T_3 分别对应三个基本矢量的作用时间。

解出 T_1、T_2、T_3 即完成三电平 SVPWM 策略对基本空间矢量作用时间的计算。

以参考矢量 V_{ref} 位于 Ⅰ 扇区 4 小区为例,有

$$\boldsymbol{V}_1 = \frac{1}{2}U_{dc}\mathrm{e}^{\mathrm{j}\frac{\pi}{3}}, \quad \boldsymbol{V}_2 = \frac{\sqrt{3}}{2}U_{dc}\mathrm{e}^{\mathrm{j}\frac{\pi}{6}}, \quad \boldsymbol{V}_3 = \frac{1}{2}U_{dc}, \quad \boldsymbol{V}_{ref} = U_{ref}\mathrm{e}^{\mathrm{j}\theta} \tag{4.5}$$

将其代入伏秒平衡方程组可得

$$\frac{1}{2}U_{dc}T_3 + \frac{\sqrt{3}}{2}U_{dc}\left(\cos\frac{\pi}{6} + \mathrm{j}\sin\frac{\pi}{6}\right)T_2 + \frac{1}{2}U_{dc}\left(\cos\frac{\pi}{3} + \mathrm{j}\sin\frac{\pi}{3}\right)T_1$$
$$= U_{ref}(\cos\theta + \mathrm{j}\sin\theta)T_s \tag{4.6}$$

此方程按实部和虚部分开后可得

$$\begin{cases} \mathrm{Re}: \dfrac{1}{2}U_{dc}T_3 + \dfrac{\sqrt{3}}{2}U_{dc}\cos\dfrac{\pi}{6}T_2 + \dfrac{1}{2}U_{dc}\cos\dfrac{\pi}{3}T_1 = \boldsymbol{V}_{ref}\cos\theta T_s \\ \mathrm{Im}: \dfrac{\sqrt{3}}{2}U_{dc}\sin\dfrac{\pi}{6}T_2 + \dfrac{1}{2}U_{dc}\sin\dfrac{\pi}{3}T_1 = \boldsymbol{V}_{ref}\sin\theta T_s \end{cases} \tag{4.7}$$

解得 T_1、T_2、T_3 分别为 $T_s\left[1 - 2k\sin\left(\dfrac{\pi}{3} - \theta\right)\right]$、$T_s\left[2k\sin\left(\dfrac{\pi}{3} + \theta\right) - 1\right]$、$T_s(1 - 2k\sin\theta)$,其中 $k = \dfrac{2\boldsymbol{V}_{ref}}{\sqrt{3}U_{dc}}$。

同理,可以得到 Ⅰ 扇区范围内的基本矢量作用时间(表 4.3)。对于其他扇区的时间计算,可以旋转相应的角度将其转换到 Ⅰ 扇区的位置进行计算。

(3)时间状态分配。

从三电平空间矢量图可以看出,每个大矢量和每个中矢量都只和一个开关状态相对应,每个小矢量有 2 组开关状态,每个零矢量有 3 组开关状态。由于在每个采样周期内出现的开关状态中,小矢量对应的开关状态出现的次数多,因此选用小矢量作为每个采样周期的起始矢量。零矢量可以根据开关状态的作用次序选取。

表 4.3　Ⅰ扇区基本矢量作用时间表

区域	T_1	T_2	T_3
Ⅰ1	$2kT_s\sin(\pi/3-\theta)$	$2kT_s\sin\theta$	$T_s[1-2k\sin(\pi/3+\theta)]$
Ⅰ2	$2kT_s\sin\theta$	$T_s[1-2k\sin(\pi/3+\theta)]$	$2kT_s\sin(\pi/3-\theta)$
Ⅰ3	$T_s(1-2k\sin\theta)$	$T_s[1-2k\sin(\pi/3-\theta)]$	$T_s[2k\sin(\pi/3+\theta)-1]$
Ⅰ4	$T_s[1-2k\sin(\pi/3+\theta)]$	$T_s[2k\sin(\pi/3+\theta)-1]$	$T_s(1-2k\sin\theta)$
Ⅰ5	$2T_s[1-k\sin(\pi/3+\theta)]$	$T_s[2k\sin(\pi/3-\theta)-1]$	$2kT_s\sin\theta$
Ⅰ6	$2T_s[1-k\sin(\pi/3+\theta)]$	$2kT_s\sin(\pi/3-\theta)$	$T_s(2k\sin\theta-1)$

在分布各个矢量的开关状态作用次序时,应该满足以下原则:应该使开关状态的变化尽可能少,以降低开关损耗;在一个开关周期内,每一个开关管最多有一次开通、关断状态转换;每一相的电平转换只能由 n 转换到 o,或由 o 转换到 p,不能直接由 n 转换到 p。

根据上述原则,每个采样周期以 N－型小矢量作为起始矢量,以 P－型小矢量作为中间矢量。以Ⅰ扇区为例,每个小区的矢量状态次序见表 4.4,其中 n、o、p 分别表示对应三相输出电压为低电平、零电平和高电平。

表 4.4　Ⅰ扇区矢量状态次序表

区域	矢量状态次序						
Ⅰ1	onn	oon	ooo	poo	ooo	oon	onn
Ⅰ2	oon	ooo	poo	ppo	poo	ooo	oon
Ⅰ3	onn	oon	pon	poo	pon	oon	onn
Ⅰ4	oon	pon	poo	ppo	poo	pon	oon
Ⅰ5	onn	pnn	poo	poo	poo	pnn	onn
Ⅰ6	oon	pon	ppn	ppo	ppn	pon	oon

根据上述分析,可以得到如下的七段式三电平 SVPWM 开关序列,即每个采样周期中,N－型小矢量作为起始矢量,其对应作用时间均为 $(1-k)T_1/4$;P－型小矢量作为中间矢量,其作用时间为 $(1+k)T_1/2$。其中,k 是 P－型小矢量和 N－型小矢量的对小矢量总体作用时间 T_1 的分配因子。采用中心对称的七段式波形将基本矢量的作用时间分配给对应的矢量状态,以Ⅰ扇区 1 小区为例,可以得到统一调制波形如图 4.6 所示。

根据图 4.6 所示三电平 SVPWM 统一调制波形可知,在调制过程中只有冗

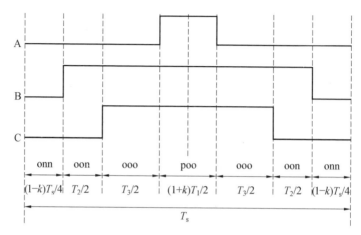

图 4.6　七段式 SVPWM 统一调制波形（Ⅰ扇区 1 小区）

余小矢量的分配因子 k 一个控制自由度，一般情况下冗余矢量的分配因子 k 恒为零，即一对冗余小矢量的作用时间相同，这也是目前应用最为广泛的 SVPWM 策略。当三电平逆变器采用基于 SVPWM 的调制策略时，可以通过改变 N－型小矢量和 P－型小矢量的作用时间达到某些控制目标，比如通过调制分配因子 k 实现三电平中点电位的平衡控制或者并联三电平系统的零序环流控制等。

2. 基于三角载波的脉宽调制策略

基于三角载波的脉宽调制策略的基本原理是将低频率的调制波和高频率的三角载波比较，产生脉冲宽度按照正弦规律变化的开关器件驱动脉冲，主要优点在于原理和实现方式都较为简单，运算量和资源占用少，因而在三电平逆变器和多电平逆变器调制中得到了广泛应用。对于三电平逆变器，需要有两个三角载波才能产生足够的脉冲信号，按照载波的排布方式，可以将基于三角载波的脉宽调制分为载波同相脉宽调制和载波反相脉宽调制两类。载波同相脉宽调制能够输出更高谐波质量的电压波形，也是本章选用的载波调制方法。

以图 4.2 所示三电平逆变器 A 相开关器件驱动脉冲为例，先来分析一下载波同相脉宽调制的原理。如图 4.7 所示，两个三角载波相位相同且均为沿坐标横轴平移变换得到，将 A 相正弦调制波与载波信号进行比较，就可以得到 A 相桥臂四个功率开关管的驱动信号。图中"$s_{a x}=1$"代表该功率管接收高电平的驱动信号，开关管导通，反之当"$s_{a x}=0$"时功率开关管处于关断状态。实际应用中三角载波的频率远高于调制波的频率，即三相调制波的大小在一个载波周期内可以看作是不变的，图 4.7 中人为降低了载波比以便能够清楚地分析一个调制波周期内调制波和载波比较得到脉冲的过程。根据 4.1.1 节的分析可知，开关

管 S_{a1} 和 S_{a3} 的驱动脉冲互补,而开关管 S_{a2} 和 S_{a4} 的驱动脉冲也是互补的。因此将调制波的正半周和上层载波进行比较可以得到两路互补的 PWM 驱动脉冲,以控制开关管 S_{a1} 和 S_{a3};将调制波的负半周和下层载波进行比较可以得到另外两路互补的 PWM 驱动脉冲,以控制开关管 S_{a2} 和 S_{a4},从而可以实现三电平的正弦脉冲宽度调制(SPWM)。基于载波的 SPWM 策略原理简单、易于实现,不过其直流电压利用率只有 SVPWM 策略的 0.866,因此在实际三电平逆变器场所一般不会直接使用 SPWM 策略。

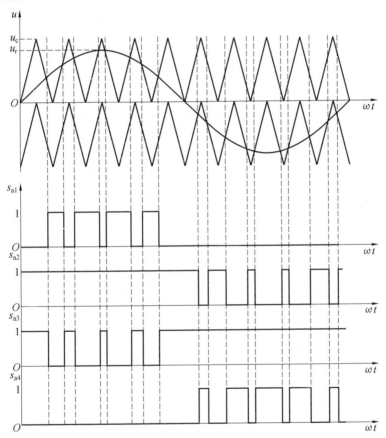

图 4.7 载波同相脉宽调制原理

为了提高三电平逆变器的直流母线电压利用率,一般采用的方法是向三相调制波中注入零序分量。三相对称调制波按照正弦规律变化,定义三相调制波分别为 m_a、m_b、m_c,定义注入的零序分量为 m_z,从而可得注入零序分量后的调制波分别为

$$\begin{cases} m_a^* = m_a + m_z \\ m_b^* = m_b + m_z \\ m_c^* = m_c + m_z \end{cases} \qquad (4.8)$$

为了获得和 SVPWM 策略相同的直流电压利用率,且注入零序分量后的三相调制波满足线性调制的要求,即被限制在 $[-0.5U_{dc}, 0.5U_{dc}]$ 范围内,则注入零序分量的表达式为

$$m_z = -\frac{\max + \min}{2} \qquad (4.9)$$

式中,max 为三相正弦调制波的最大值;min 为三相正弦调制波的最小值。

以 A 相为例,图 4.8 所示是调制比 $m=1$ 时 A 相的正弦调制波 m_a、注入的零序分量 m_z,以及注入零序分量后的调制波 m_a^* 的波形,可以看出调制波为 1 时,正弦调制波 m_a 的峰值为 $\sqrt{3}U_{dc}/2$,即 SPWM 策略此时已经过调制。而注入零序分量 m_z 后,对调制波 m_a 进行了居中处理,使 m_a^* 仍能工作于线性调制区域内,从而提高了直流母线的电压利用率。

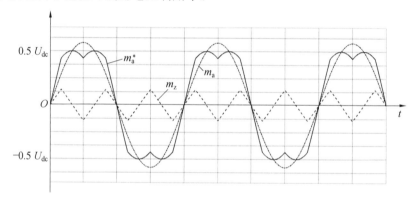

图 4.8　A 相调制信号波形图

图 4.9 所示为基于载波调制策略的七段式 PWM 脉冲序列。图中,为了简化分析,对调制波和载波进行了标幺化处理,三角载波周期为 T_s,幅值为 1,调制波标幺化后仍记作 $m_x^*(x=a,b,c)$,d_a、d_b、d_c 分别是三相脉冲序列的高电平占空比。由于三角载波频率远远高于调制波频率,因此在一个载波周期 T_s 内可以将调制波看作固定值。根据前面的分析以及图 4.7 所示的脉宽调制原理可知,当调制波 m_x^* 大于零时,x 相电平初始状态为 o,大于上层载波后电平状态转换为 p;当调制波 m_x^* 小于零时,x 相电平初始状态为 n,大于下层载波后电平状态转换为 o。

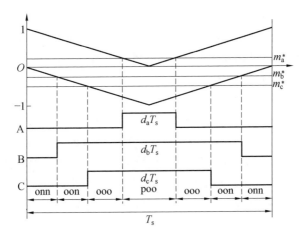

图 4.9　基于载波调制策略的七段式 PWM 脉冲序列

图 4.9 中,三电平逆变器在一个载波周期内的平均输出电压可以用占空比表示为

$$u_x = \begin{cases} \dfrac{U_{dc}}{2}d_x, & m_x^* \geqslant 0 \\[2mm] -\dfrac{U_{dc}}{2}(1-d_x), & m_x^* < 0 \end{cases} \tag{4.10}$$

式中,$x = a,b,c$。

根据调制波和载波的关系,可以将式(4.10)简化为调制波表示平均输出电压的形式,即

$$\begin{cases} u_a = \dfrac{U_{dc}}{2}m_a^* \\[2mm] u_b = \dfrac{U_{dc}}{2}m_b^* \\[2mm] u_c = \dfrac{U_{dc}}{2}m_c^* \end{cases} \tag{4.11}$$

从而可以建立起调制波和逆变器输出电压的直接联系。相较于空间矢量脉宽调制策略,基于零序分量注入的载波调制方式实现更为简单,算法也更为简洁,通过继续向调制波中注入适当的零序分量,还可以实现中点电位平衡控制和环流控制等其他控制目标。

3. 断续脉宽调制策略

在中压大功率逆变器中,为了提高系统效率,研究降低开关损耗的方式是必要的,但是直接通过降低开关频率的方法减少开关损耗会明显降低输出电流的波形质量,尤其对于网侧逆变器,谐波含量过高可能导致无法满足并网标准要求。国内外学者为此提出了断续脉宽调制(DPWM)策略,此种调制方式在任意开关周期都有一相钳位在某个电平,即该相开关器件不发生动作,因此可以达到降低开关损耗的目的。

三电平 DPWM 策略同样有基于载波和基于空间矢量两种方式,这里为了分析简便,基于三电平 SVPWM 策略的统一模型实现 DPWM 策略。在图 4.6 所示的三电平 SVPWM 的统一调制模型中,冗余小矢量的调节因子 k 在满足 $-1<k<1$ 时,脉冲序列都是连续的,即每相开关器件在任意载波周期都会产生一次开关动作,因此称之为连续 PWM 策略;而当冗余小矢量分配因子 k 恒等于 1 或 -1 时,在每个开关周期都将会有某一相钳位在某个电平,即开关器件不发生动作,此时的调制策略就是 DPWM 策略,因此 DPWM 策略能够达到减小开关损耗的目的。

目前有多种 DPWM 方法可运用于三电平逆变器,如 DPWMMAX、DPWMMIN、DPWM0、DPWM1、DPWM2、DPWM3 等。当 k 的值在不同的扇区取值为 1 或 -1 时,就可以得到不同种类的 DPWM 策略。当 k 在整个 360° 的矢量空间中恒等于 1,即在 SVPWM 的统一调制模型中只会用到 P-型小矢量而不含有 N-型小矢量时,此时的调制策略为 DPWMMAX;同理,当 k 在整个矢量空间恒等于 -1,即只采用 N-型小矢量时,此时的调制策略为 DPWMMIN。由于 DPWMMAX 和 DPWMMIN 两种调制方式只会用到其中一种冗余矢量,其开关管损耗和输出电压不对称,中点电位平衡性能也较差,在实际应用中很少使用,因此在这里不做讨论。

当冗余小矢量的分配因子 k 在整个 360° 矢量空间中以每 60° 为间隔,取值在 -1 和 1 之间进行切换时,按照 $k=1$ 或 $k=-1$ 的不同起始区间,可以得到四种不同的 DPWM 策略。当 $k=1$ 以 0～60° 为起始区间在 -1 和 1 之间进行切换时,可以得到 DPWM0 策略;当 $k=-1$ 以 0～60° 为起始区间在 -1 和 1 之间进行切换时,可以得到 DPWM2 策略;当 $k=1$ 以 $-30°～30°$ 为起始区间在 -1 和 1 ± 1 之间进行切换时,可以得到 DPWM1 策略;当 $k=1$ 以 $-30°～30°$ 为起始区间在 -1 和 1 ± 1 之间进行切换时,可以得到 DPWM3 策略,分别如图 4.10(a)～(d)所示。

当冗余小矢量的分配因子 k 在整个 360° 矢量空间中以每 30° 为间隔,取值在 -1 和 1 之间进行切换时,可以得到两种断续脉宽序列。当 $k=1$ 以 0°～30° 为起始区间在 -1 和 1 ± 1 之间进行切换时,可以得到 DPWM4 策略;而当 $k=-1$ 以 0°～30° 为起始区间在 -1 和 1 ± 1 之间进行切换时,可以得到 DPWM5 策略,分别如图 4.10(e)～(f)所示。

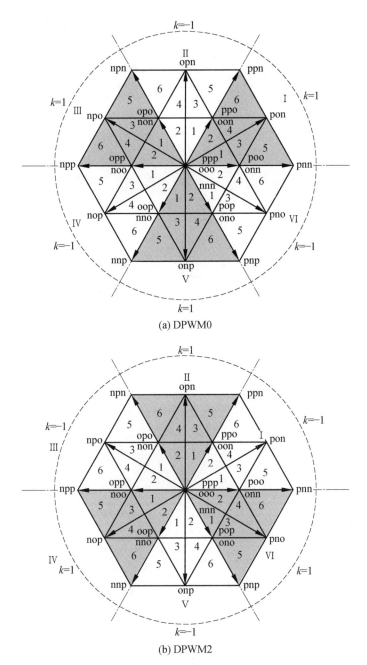

(a) DPWM0

(b) DPWM2

图 4.10　几种 DPWM 策略的钳位区间

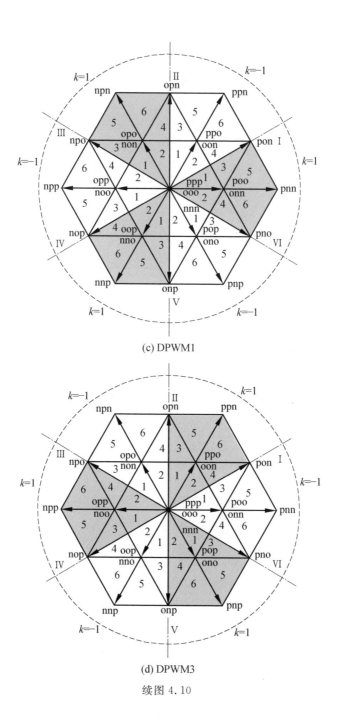

(c) DPWM1

(d) DPWM3

续图 4.10

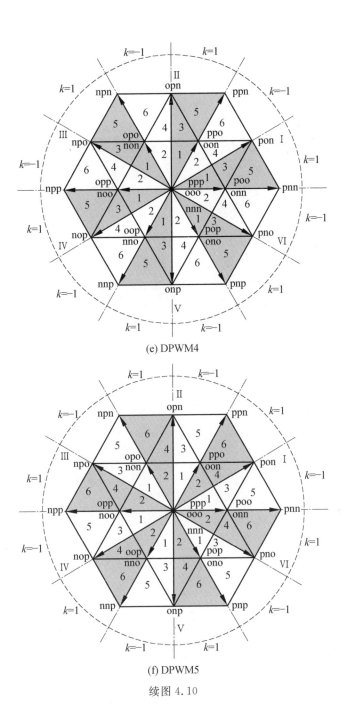

(e) DPWM4

(f) DPWM5

续图 4.10

不同的调制策略由于有不同的钳位区间,因此其谐波性能、开关损耗性能、共模电压以及中点电位的波动性都各不相同。综合考虑 DPWM 策略的各项性能,DPWM1 策略在较高调制比下的综合调制性能最优,因此也是本章所选取的 DPWM 策略。

4.3 双机并联三电平逆变器零序环流控制

4.3.1 零序环流数学模型

图 4.11 所示为三电平逆变器并联系统拓扑图,图中 L_{g1}、L_{g2} 分别是逆变器 1 和逆变器 2 的交流侧滤波电感,O_1、O_2 是直流电容中点,N 是对称三相交流电压源中性点。为了简化分析,忽略电感上的电阻和开关损耗,以逆变器的直流侧负极 N 为参考点,根据基尔霍夫电压定律,列写三电平逆变器并联系统的回路方程为

$$
\begin{bmatrix} u_{a1} \\ u_{b1} \\ u_{c1} \end{bmatrix} = L_1 \frac{\mathrm{d}}{\mathrm{d}t} \begin{bmatrix} i_{a1} \\ i_{b1} \\ i_{c1} \end{bmatrix} + \begin{bmatrix} e_a \\ e_b \\ e_c \end{bmatrix} + \begin{bmatrix} u_{On} \\ u_{On} \\ u_{On} \end{bmatrix}
$$
$$
\begin{bmatrix} u_{a2} \\ u_{b2} \\ u_{c2} \end{bmatrix} = L_2 \frac{\mathrm{d}}{\mathrm{d}t} \begin{bmatrix} i_{a2} \\ i_{b2} \\ i_{c2} \end{bmatrix} + \begin{bmatrix} e_a \\ e_b \\ e_c \end{bmatrix} + \begin{bmatrix} u_{On} \\ u_{On} \\ u_{On} \end{bmatrix}
$$

$$(4.12)$$

式中,u_{ax}、u_{bx}、$u_{cx}(x=1,2)$ 分别代表两个三电平逆变器的三相输出电压;i_{ax},i_{bx},$i_{cx}(x=1,2)$ 分别代表两台逆变器的三相并网电流。

对于单台三电平 NPC 逆变器,由于其无法形成零序环流通路,所以不需要控制零序环流。对于两台并联的三电平 NPC 逆变器,其零序环流的大小相等、方向相反,因此可以以第一台逆变器为基准定义零序环流,即

$$
i_z = i_{z1} = \sum_{x=\mathrm{a,b,c}} i_{x1} = -i_{z2} = -\sum_{x=\mathrm{a,b,c}} i_{x2} \tag{4.13}
$$

仿照零序环流的定义,可以将零序电压定义为

$$
\begin{cases} u_{z1} = u_{a1} + u_{b1} + u_{c1} \\ u_{z2} = u_{a2} + u_{b2} + u_{c2} \end{cases} \tag{4.14}
$$

将两台逆变器的电压方程式(4.12)三相求和,并代入式(4.13)和式(4.14),联立方程组并化简可以求得

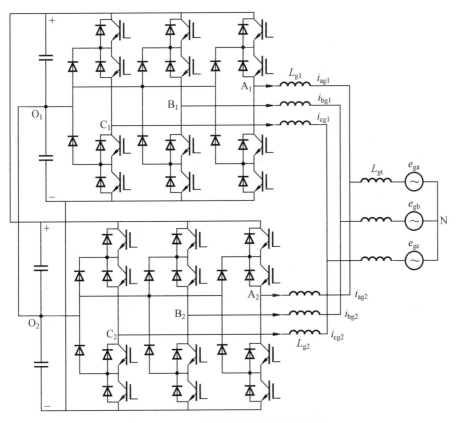

图 4.11　三电平逆变器并联系统拓扑图

$$(L_1 + L_2)\frac{\mathrm{d}i_z}{\mathrm{d}t} = u_{z2} - u_{z1} \tag{4.15}$$

根据式(4.15)可以求出并联三电平逆变器零序环流的等效模型如图 4.12 所示,从图中可以看出,如果忽略电感参数的差异,并联三电平 NPC 逆变器的零序环流主要是两台逆变器零序电压不一致造成的,因此可以针对这一点进行零序环流的抑制。

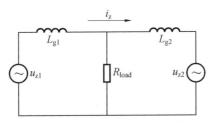

图 4.12　并联三电平逆变器零序环流的等效模型

4.3.2 零序环流抑制方法

对于单个逆变器,由于无法形成环流通路,因此不必考虑零序环流的抑制问题。但是当两个逆变器并联时,便形成了环流可以通过的回路。从式(4.15)及图4.12能够看出,当并联的两台三电平逆变器零序电压大小不一致时,将会产生零序环流,而且由于零轴是个仅包含电感的无阻尼回路,因此即使这种差异比较小也会产生较大的零序环流,需要考虑零序环流的抑制策略。当三电平逆变器并联系统采用不同的调制策略时,零序环流的特性和抑制方法也各有不同,下面对不同调制策略下的环流抑制方法分别讨论。

1. 基于 SVPWM 调制的环流抑制策略

由式(4.14)可知,三电平逆变器零序电压是三相输出电压之和,不同于两电平逆变器的每相输出只有 0 和 1 两种电平,NPC 型三电平逆变器的每相电压均有 p、o、n 三种开关状态,分别对应着 1、0、−1 三种输出电平。仍用占空比的方式来表示 NPC 型三电平逆变器的输出相电压,引入基准函数的概念,将 NPC 型三电平逆变器的开关序列(Ⅰ扇区1小区)拆分成两电平的开关序列和基准函数的组合形式,如图4.13所示。

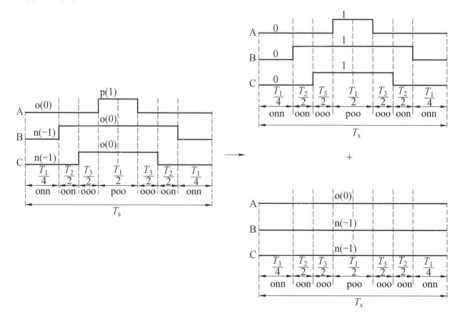

图 4.13　三电平逆变器等效开关序列

其他区域的开关状态可以按照此种方式得到相似的等效开关状态,定义基准函数的表达式为

$$n=\begin{cases}1, & \mathrm{o}\to\mathrm{p}\to\mathrm{o} \\ 0, & \mathrm{n}\to\mathrm{o}\to\mathrm{n}\end{cases} \tag{4.16}$$

式中,o→p→o 表示 NPC 型三电平逆变器在一个周期内的输出相电压是由 o 状态转换到 p 状态再转换到 o 状态;n→o→n 表示 NPC 型三电平逆变器在一个周期内的输出相电压是由 n 状态转换到 o 状态再转换到 n 状态。

从而可以得出三电平逆变器输出相电压 u_{xi} 用占空比表示的形式为

$$u_{xi}=\frac{U_{\mathrm{dc}}}{2}(d_{xi}+n_{xi}) \tag{4.17}$$

式中,d_{xi} 为第 i 台逆变器第 x 相的占空比;n_{xi} 表示基准函数在第 i 台逆变器第 x 相的取值,其中 $x=\mathrm{a,b,c}$,$i=1,2$。

定义零序占空比为

$$d_{zi}=\sum_{x=\mathrm{a,b,c}}d_{xi} \tag{4.18}$$

将式(4.18)和式(4.17)代入式(4.15),可将零序环流的数学模型转化为

$$(L_{\mathrm{g1}}+L_{\mathrm{g2}})\frac{\mathrm{d}i_{z1}}{\mathrm{d}t}=(d_{z1}+n_1-d_{z2}-n_2)\frac{U_{\mathrm{dc}}}{2} \tag{4.19}$$

式中,n_1、n_2 分别代表逆变器 1 和逆变器 2 的基准函数,即在一个开关周期内三相电压的开关状态转换为 o→p→o 的个数。

结合三电平逆变器 SVPWM 调制策略的工作原理,n_1、n_2 的表达式如下:

$$n=\begin{cases}n_1, & \boldsymbol{V}_{\mathrm{ref}}\text{位于I、III、V扇区的 1、3、5 小区或II、IV、VI扇区的 2、4、6 小区} \\ n_2, & \boldsymbol{V}_{\mathrm{ref}}\text{位于I、III、V扇区的 2、4、6 小区或II、IV、VI扇区的 1、3、5 小区}\end{cases}$$
$$\tag{4.20}$$

从而可将零序环流的产生看作是两台逆变器之间零序占空比之差和基准函数差异导致的,当参考矢量位于某一区域时其基准函数是确定的,因此对零序环流的抑制策略主要通过改变其中一台逆变器的零序占空比来实现。

在不同的调制方式下,通过改变矢量作用时间抑制零序环流时,需要注意不能影响并网输出电流和输出线电压。对于两电平逆变器的 SVPWM 调制算法,其只有零矢量有冗余状态,故控制零序环流是通过调整两种零矢量作用时间的分配比实现的。根据 4.1 节的分析,三电平逆变器 SVPWM 策略的基本矢量由 1 个零矢量、6 个小矢量、6 个中矢量和 6 个大矢量构成,其中零矢量和小矢量都有冗余状态,故可以通过调整零矢量或小矢量的作用时间来抑制零序环流。但是在三电平中,为提高逆变器波形质量,一般都会选用较大的调制比,即零矢量

的作用时间远低于小矢量的作用时间,因此一般不会选用零矢量进行环流控制,而是将 N-型小矢量和 P-型小矢量的作用时间进行重新分配,通过改变小矢量的分配比来抑制环流。

对于两台并联的三电平逆变器,两台逆变器的零序环流大小相等、符号相反,故对一台逆变器的零序环流进行控制,另一台逆变器的环流自然也就得到了控制。以对第一台逆变器的环流抑制为例,当第一台逆变器的零序环流 $i_{z1} > 0$ 时,由表 4.5 可知,第一台逆变器选择 N-型小矢量,第二台逆变器选择 $V_0 \sim V_{18}$ 矢量,输出零序环流的方向大部分为负,极少数为零,从而可以使零序环流减小,即在零序环流大于零的情况下,可以合理增大 N-型小矢量的作用时间,从而达到抑制环流的目的。同理,当零序环流小于零时,逆变器 1 选择 P-型小矢量,逆变器 2 选择其余矢量,此时的零序环流大部分为正,少部分为零,因而此时增大第一台逆变器 P-型小矢量的作用时间可以有效抑制环流。

NPC 型三电平逆变器 SVPWM 策略每一个开关周期的矢量状态次序都是以 N-型小矢量为起始,P-型小矢量居中,按七段对称式脉冲排列,故可以根据零序环流大于零或小于零,合理地调整每一相的开关状态转换时间,即调整 N-型小矢量和 P-型小矢量的作用时间。

表 4.5 开关矢量和环流之间的关系

矢量	V_1(onn)	V_2(oon)	V_3(non)	V_4(noo)	V_5(nno)	V_6(ono)
V_0(ooo)	−2	−1	−2	−1	−2	−1
V_1(poo)	−3	−2	−3	−2	−3	−2
V_2(ppo)	−4	−3	−4	−3	−4	−3
V_3(opo)	−3	−2	−3	−2	−3	−2
V_4(opp)	−3	−2	−3	−2	−3	−2
V_5(oop)	−3	−2	−3	−2	−3	−2
V_6(pop)	−4	−3	−4	−3	−4	−3
V_7(pon)	−2	−1	−2	−1	−2	−1
V_8(opn)	−2	−1	−2	−1	−2	−1
V_9(npo)	−2	−1	−2	−1	−2	−1
V_{10}(nop)	−2	−1	−2	−1	−2	−1
V_{11}(onp)	−2	−1	−2	−1	−2	−1

续表4.5

矢量	V_1(onn)	V_2(oon)	V_3(non)	V_4(noo)	V_5(nno)	V_6(ono)
V_{12}(pno)	-2	-1	-2	-1	-2	-1
V_{13}(pnn)	-1	0	-1	0	-1	0
V_{14}(pnn)	-3	-2	-3	-2	-3	-2
V_{15}(npn)	-1	0	-1	0	-1	0
V_{16}(npp)	-3	-2	-3	-2	-3	-2
V_{17}(nnp)	-1	0	-1	0	-1	0
V_{18}(pnp)	-3	-2	-3	-2	-3	-2

假设参考矢量 V_{ref} 在Ⅰ扇区 1 小区,由 4.2.1 节可知,此时的开关矢量顺序为:onn→oon→ooo→poo→ooo→oon→onn。当零序环流不为零时,可以通过调整第一台逆变器的冗余小矢量 oon 和 poo 的作用时间来抑制零序环流,如图4.14所示。图中 t_{a1}、t_{b1}、t_{c1} 是逆变器 1 的三相开关状态转换时间,T_s 是开关周期,y_1 是逆变器 1 的修正系数。

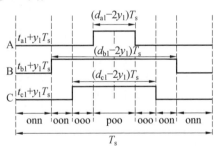

图 4.14　NPC 型三电平逆变器 1 的矢量修正图

根据图 4.14,逆变器 1 经过基于共模电压补偿的零序环流控制修正后,每一相的状态转换时间 t_{a1}^*、t_{b1}^*、t_{c1}^* 分别为

$$\begin{cases} t_{a1}^* = t_{a1} + y_1(k)T_s \\ t_{b1}^* = t_{b1} + y_1(k)T_s \\ t_{c1}^* = t_{c1} + y_1(k)T_s \end{cases} \quad (4.21)$$

式中,t_{a1}、t_{b1}、t_{c1} 分别代表 A、B、C 相的状态转换时刻。

零序占空比和开关状态转换时间的关系为

$$d_{zi} = \sum_{x=a,b,c} d_{xi} = \sum_{x=a,b,c}\left(1 - \frac{2t_{xi}}{T_s}\right), \quad i=1,2 \quad (4.22)$$

大容量新能源变流器并联控制技术

将式(4.21)和式(4.22)代入式(4.19)中,可得到零序环流的表达式为

$$\frac{\mathrm{d}i_{z1}}{\mathrm{d}t} = \frac{U_{\mathrm{dc}}}{2(L_1+L_2)}\left[\sum_{x=\mathrm{a,b,c}}\frac{2}{T_{\mathrm{s}}}(t_{x2}-t_{x1})-6y_1(k)-(n_2-n_1)\right] \quad (4.23)$$

当两台三电平逆变器电流给定相等时,电流环的输出近似相等,故零序占空比之差基本等于零,零序环流的数学模型式(4.23)可化为

$$\frac{\mathrm{d}i_{z1}}{\mathrm{d}t} = -\frac{U_{\mathrm{dc}}}{2(L_1+L_2)}\left[6y_1(k)+(n_2-n_1)\right] \quad (4.24)$$

对式(4.24)做拉普拉斯变换,可得

$$i_{z1} = -\frac{U_{\mathrm{dc}}}{2(L_1+L_2)s}\left[6Y_1(s)+(n_2-n_1)\right] \quad (4.25)$$

由式(4.25)可知,零序电流和 n_2-n_1 有关,而且零序电流模型属于一阶系统,可以采用比例积分控制器控制零序环流,将三相并网电流经过坐标变换得到零序环流的反馈值,然后和给定值 0 做差,对偏差做 PI 调节,从而实现对零序环流的抑制效果。

这种方法虽然可以在一定程度上对环流起到抑制作用,但是如式(4.25)所示,n_1、n_2 的差异不能得到消除。另外,当两台逆变器的给定电流不一致时,零序占空比之差不为零,此时采用 PI 控制对零序环流的控制效果比较差,因此为了消除 n_1、n_2 和零序占空比的影响,可以在传统 PI 控制器的基础上引入前馈控制,通过共模电压补偿的方式将零序占空比和基准函数的差异消除,从而实现零序环流的控制。

在某些特殊应用场合,有时候不同逆变器模块的负载能力不同,对各个逆变器的负载分配也就不一样,因此需要考虑并联模块不均流控制的情况。对于并联的 NPC 型三电平逆变器,当两个逆变器的给定电流不相等时,采用传统的 PI 控制策略的环流控制效果较差,为获得良好的环流控制效果,需要引入前馈控制。当两台三电平逆变器电流给定不一致时,对零序环流数学模型式(4.23)进行拉普拉斯变换,可以得到

$$i_{z1} = \frac{U_{\mathrm{dc}}}{2(L_1+L_2)s}\left[\sum_{x=\mathrm{a,b,c}}\frac{2}{T_{\mathrm{s}}}(t_{x2}-t_{x1})-6Y_1(s)-(n_2-n_1)\right] \quad (4.26)$$

式(4.26)可改写为

$$Y_1 = \left(K_{\mathrm{P}}+\frac{K_1}{s}\right)(i_{z\_\mathrm{ref}}-i_{z1})-\frac{T_{12}-n_{12}}{6} \quad (4.27)$$

式中,i_{z_ref} 为零序电流给定;i_{z1} 表示逆变器 1 的零序电流;而 T_{12}、n_{12} 分别为

$$\begin{cases} T_{12} = \sum_{x=\mathrm{a,b,c}}\frac{2}{T_{\mathrm{s}}}(t_{x1}-t_{x2}) \\ n_{12} = n_1-n_2 \end{cases} \quad (4.28)$$

从而可以得到共模电压补偿零序环流控制模型,如图 4.15 所示。这种基于共模电压补偿的环流控制方式由于引入了前馈控制,故能够完全消除基准函数和零序占空比的差异,所以在两台逆变器的电流给定相等或不等的情况下,都能得到较好的环流抑制效果。

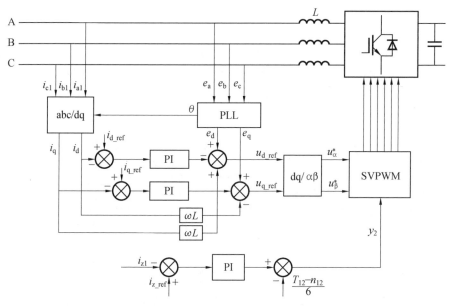

图 4.15　共模电压补偿零序环流控制模型

2. 基于载波调制的环流抑制策略

　　基于 SVPWM 策略的并联三电平系统在采用 PI 控制零序环流时,可以明显看到零序环流有"尖峰"存在,又可称之为"电流跳变",当电流跳变的现象比较明显时,甚至会反映到三相电流中,造成三相并网电流的畸变。这是三电平 SVPWM 相较于两电平 SVPWM 特有的调制特点造成的,根据上节的分析,并联三电平逆变器系统产生零序环流的根本原因是两台逆变器的零序电压不一致。为分析三电平 SVPWM 策略的零序电压特性,以参考矢量 $\mathbf{V}_{ref}$ 位于 I 扇区 1 小区为例,根据 4.2.1 节,此时选取的三个基本矢量为 onn(poo)、oon、ooo,其对应的零序电压分别为 $U_{dc}/6$、$-U_{dc}/6$ 和 0,因而可以计算此时的平均零序电压(Average Zero Sequence Voltage,AZSV)为

$$AZSV_{I-1} = \dfrac{-\dfrac{T_1}{2} \cdot \dfrac{U_{dc}}{3} - T_3 \cdot \dfrac{U_{dc}}{6} + \dfrac{T_1}{2} \cdot \dfrac{U_{dc}}{6}}{T_s} \qquad (4.29)$$

据此可以计算出参考矢量穿过整个矢量空间的平均零序电压,从而得到三电平 SVPWM 策略在一个基波周期($f=50$ Hz)内 AZSV 的变化波形,如图 4.16 所示。可以看到三电平逆变器 SVPWM 策略的平均零序电压在矢量空间中不是连续变化的,这就可以解释在并联三电平逆变器系统中出现的零序环流跳变现象。由于三电平逆变器的零序电压不是连续变化的,而两台逆变器由于硬件参数或控制参数不一致,不可能总是拥有相同的零序电压,因此当两台逆变器的参考矢量都是小矢量且恰好位于零序电压断续处时,骤变的零序电压差就会导致零序环流出现跳变,也就是"环流尖峰",当零序环流的跳变较为明显时,就会体现在三相电流中,造成三相电流的畸变。

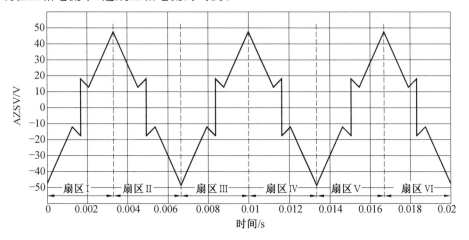

图 4.16   三电平 SVPWM 的 AZSV(调制比 $M=0.8$)

1.3 节提到的零序环流抑制策略,其消除两台逆变器基准函数差异的前馈控制方法实际上就是在消除零序电压不连续造成的影响,因此相比于 PI 控制器,PI+前馈控制能够更有效地实现零序环流抑制。但是此种控制方式需要获取两台逆变器的零序占空比信息及基准函数信息,同时需要及时将两台逆变器的信息不一致做差后送入前馈控制器,这对控制器的数据采集、处理以及运算速度都有较高的要求,因此下面将从调制策略本身出发,消除三电平逆变器的零序电压的不连续,实现更为简便的环流控制。

根据 4.2.2 节基于载波的调制策略可知,三电平逆变器的输出电压可以直接用调制波来表示,如式(4.11)所示,而三电平的调制波是在三相对称正弦调制波中注入连续的三次谐波零序分量得到的,因此载波调制的零序电压可以表示为

$$u_z = u_a + u_b + u_c = \frac{U_{dc}}{2}(m_a^* + m_b^* + m_c^*) = \frac{3U_{dc}}{2}m_z \qquad (4.30)$$

即三电平逆变器的零序电压和注入的三次零序分量 m_z 呈线性关系,而由图 4.8 可知,m_z 是和两电平零序分量一样连续变化的,因此当三电平逆变器采用载波调制策略时,其零序环流也应该是连续变化的,而不会出现环流跳变的现象。

图 4.17 所示是向调制波中继续注入零序分量 m_{z2} 时开关序列的变化情况,图中虚线是注入 m_{z2} 后的调制波,开关序列中的深色部分是继续注入零序分量后开关序列的变化部分。可以看出注入零序分量后,三电平逆变器开关序列中冗余小矢量的作用时间发生改变,而其他矢量作用时间不变。

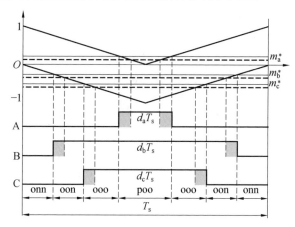

图 4.17　继续注入零序分量 m_{z2} 时三电平开关序列

从矢量角度考虑,当注入的零序分量大于 0 时,会增大 P－型小矢量的作用时间;当注入的零序分量小于 0 时,会增大 N－型小矢量的作用时间。因此根据前面的分析,当并联逆变器采用基于载波的调制方式时,可以通过向其中一台逆变器注入零序分量 m_{z2} 的方法实现抑制环流的目的。为了不过调制,注入零序分量的值需要满足:$-1-m_{\min} < m_{z2} < 1-m_{\max}$。

为抑制零序环流,向逆变器 1 中注入零序分量 m_{z2},并将式(4.30)代入式(4.15)中可得

$$(L_{m1} + L_{m2})\frac{di_{zm}}{dt} = \frac{3U_{dc}}{2}(m_{zm1} + m_{z2} - m_{zm2}) \qquad (4.31)$$

对式(4.31)进行拉氏变换,可得

$$i_{zm}(s) = \frac{3U_{dc}(m_{zm1} - m_{zm2})}{2s(L_{m1} + L_{m2})} + \frac{3U_{dc}M_{z2}(s)}{2s(L_{m1} + L_{m2})} \qquad (4.32)$$

由于零序分量 m_{zm1}、m_{zm2} 都是基波的三倍频分量,故零序环流的主要谐波频

次也是三倍频分量。PI 控制器能够有效消除零序环流的直流偏置,但是 PI 控制器在跟踪正弦信号方面存在着稳态误差和抗干扰能力差的问题,对特定次正弦量的抑制效果较差。比例谐振(PR)控制器能够在指定的频率处提供无穷大的增益,从而实现特定次频率的无静差控制,因此 PIR 控制器更适合零序环流的抑制,其传递函数为

$$G_{PIR}(s) = K_P + \frac{K_I}{s} + \frac{2K_R w_c s}{s^2 + 2w_c s + w_0^2} \tag{4.33}$$

式中,K_P、K_I、K_R 分别是比例、积分、谐振环节的增益;w_c、w_0 分别是谐振控制器的截止频率和谐振频率。

从而可以得到基于载波的零序环流控制框图,如图 4.18 所示,图中 R 表示谐振控制。首先需要对零序环流 i_z 进行采样,为了将零序环流抑制为 0,其参考量 i_z^* 为 0,做差后通过 PIR 控制器计算出逆变器 1 需要注入的零序分量 m_{z2},从而消除两台逆变器的零序分量差异,达到抑制零序环流的目的,其中零序分量 m_{z2} 需要满足限幅条件 $-1 - m_{min} < m_{z2} < 1 - m_{max}$。

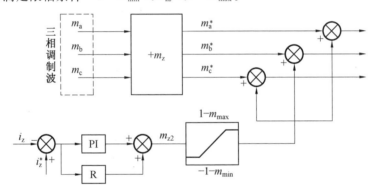

图 4.18 基于载波的零序环流控制框图

3. 基于 DPWM 调制的环流抑制策略

在中压大功率发电场合,为了减小系统开关损耗,增加系统效率,通常会采用 DPWM 策略,其中 DPWM1 策略的开关损耗、共模电压以及输出谐波等综合性能是相对最优的,因此也是本节要讨论的 DPWM 策略。

在连续 PWM 中,可以通过调整其中一个逆变器 SVPWM 开关序列中冗余小矢量的作用时间,达到消除两台逆变器的零序电压差从而抑制环流的目的。但是在 DPWM 过程中,由于在开关序列中没有冗余小矢量,因此通过调整冗余小矢量作用时间实现零序环流抑制的方法就不再适用。为实现对零序环流的抑制,还需使用到 DPWM1 策略的冗余开关序列——DPWM3 策略。DPWM1 和

DPWM3 策略在矢量空间中冗余矢量分配因子的取值如图 4.10 所示。

　　DPWM1 和 DPWM3 两种调制策略在扇区Ⅰ内的开关序列见表 4.6,可以看出,在每个区域内,两种调制策略的冗余小矢量选取总是相反的。根据前面的分析,在三电平逆变器 SVPWM 统一调制模型中,当冗余小矢量的分配因子 $k=1$,即只选用 P-型小矢量时,一个开关周期内的平均零序电压最大;而当 $k=-1$ 时,三电平逆变器的平均零序电压最小。因此在整个三电平的矢量调制任意时刻,DPWM1 和 DPWM3 两种调制策略对零序环流的影响总是起相反作用。

表 4.6　DPWM1 和 DPWM3 开关序列

区域	DPWM1 开关序列	DPWM3 开关序列
Ⅰ 1	oon ooo poo ooo oon	onn oon ooo oon onn
Ⅰ 2	oon ooo poo ooo oon	ooo poo ppo poo ooo
Ⅰ 3	oon pon poo pon oon	onn oon ooo oon onn
Ⅰ 4	oon poo poo poo oon	pon poo ppo poo pon
Ⅰ 5	pnn pon poo pon pnn	pon poo ppo poo pon
Ⅰ 6	oon pon ppn pon oon	pon ppn ppo ppn pon

　　根据图 4.10 可知,DPWM1 和 DPWM3 矢量空间中冗余小矢量分配因子 k 的取值是在 1 和 -1 之间不断切换的,也就是说 DPWM1 和 DPWM3 的环流影响效果并非固定不变,需要分扇区进行讨论。从 DPWM1 的钳位区间分布得知,在Ⅰ、Ⅲ、Ⅴ扇区的 1、3、5 小区,冗余小矢量的分配因子 k 值恒定取 1,即只使用到了 P-型小矢量,此时的零序分量是最大的,有正方向增大零序环流的作用;而在Ⅱ、Ⅳ、Ⅵ扇区的 2、4、6 小区,冗余小矢量的分配因子恒定为 -1,即只使用到 N-型小矢量,此时的零序分量最小,有向负方向增大零序环流的作用。而 DPWM3 策略的冗余小矢量分配比在各扇区的取值与 DPWM1 完全互补,因此 DPWM1 和 DPWM3 对零序环流的影响在任意时刻都是相反的。

　　据此可以得到一种基于滞环控制器的零序环流抑制方法,仍以机侧逆变器 1 为例,采用 DPWM1 和 DPWM3 的混合切换调制策略,而逆变器 2 采用基于 DPWM1 的调制策略。首先对于参考矢量所在的扇区进行判断,当参考矢量位于Ⅰ、Ⅲ、Ⅴ扇区的 1、3、5 小区时,DPWM1 策略会使零序环流向正方向增大,而 DPWM3 策略会使零序环流向负方向增大。其次采样并联逆变器的零序环流 i_{zm},当零序环流 i_{zm} 达到阈值上限 i_{zth} 时,将调制策略由 DPWM1 切换至 DPWM3,从而使零序环流减小;当零序环流 i_{zm} 达到阈值下限 $-i_{zth}$ 时,将调制策略由

DPWM3 切换至 DPWM1,从而使零序环流增大(绝对值减小)。零序环流的滞环控制原理如图 4.19 所示。

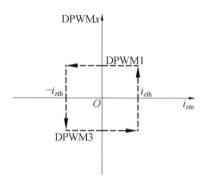

图 4.19　零序环流的滞环控制原理

为了减小切换调制策略所带来的额外开关损耗,切换时刻要选取每个开关周期的结束时刻,由表 4.6 可知,在开关周期的起始时刻,DPWM1 和 DPWM3 策略的开关序列只有一相会发生开关状态的转换。如在Ⅰ扇区 3 小区调制策略由 DPWM1 切换至 DPWM3 时,开关序列转换顺序为:poo→pon→oon→onn→oon→pon,每次开关动作只有一相开关器件发生动作,能够平稳地实现切换过程,减少额外开关损耗。

4.3.3　考虑中点平衡的环流抑制方案

中点电位不平衡是三电平逆变器的固有问题,直流侧中点电位的不平衡会造成输出波形畸变、电能质量和系统效率降低、电容寿命缩短以及开关器件损坏等问题,给三电平系统的控制和安全运行带来非常不利的影响。

现针对单个三电平逆变器,分析其中点电位不平衡的产生机理。三电平逆变器每相桥臂都可以输出 p、o、n 三种电平状态,当三电平逆变器的某相桥臂输出电压为 p 或 n 时,该相电流流入直流母线的正极或负极,因而对直流侧中点电位不会产生影响;而当桥臂输出电压为 o 时,该相桥臂会连接到电容中点上,对应的该相电流也会流入直流侧中点,从而改变中点电位。

以参考矢量位于Ⅰ扇区 3 小区为例,选取的三个基本矢量分别为小矢量 poo(onn)、中矢量(pon)和大矢量 pnn,因此可以得到三电平逆变器开关状态对电容中点电位的影响示意图,如图 4.20 所示。图中 U_P、U_N 分别代表直流侧母线的上下电容电压,i_0 是流入或流出电容中点的电流,将电容中点电压表示为 $U_O = U_P - U_N$。

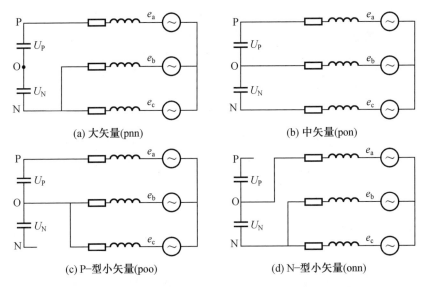

(a) 大矢量(pnn)　　　　　　　　　　　　(b) 中矢量(pon)

(c) P-型小矢量(poo)　　　　　　　　　　(d) N-型小矢量(onn)

图 4.20　三电平逆变器开关状态对中点电位的影响示意图

如图 4.20(a)所示，大矢量(pnn)三相桥臂直接连到直流侧 P 点和 N 点，不与电容中点相连，因此大矢量(pnn)不会影响直流侧电容的中点电位。如图 4.20(b)所示，中矢量(pon)的 B 相桥臂流入中点，定义中点电流 i_0 流出逆变器为正，此时 $i_0 = i_b$。当 $i_0 > 0$ 时，中点电流从直流侧 O 点流出，下电容放电，U_N 降低，而上电容电压 U_P 由于充电而升高，故电容中点电压 U_0 增大；而当 $i_0 < 0$ 时，中点电流流入直流侧中点，负母线电流充电使得下电容电压 U_N 增大，而上母线电容放电，U_P 减小，即电容中点电压 U_0 减小。因此中矢量会改变直流侧电容中点电压，但是其会使得中点电压增大还是减小难以确定，还受到流入中点的电流方向影响。如图 4.20(c)所示，P-型小矢量(poo)B 相和 C 相接入直流母线中点，此时中点电流 $i_0 = i_b + i_c$，为了简化分析，此时认为逆变器的三相电流是对称的且不含零序分量，此时的中点电流可以表示为 $i_0 = -i_a$；而如图 4.20(d)所示的 N-型小矢量(onn)只有 A 相桥臂和直流侧中点相连，因此中点电流为 $i_0 = i_a$。当 $i_a > 0$ 时，P-型小矢量(poo)产生的中点电流流入电容中点，导致下电容充电，U_N 增大，上电容放电使得 U_P 减小，因此会使得电容中点电压 U_0 减小；而 N-型小矢量(onn)产生的中点电流流出电容中点，导致下电容放电，U_N 减小，上电容充电，U_P 增大，从而增大电容中点电压 U_0。同理当 $i_a < 0$ 时，P-型小矢量(poo)会增大电容中点电压 U_0，而 N-型小矢量(onn)会使得 U_0 减小，即在任何情况下，一对冗余的小矢量对电容中点电位都具有相反的影响效果。

类似地,可以得到其他基本矢量对应的中点电流,见表 4.7。表中各矢量对应的中点电流在括号中表示,从表 4.7 中可以看到大矢量和零矢量对应的中点电流始终为零,因而不会导致电容中点电位改变,特别是零矢量(ooo)。虽然三相桥臂和电容中点 O 相连,但是在三相对称系统中,流入中点电位的电流仍为零,因此不会影响到中点电位;而中矢量会改变中点电位,但是其对 U_O 的影响效果因受到中点电流方向的影响而无法确定。由于一对冗余的小矢量在任何区间产生的中点电流总是相反的,因此对中点电位总是有相反的作用效果。

表 4.7　基本矢量对应的中点电流

大矢量	中矢量	P-型小矢量	N-型小矢量	零矢量
pnn(0)	pon(i_b)	poo($-i_a$)	onn(i_a)	ppp(0)
ppn(0)	opn(i_a)	ppo(i_c)	oon($-i_c$)	ooo(0)
npn(0)	npo(i_c)	opo($-i_b$)	non(i_b)	nnn(0)
npp(0)	nop(i_b)	opp(i_a)	noo($-i_a$)	—
nnp(0)	onp(i_a)	oop($-i_c$)	nno(i_c)	—
pnp(0)	pno(i_c)	pop(i_b)	ono($-i_b$)	—

在一个开关周期内,利用中点电流将直流侧中点电压的变化量表示为

$$\Delta U_O = \frac{1}{C} \int i_0 \, dt \tag{4.34}$$

由式(4.34)可知,一个周期流入或流出中点的电流平均值不为零会导致直流母线上下电容的充放电不平衡,使得中点电位发生变化。因此中点电流是导致中点电位发生偏移的本质原因,可以从中点电流入手,实现中点电位的平衡控制。表 4.7 中显示冗余小矢量在每个时刻对应的中点电流总是相反的,因此对中点电位的控制可以通过对小矢量的控制来实现。类似于并联系统中的零序环流抑制策略,在不同的调制策略下,三电平中点电位的平衡控制也可以通过调整冗余矢量作用时间、注入零序分量、滞环切换等手段实现。

对于三电平逆变器的并联系统,对电容中点电位的平衡控制变得更为困难。在前面的分析过程中认为三相电流是对称的,而在并联的逆变器系统中,由于零序环流的存在,三相电流之和不再为零,因而表 4.7 中每个周期流入中点电位的平均电流就必须考虑零序环流的影响,即并联系统中的零序环流是导致三电平逆变器直流侧中点电位发生偏移的激励源之一。而在前面并联系统零序环流的分析过程中,认为三电平逆变器的中点电位已经得到了良好控制,在考虑中点电位的影响后,式(4.15)三电平并联系统零序环流的数学模型也可以改写为

$$(L_1 + L_2)\frac{\mathrm{d}i_z}{\mathrm{d}t} = \frac{U_{dc}}{2}\sum_{i=a,b,c}(S_{i1} - S_{i2}) + \frac{U_O}{2}\sum_{i=a,b,c}(S_{i1}^2 - S_{i2}^2) \qquad (4.35)$$

从式(4.35)中可以看出,电容中点电位的不平衡会导致零序环流的产生。因此在三电平逆变器的并联系统中,为了保证系统稳定运行,直流侧中点电位和并联系统的零序环流都需要得到有效控制。

常用的中点电位平衡控制和零序环流抑制策略的本质,都是通过调整冗余小矢量的作用时间来对中点电流进行调节。在本节的分析中,对于基于连续PWM策略的并联系统,零序环流和中点电位平衡都是通过零序分量注入实现的。在并联系统中,如果中点电位的平衡和零序环流的抑制都是通过对同一台逆变器进行零序分量注入实现的,那么在不控制电容中点电位时,通过零序分量注入实现零序环流抑制的情况下,继续注入用于中点电位控制的零序分量时,其幅值会受到限制,因此对中点的平衡能力会被减弱。由于后续注入的零序分量不以控制零序环流为控制目标,因此注入的这部分零序分量也会影响到并联系统零序环流的控制性能。当并联系统中两台逆变器分别进行中点电位和零序环流控制时,以逆变器1控制零序环流且逆变器2控制直流侧中点电位为例,此时两台逆变器注入零序分量的可调节范围都不会受到限制。但是对于逆变器1而言,逆变器2注入的零序分量不以控制零序环流为目标,必然会影响零序环流的控制效果;类似地,对于逆变器2而言,逆变器1注入的零序分量也会影响到直流侧电容中点电位的平衡控制。

综上所述,并联逆变器间的零序环流和不平衡的电容中点电位互为激励源,中点电位和零序环流任意一个不能得到良好控制都会对另一个产生影响,而且零序环流控制和中点平衡算法的控制对象是一致的,即对逆变器的零序分量进行控制,但是二者不同的控制目标必然会使得要求改变的零序分量不会完全一致。因此对于并联逆变器的中点电位和零序环流这一强耦合系统,本节提出一种改进的中点和环流协同控制策略。考虑到在实际逆变器系统中,三电平逆变器的直流母线电容中点电位本身具有一定的自平衡能力,且当中点电位的偏差不超过一定范围时,三电平逆变器的中点不平衡基本不会造成三相并网电流的畸变,也不会影响逆变器的稳定运行,对零序环流的影响基本可以忽略,因此对于并联的两台逆变器系统,为了保证注入零序分量的可调节范围,对其中一台逆变器进行零序环流抑制,而另一台逆变器控制中点电位。为保证系统稳定运行,零序环流抑制策略应当持续作用,而直流侧电容中点电位偏移在允许范围内时,中点控制算法不需要作用,只有当直流母线上下电容电压差超过一定阈值时,才开始对直流侧电容中点电位进行控制以恢复中点平衡,以适当减弱对中点电位

的控制效果,从而实现中点平衡和零序环流的协同控制。中点电位和零序环流的协同控制方案如图 4.21 所示,图中 3L-NPC 表示中点钳位型三电平逆变器。

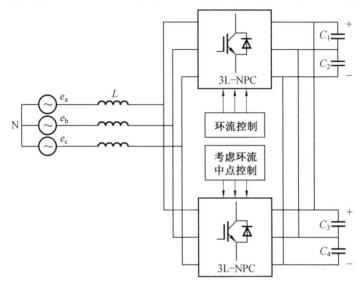

图 4.21　中点电位和零序环流的协同控制方案

4.4　背靠背并联三电平逆变器零序环流控制

在风力发电系统中,永磁同步电机经过背靠背全功率逆变器接入电网,在实际应用中为了提高风电机组单机容量,往往会将背靠背逆变器并联使用,背靠背逆变器并联系统拓扑结构如图 4.22 所示。本节对背靠背并联三电平逆变器系统的控制做简要介绍。由于图中两组背靠背逆变器的直流侧母线互联,因此又称该系统为公共直流母线系统。

4.4.1　零序环流路径分析

根据前面的分析,每个三电平逆变器的每相桥臂都能输出 p、o、n 三个状态,因此背靠背并联逆变器系统总共有 81 种状态变量的组合,分析所有逆变器工况下的环流路径是很困难且没必要的。下面分别选取并联系统的几种典型工作情况对环流的路径进行分析。

图 4.23 所示是背靠背并联系统几种工作状况下的零序环流路径示意图。

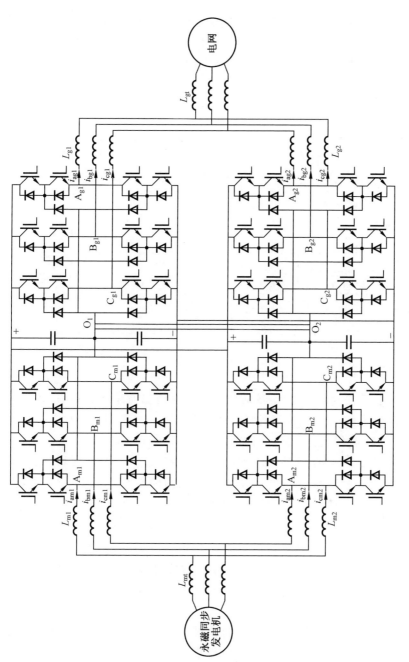

图4.22 背靠背逆变器并联系统拓扑结构

由于公共直流母线系统的两组直流母线相互连接,即两组背靠背逆变器的直流侧完全一致,为了表示更为简洁清晰,图中用一组直流母线表示两组逆变器的直流侧。图中,U_P 和 U_N 分别表示直流侧上下两组电容的电压;L_{mx}、$L_{gx}(x=1,2)$ 分别表示机侧逆变器 x 和网侧逆变器 x 的滤波电感;i_{zm} 表示电机侧的零序环流;i_{zg} 表示电网侧的零序环流。

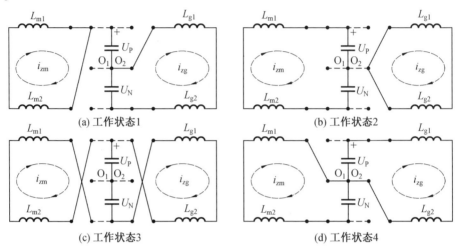

图 4.23　背靠背并联系统零序环流路径

为了分析简便,利用开关函数对背靠背并联逆变器系统的几种工作状态进行分析,定义 s_{mx} 和 s_{gx} 分别代表机侧(网侧)逆变器 x 的单相输出状态,开关函数取值为 -1、0、1 时代表逆变器该相输出状态分别为 n、o、p。如图 4.23(a)所示,四台逆变器的开关函数分别为 $s_{m1}=s_{m2}=1,s_{g1}=0,s_{g2}=-1$,此时机侧逆变器零序环流的激励源为 0,而网侧逆变器零序环流的激励源为直流侧下电容电压 U_N;如图 4.23(b)所示,四台逆变器的开关函数分别为 $s_{m1}=1,s_{m2}=-1,s_{g1}=s_{g2}=0$,此时机侧逆变器零序环流的激励源为 $U_P+U_N=U_{dc}$,即背靠背逆变器的总直流电压,网侧逆变器零序环流的激励源为 0;如图 4.23(c)所示,四台逆变器的开关函数分别为 $s_{m1}=-1,s_{m2}=1,s_{g1}=-1,s_{g2}=1$,此时机侧和网侧逆变器零序环流的激励源均为 $-(U_P+U_N)=-U_{dc}$,即背靠背逆变器的负直流母线电压;如图 4.23(d)所示,四台逆变器的开关函数分别为 $s_{m1}=0,s_{m2}=-1,s_{g1}=1,s_{g2}=-1$,此时机侧逆变器零序环流的激励源为直流母线的下电容电压 U_N,网侧逆变器零序环流的激励源为直流母线的上电容电压 U_P。

类似地,可以得到公共直流母线系统在其他工作状况下的零序环流特性。公共直流母线系统有两组背靠背逆变器直流母线,由于直流母线的隔离作用,机侧零序环流和网侧零序环流相互独立。如果同一侧的两组逆变器开关函数相同，即输出电压状态相同，零序环流激励源为 0，此时该侧就不会产生零序环流；如果不考虑零序环流的方向，机侧和网侧零序环流的激励源只有直流侧上电容电压 U_P、直流侧下电容电压 U_N、直流侧总电压 U_{dc} 和 0 四种情况，机侧和网侧的零序环流阻抗分别为 $L_{m1}+L_{m2}$ 和 $L_{g1}+L_{g2}$。

4.4.2　零序环流数学模型

由于此处主要讨论背靠背并联逆变器系统（简称背靠背并联系统）的稳定运行，为了简化分析，可以将图 4.22 中的永磁同步发电机用三相对称交流源代替，得到简化的背靠背并联系统拓扑结构，如图 4.24 所示。图中，e_{mi}、$e_{gi}(i=a,b,c)$ 分别代表机侧和网侧三相交流电压源；L_{mt}、L_{gt} 分别代表机侧和网侧公共等效电感；i_{imk}、$i_{igk}(i=a,b,c,k=1,2)$ 分别代表第 k 台逆变器的 i 相电流。

根据基尔霍夫电压定律，可以列写出两组背靠背逆变器的电压回路方程为

$$\begin{cases} L_{m1}\dfrac{di_{ma1}}{dt}+u_{am1}-u_{ag1}+L_{g1}\dfrac{di_{ga1}}{dt}=u_{mn}+e_{ma}-e_{ga} \\[2mm] L_{m1}\dfrac{di_{mb1}}{dt}+u_{bm1}-u_{bg1}+L_{g1}\dfrac{di_{gb1}}{dt}=u_{mn}+e_{mb}-e_{gb} \\[2mm] L_{m1}\dfrac{di_{mc1}}{dt}+u_{cm1}-u_{cg1}+L_{g1}\dfrac{di_{gc1}}{dt}=u_{mn}+e_{mc}-e_{gc} \end{cases} \quad (4.36)$$

$$\begin{cases} L_{m2}\dfrac{di_{ma2}}{dt}+u_{am2}-u_{ag2}+L_{g2}\dfrac{di_{ga2}}{dt}=u_{mn}+e_{ma}-e_{ga} \\[2mm] L_{m2}\dfrac{di_{mb2}}{dt}+u_{bm2}-u_{bg2}+L_{g2}\dfrac{di_{gb2}}{dt}=u_{mn}+e_{mb}-e_{gb} \\[2mm] L_{m2}\dfrac{di_{mc2}}{dt}+u_{cm2}-u_{cg2}+L_{g2}\dfrac{di_{gc2}}{dt}=u_{mn}+e_{mc}-e_{gc} \end{cases} \quad (4.37)$$

式中，u_{amk}、u_{bmk}、$u_{cmk}(k=1,2)$ 分别代表两组逆变器机侧三相输出电压；u_{agk}、u_{bgk}、$u_{cgk}(k=1,2)$ 分别代表两组逆变器网侧三相输出电压。

由于直流母线的隔离作用，机侧和网侧的零序环流相互独立，对于同一侧的两台并联逆变器来说，它们的零序环流大小相等、方向相反，因此可以将背靠背并联系统的零序环流定义为

$$\begin{cases} i_{mz}=i_{mz1}=\displaystyle\sum_{i=a,b,c}i_{mi1}=-\sum_{i=a,b,c}i_{mi2}=-i_{mz2} \\[3mm] i_{gz}=i_{gz1}=\displaystyle\sum_{i=a,b,c}i_{gi1}=-\sum_{i=a,b,c}i_{gi2}=-i_{gz2} \end{cases} \quad (4.38)$$

对式(4.36)、式(4.37)三相求和，并将式(4.38)代入可得

大容量新能源变流器并联控制技术

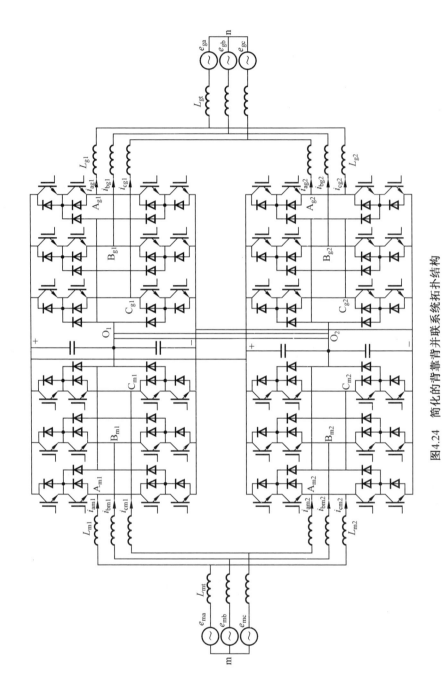

图4.24 简化的背靠背并联系统拓扑结构

$$\begin{cases} \sum_{i=a,b,c}(u_{im1}-u_{ig1})+L_{m1}\dfrac{\mathrm{d}i_{mz1}}{\mathrm{d}t}+L_{g1}\dfrac{\mathrm{d}i_{gz1}}{\mathrm{d}t}=3u_{mn} \\[3mm] \sum_{i=a,b,c}(u_{im2}-u_{ig2})+L_{m2}\dfrac{\mathrm{d}i_{mz2}}{\mathrm{d}t}+L_{g2}\dfrac{\mathrm{d}i_{gz2}}{\mathrm{d}t}=3u_{mn} \end{cases} \quad (4.39)$$

定义背靠背并联系统的逆变器零序电压为

$$\begin{cases} u_{zmk}=\sum_{i=a,b,c}u_{imk} \\[3mm] u_{zgk}=\sum_{i=a,b,c}u_{igk} \end{cases} \quad (4.40)$$

将式(4.40)代入式(4.39)中,并联立方程组,可以得到背靠背并联系统零序环流的数学模型为

$$\begin{cases} (L_{m1}+L_{m2})\dfrac{\mathrm{d}i_{mc}}{\mathrm{d}t}=u_{zm2}-u_{zm1} \\[3mm] (L_{g1}+L_{g2})\dfrac{\mathrm{d}i_{gc}}{\mathrm{d}t}=u_{zg2}-u_{zg1} \end{cases} \quad (4.41)$$

根据式(4.41),可以得到背靠背并联系统零序环流等效模型,如图 4.25 所示。

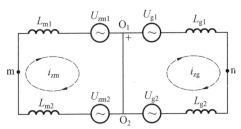

图 4.25　背靠背并联系统零序环流等效模型

从图中可以看出,背靠背并联系统由于直流母线的隔离作用,机侧零序环流和网侧相互独立,机(网)侧的零序环流是两台并联逆变器间零序电压不一致造成的,因此机侧和网侧的零序环流控制可以分别进行考虑,通过前面所述的不同调制策略下的环流控制方法实现零序环流的抑制。

4.4.3　零序环流整体控制方案

对于背靠背的三电平逆变器并联系统,风力发电机通过机侧逆变器接入系统,机侧逆变器采用双闭环控制以建立起稳定的直流侧电压,网侧逆变器通常采用电流单环接入电网。因此网侧电流通常需要有较高的波形质量以满足并网要求,而机侧逆变器则对电流的谐波含量没有较高要求。DPWM 策略为了降低开

关损耗,在一个开关周期内舍弃了七段式的调制方式,只使用一个冗余矢量,因此相较于基于连续 PWM 方式输出电流的 THD 含量会有所增大。为了兼顾系统开关损耗和并网电流谐波含量的需求,机侧逆变器采用基于 DPWM 的控制策略以降低开关损耗,而网侧逆变器则采用基于载波连续 PWM 的控制策略以保证输出电流波形质量。

背靠背三电平逆变器并联系统在进行零序环流控制时,由于直流母线的隔离作用,机侧环流和网侧环流相互独立,因此需要对两侧分别进行环流控制。由于背靠背逆变器机侧和网侧共享直流母线,而两组背靠背逆变器的直流母线又相互连接,因此只需要对一台逆变器实施控制即可实现并联系统的直流侧电容中点平衡。图 4.26 所示是三电平逆变器背靠背并联系统控制策略框图,机侧逆变器采用 DPWM 策略以起到降低开关损耗的作用,机侧两台逆变器只需对其中一台进行零序环流控制;网侧逆变器采用载波 PWM 策略以提高并网电流的谐波性能,网侧两台逆变器分别需要实现零序环流和中点电位的控制,控制策略为前面所提到的零序环流和中点电位兼顾的协同控制方案。

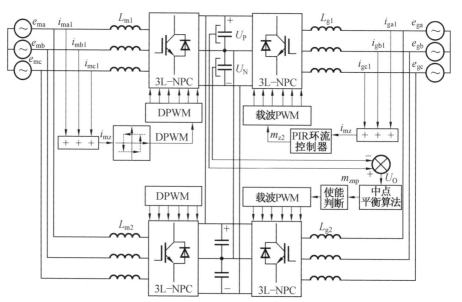

图 4.26 三电平逆变器背靠背并联系统控制策略框图

4.5 实验验证

为了验证并联系统零序环流的抑制效果以及背靠背三电平并联逆变器整体运行控制策略的有效性,在三电平逆变器平台上进行实验验证。实验平台的参数设置如下:对于两台逆变器的并联系统,交流侧三相电压有效值为 190 V,直流侧电压为 400 V,交流滤波电感为 6 mH。对于背靠背并联系统,主要针对背靠背逆变器的工作原理和性能进行分析和控制,风力发电机的工作特性不是本章的研究内容,因此在实验过程中仍然使用电网代替风力发电机,即利用背靠背并联逆变器做对拖实验,不过为了表述清晰,仍将背靠背逆变器两侧称为机侧和网侧。机侧和网侧三相电压均为 190 V,直流侧电压控制到 400 V,交流滤波电感参数设置为: $L_{m1} = L_{m2} = 6$ mH,$L_{g1} = L_{g2} = 6$ mH,机侧和网侧的公共电感均为 2 mH。

首先在两台并联逆变器系统中验证中点电位和零序环流的耦合特性,同时考虑环流和中点控制的并联系统实验结果如图 4.27 所示,此时两台逆变器均为基于载波的调制策略,基于 SVPWM 和 DPWM 可以得到类似的实验结果。

图 4.27(a)是并联系统在电流给定不一致的情况下只进行零序环流控制而不进行中点平衡控制时的实验波形,可以看到此时并联系统的零序环流得到了良好的控制,但是上下母线电容电压之间有 17.6 V 的偏差,中点电位存在一定程度的不平衡;图 4.27(b)所示为直接在并联系统中加入中点平衡方法同时控制系统的环流和中点电位时的实验结果,可以看到此时的中点电位不平衡现象消失,但是零序环流的控制效果被明显削弱,逆变器的输出电流波形也受到了一定的影响;图 4.27(c)所示是兼顾零序环流和中点电位的协同控制策略的实验结果,可以看到此时并联系统的电容中点电位能够保持平衡,而且零序环流的控制效果基本没有受到影响。因此零序环流和中点电位的协同控制策略能够有效地同时实现对并联系统零序环流和中点电位的控制。

在两台并联逆变器上验证不同调制算法下的零序环流验证效果,此时并联系统的直流侧电压为 400 V,由可编程直流源供电,这两台并联的逆变器均为电流单环控制,此时并联系统的中点电位都通过中点和零序环流系统控制策略得到良好控制。

图 4.28 和 4.29 所示分别是 SVPWM 模式下电流给定相等和电流给定不等时的零序环流抑制实验结果。图中,i_{a1}、i_{a2} 分别代表两台逆变器的 A 相电流;i_z

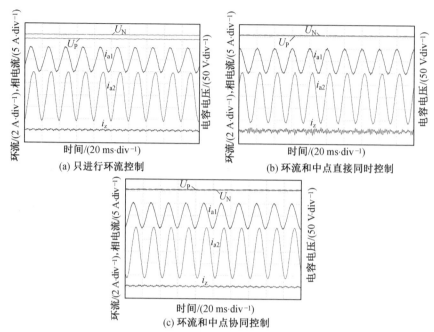

(a) 只进行环流控制

(b) 环流和中点直接同时控制

(c) 环流和中点协同控制

图 4.27　同时考虑环流和中点控制的并联系统实验结果

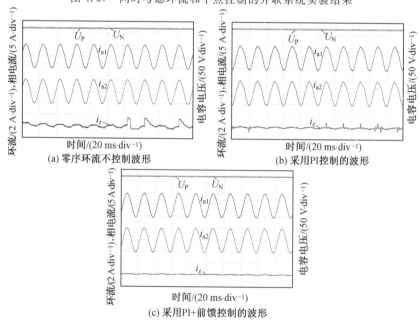

(a) 零序环流不控制波形

(b) 采用PI控制的波形

(c) 采用PI+前馈控制的波形

图 4.28　SVPWM 模式下电流给定相等时的零序环流抑制实验结果

是并联系统的零序环流;U_P 和 U_N 分别代表逆变器直流侧的上电容电压和下电容电压。图 4.28 是两台逆变器并联时电流给定相等情况下的实验波形,两台逆变器的参考电流为 $I_{ref1} = I_{ref2} = 5$ A,此时两台逆变器的零序分量基本相等。在图 4.28(a) 所示零序电流不控制的情况下,环流的幅值相对较小,并网电流的畸变不明显;如图 4.28(b) 所示,加入使用 PI 控制器抑制零序环流的方法,此时零序环流得到了一定程度的控制,但是可以看到有环流跳变现象;图 4.28(c) 所示是使用 PI＋前馈控制器抑制零序环流的实验结果,此时零序环流的尖峰被消除,并网电流的谐波性能得到了进一步改善。

如图 4.29 所示,并联逆变器电流给定不一致的情况下,两台逆变器的参考电流为 $I_{ref1} = 5$ A,$I_{ref2} = 10$ A,此时两台逆变器的零序电压有较大差异。在零序环流不进行控制时,并联系统间有非常明显的零序环流,两台逆变器的并网电流畸变非常明显,如图 4.29(a) 所示;图 4.29(b) 所示是使用 PI 控制器抑制零序环流的实验结果,此时零序环流得到了一定的抑制,逆变器的输出电流畸变有一定

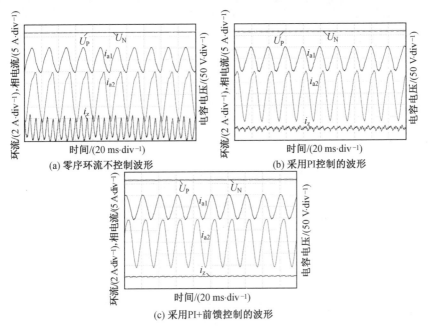

图 4.29　SVPWM 模式下电流给定不等时的零序环流抑制实验结果

程度的改善,但是零序环流有比较严重的尖峰;图 4.29(c) 所示为使用 PI＋前馈控制器进行环流抑制的实验结果,此时零序环流的环流尖峰得到了良好的抑制,两台逆变器的输出电流畸变也进一步被消除。

图 4.30 和图 4.31 所示是基于载波调制策略的零序环流抑制实验结果。图中，i_{a1}、i_{a2} 分别代表两台逆变器的 A 相电流；i_z 是并联系统的零序环流；U_P 和 U_N 分别代表逆变器直流侧的上电容电压和下电容电压。图 4.30 所示是两台逆变器电流给定相等情况下的实验波形，两台逆变器的参考电流为 $I_{ref1} = I_{ref2} = 5$ A，此时两台逆变器的零序分量基本相等。如图 4.30(a) 所示，在零序环流不控制时并联系统间会有零序环流出现，但是环流的幅值相对较小，并网电流的畸变程度也较小；图 4.30(b) 所示是使用 PI 控制器抑制零序环流的实验波形，此时零序环流得到了一定程度的抑制，不过仍有部分谐波分量难以消除；图 4.30(c) 所示是使用 PIR 控制器抑制零序环流的实验结果，此时并联系统的零序环流谐波分量得到进一步抑制，并网电流的波形质量也得到进一步改善。

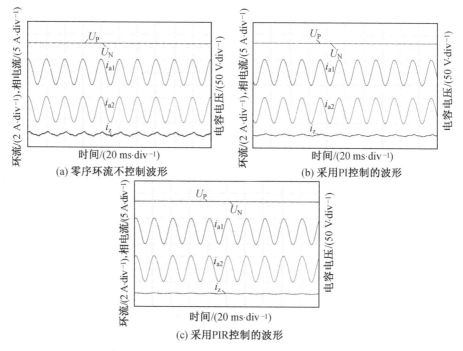

图 4.30　载波调制模式下电流给定相等时的零序环流抑制实验结果

如图 4.31 所示，两台并联逆变器电流给定不等的情况下，两台逆变器的参考电流为 $I_{ref1} = 5$ A，$I_{ref2} = 10$ A，此时两台逆变器的零序电压有较大差异。如图 4.31(a) 所示，在零序环流不进行控制时，并联系统间有非常明显的零序环流，两台逆变器的并网电流畸变非常明显；图 4.31(b) 所示是使用 PI 控制器抑制零序环流的实验结果，此时零序环流得到了一定的抑制，并网电流的波形质量也得到了一定改善；如图 4.31(c)所示，使用 PIR 控制器进行环流抑制，此时零序环流的谐波分量进一步得到抑制，两台逆变器的输出电流畸变也进一步被消除。

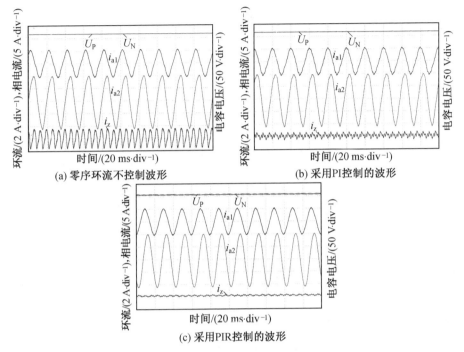

图 4.31　载波调制模式下电流给定不等时的零序环流抑制实验结果

根据图 4.30 和图 4.31 所示实验结果可知，基于载波调制的并联系统中，使用 PIR 控制器在给定电流相等或不相等的时候都能够有效抑制并联系统间的零序环流，改善逆变器的电流谐波性能。

图 4.32 所示是基于 DPWM 的零序环流抑制实验结果。如图 4.32(a)和图 4.32(b)所示，两台逆变器电流给定相等的情况下，两台逆变器的参考电流为 $I_{ref1} = I_{ref2} = 5$ A。由于两台逆变器的零序电压被基本抑制，因此在图 4.32(a)所示的不进行环流控制的情况下零序环流相对较小，并网电流的畸变也不明显；如图 4.32(b)所示，加入滞环环流控制方法后，可以看到零序环流得到有效控制，逆变器的输出电流也得到了一定改善。图 4.32(c)和图 4.32(d)所示为两台逆变器电流给定不等的情况，此时两台逆变器的参考电流为 $I_{ref1} = 5$ A，$I_{ref2} = 10$ A。图 4.32(c)所示为零序环流不控的情况，此时由于电流给定不一致，两台逆变器的零序电压相差很大，零序环流十分明显，并网电流也有非常大的畸变；图 4.32(d)所示为进行环流控制时的实验结果，可以看到零序环流得到了良好控制，逆变器的输

出电流波形质量也得到了明显改善。不过相较于连续 PWM 策略,基于 DPWM 策略的并联系统电流谐波性能会稍差。

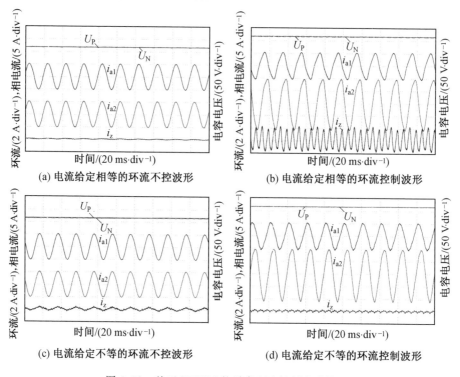

(a) 电流给定相等的环流不控波形

(b) 电流给定相等的环流控制波形

(c) 电流给定不等的环流不控波形

(d) 电流给定不等的环流控制波形

图 4.32　基于 DPWM 的零序环流抑制实验结果

图 4.33 所示是并联系统同时考虑环流和中点控制时的实验结果。实验中机侧两台逆变器使用双闭环控制建立起直流母线电压,网侧逆变器使用电流单环控制并入电网。实验过程中,为了保证系统稳定性,并联系统中点电位通过协同控制方案保持平衡。图中,i_{ma1}、i_{ma2} 分别代表机侧两台逆变器的 A 相电流;i_{mz} 是机侧两台并联逆变器的零序环流;i_{ga1}、i_{ga2} 分别代表网侧两台逆变器的 A 相电流;i_{gz} 是网侧的零序环流;U_P 和 U_N 分别代表逆变器直流侧的上电容电压和下电容电压。

图 4.33(a)和图 4.33(b)所示是背靠背并联系统网侧两台逆变器电流给定相等的情况,两台逆变器的参考电流为 $I_{refg1} = I_{refg2} = 5$ A。由于直流母线的隔离作用,网侧和机侧的零序环流相互独立,而机侧两台逆变器平均分配功率,即机侧两台逆变器的工作电流始终是相等的。图 4.33(a)所示是机侧逆变器进行环流控制而网侧逆变器环流不控的实验结果,而图 4.33(b)所示是机侧和网侧都进

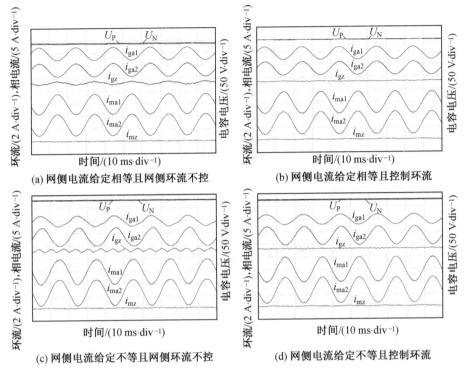

图 4.33　并联系统同时考虑环流和中点控制时的实验结果

行环流控制时的实验结果,可以看出机侧和网侧的零序环流相互独立,在电流给定相等时,系统的零序环流和中点电位都能得到有效控制,输出电流有良好的谐波性能。图 4.33(c)和图 4.33(d)所示是背靠背并联系统网侧两台逆变器的电流给定不等的情况,理论上机侧和网侧的功率是相等的,理想情况下机侧和网侧的总电流应该相等,但是由于系统中损耗的存在,机侧总电流要大于网侧,为了避免机侧电流过大,此时两台逆变器的参考电流为 $I_{\text{refg1}} = 4$ A, $I_{\text{refg2}} = 8$ A。图 4.33(c)所示是机侧逆变器进行环流控制而网侧逆变器环流不控的实验结果,而图 4.33(d)所示是机侧和网侧都进行环流控制时的实验结果,可以看出机侧的两台逆变器无论电流是否相等,系统中点电位和机侧、网侧的零序环流都能得到有效控制,即背靠背并联系统的整体控制策略能使三电平背靠背并联逆变器稳定运行。

本 章 小 结

首先,本章分析了三电平逆变器的工作原理和调制策略,主要介绍了SVPWM、SPWM 和 DPWM 三种调制策略,其中 SVPWM 策略物理意义清晰但实现方式复杂,SPWM 策略原理和实现方式简单但直流电压利用率低,DPWM策略开关损耗小且综合性能较为优越。

其次,本章提出了基于三种不同调制策略的并联系统零序环流抑制方法。基于 SVPWM 策略,可以在传统 PI 控制器的基础上引入前馈控制,通过共模电压补偿的方式将零序占空比和基准函数的差异消除;基于 SPWM 策略,通过PIR 加前馈控制计算出逆变器需要注入的零序分量,从而消除两台逆变器的零序分量差异;基于 DPWM 策略,提出一种基于滞环控制器结合 DPWM1 和DPWM3 混合调制的零序环流抑制方法,并在考虑中点电位平衡的前提下,实现了中点电位和零序环流的协同控制。

最后,本章讨论了背靠背并联系统的零序环流通路和环流模型,分析了背靠背并联系统的控制方案。其中机侧逆变器采用 DPWM 策略,只需对其中一台进行零序环流控制;网侧逆变器采用载波 PWM 策略,网侧两台逆变器分别需要实现零序环流和中点电位的控制,控制策略采用零序环流和中点电位兼顾的协同控制方案,并通过实验验证了控制策略的有效性。

第 5 章

三电平逆变器并联运行时的一体化调制策略

在并联模式下,可以借由逆变器并联提供的额外控制自由度,实现电流质量的改善。本章从并联逆变器输出多电平电压的视角切入,提出基于五电平矢量空间的图形化分析方法,其可以对不同并联模式下输出电流谐波进行统一的分析和比较,不但简化了对交错并联时电流谐波的分析过程,而且揭示了交错并联输出具有混合电平特征。在多电平输出特性分析的基础上,提出将并联三电平逆变器作为一个整体系统进行分析与控制的一体化调制思路,设计自上向下的系统化实现过程。

5.1　引　　言

在单机运行及同步并联模式下,三电平逆变器交流输出电流质量主要有两种改善方式:一种是对调制方法进行改进,另一种是对非线性影响进行补偿。在调制方法方面,文献[57]提出了一种新型开关序列,文献[58]提出了一种混合型脉宽调制(PWM)策略,它们都是基于在空间不同区域采用不同矢量顺序的思路,实现电流纹波的最优化。但是,此类方法一方面电流质量的改善效果并不明显,另一方面无法兼顾中点平衡和环流控制对于基本矢量调节的需要。此外,由于需要在每个小区内对矢量进行调整,矢量分配缺乏规律性和一致性,因此算法实现较为复杂。文献[59]提出了一种最佳空间矢量调制(Space Vector Modulation,SVM)策略,其基本思路也是从矢量差对电流纹波影响的角度,在不同区域内选用不同的矢量顺序。相较于文献[58]所提策略,文献[59]所提策略可进一步改善电流质量,但该方法在调制比较大时效果不佳。在非线性影响补偿方面,文献[60]对三电平逆变器的死区影响进行了分析,并提出了一种补偿方法;文献[61]针对开关器件的电压降进行了补偿。但是,由于三电平逆变器在拓扑和工作原理方面的天然约束,因此改进调制方法和补偿非线性影响等策略对输出电流质量的改善程度非常有限。

在交错并联模式下,可以利用逆变器并联所提供的额外控制自由度实现电流质量的改善[62,63]。在交错并联模式下,由于并联逆变器的电流纹波会相互抵消一部分,因此可以达到减小总输出电流纹波的效果[19]。文献[64]和[65]对交错角度的影响进行了理论分析,提出比较理想的载波信号相位差是 $2\pi/N$,其中 N 表示并联模块的个数。但需要注意的是,交错并联存在两大缺点:一方面,由于并联逆变器所使用的载波存在相位差,因此并联模块的输出电压存在差异,必然会在零序通道上产生较大的高频环流;另一方面,尽管交错并联有助于降低最终输出的谐波水平,但是逆变器桥臂上的电流纹波会大幅增加,从而造成相应的开关器件应力和导通损耗增大。

一体化并联模式实际上与交错并联的思路类似,从本质上来说也是通过牺牲单机逆变器的电流质量实现改善总输出电流质量的效果。由于目前尚没有关于三电平逆变器一体化并联的相关文献,所以接下来主要介绍三电平逆变器一体化串联以及两电平逆变器一体化并联的相关研究,作为借鉴与参考。

在多电平逆变器领域,通常是将多个单元相互串联,以得到更多的电平数量。比如,将两个两电平 H 桥级联起来,就可以在输出端得到三电平电压阶梯波;继续增加级联的 H 桥个数,就能够相应地实现更高的电平数,这就是模块化多电平逆变器(Modular Multilevel Converter,MMC)的主要拓扑形式。文献[66—68]都是将两个中点钳位(NPC)型三电平 H 桥串联起来作为一相桥臂,从而将整个系统当成一个五电平逆变器进行调制和控制,大大改善了电流质量并降低了开关频率。这种拓扑形式已经在西门子(SIEMENS)、罗克韦尔(ROK)、阿西布朗勃法瑞(ABB)、东芝三菱电机工业系统(TMEIC)和美国通用电气(GE)等公司的中压变频驱动产品上得到了应用,有效性和经济性都经过了实践检验[69]。

但实际上,并联连接的多个逆变器也具有类似多电平逆变器的输出电压波形。文献[70]指出,当具有较低电平数的逆变器并联运行时,可以将整个并联系统当成一个更高电平数的多电平逆变器看待,并且可以直接应用多电平逆变器的调制方法。基于这一思路,文献[71]将两台并联的两电平电压源逆变器作为一个三电平逆变器整体进行分析,采用三电平载波调制方法对并联逆变器进行调制,大大减小了输出电流纹波。

因此,有必要针对拓扑结构和调制过程都更加复杂的三电平逆变器,研究一体化调制策略的可行性和系统化的实现思路,从而进一步减小并联三电平逆变器的电流谐波畸变。

5.2　一体化调制的基本原理

在并网应用中,通常希望逆变器交流侧输出电流的谐波含量越少越好,这样可以确保并网逆变器对电网更加友好,减少对电网的谐波污染。但正如前面所述,同步并联方法无法改善输出电流质量,交错并联方法能够提高输出电流的质量,但是却会带来环流问题。为了解决逆变器传统并联运行方式所存在的问题,实现对电网更加友好的并网应用,就需要充分利用逆变器并联运行提供的更多控制自由度,而一体化并联正是采用了这样的思路。

在一体化并联模式下,两台并联的三电平逆变器可作为整个系统进行分析和控制,这样不仅能够显著提高并联输出电流质量,还能降低开关损耗和减少共模电压,从而实现网侧逆变器在电流质量、开关损耗和共模电压三个主要性能指标上的兼顾。此外,整个并联系统只需要一套电网电压和电流检测装置,因此有助于降低控制器设计的复杂度和硬件成本。

典型的一体化调制并联三电平逆变器拓扑结构与控制框图如图 5.1 所示,其中两个三电平逆变器的直流侧和交流侧均直接并联,形成公共直流母线,母线中点也连接在一起以便于控制中点电压平衡;交流侧输出经过电感(L_1 和 L_2)连接到公共参考点,然后再连接到电网(或负载)。

三电平逆变器双机一体化并联的创新点主要包括以下几个方面:

(1)不再将并联的三电平逆变器看作分立的个体,而是将其作为一个五电平(5L)系统进行整体分析,充分利用逆变器并联运行所提供的自由度提升性能。

(2)提出了一种基于五电平矢量空间的一体化连续调制方法,可确保并联三电平逆变器系统实现等效于五电平逆变器的电流谐波水平。

(3)提出了一种不同于传统五电平空间矢量调制的新型开关序列实现方法,可确保并联系统的差模和共模环流平均值为零,保证并联系统的正常运行。

(4)针对一体化连续调制所使用的开关序列,提出了基于冗余矢量分配的中点电压平衡策略,可有效消除双机并联三电平逆变器的母线中点电压偏差。

众所周知,功率模块通过串联可以实现多电平输出,比如基于 H 桥级联的多电平逆变器就是基于这样的原理,甚至结构更加复杂的模块化多电平逆变器,也是通过子模块串联产生任意电平数的输出电压。但实际上,并联功率模块也能产生多电平输出电压。

在并联的 2 个三电平逆变器中,将 x 相(x=a,b 或 c)的两个桥臂分离出来,可以重新表示成图 5.2 所示的拓扑。

三电平逆变器的任意一个桥臂都只有三种输出状态,对应三种不同的输出相电压。每个三电平桥臂的输出状态及对应的交流侧输出相电压可表示为

$$0 = -\frac{U_{dc}}{2}, \quad 1 = 0 \text{ V}, \quad 2 = \frac{U_{dc}}{2} \tag{5.1}$$

因此,三电平逆变器 1 和逆变器 2 的每相输出电压可以表示为

$$\begin{cases} U_{x1O} = (s_{x1} - 1) \times \dfrac{U_{dc}}{2} \\ U_{x2O} = (s_{x2} - 1) \times \dfrac{U_{dc}}{2} \end{cases}, \quad x = \text{a,b,c}; s_{x1}, s_{x2} = 0,1,2 \tag{5.2}$$

式中,U_{x1O}、U_{x2O} 分别为三电平逆变器 1 和逆变器 2 中 x 相的输出电压;s_{x1}、s_{x2} 分别为三电平逆变器 1 和逆变器 2 中 x 相桥臂的开关状态;U_{dc} 为直流母线电压。

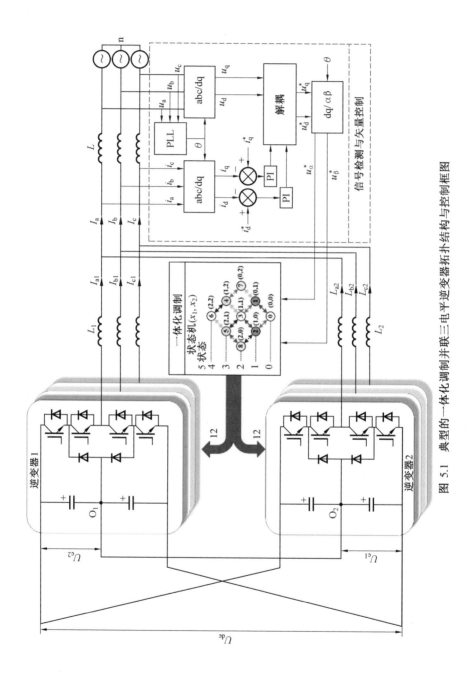

图 5.1 典型的一体化调制并联三电平逆变器拓扑结构与控制框图

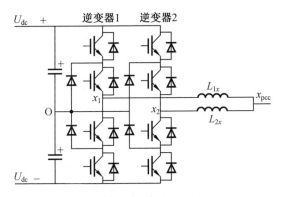

图 5.2　相桥臂并联拓扑示意图

基准点处的交流侧输出相电压可表示为

$$U_{xpccO} = \frac{U_{x1O} + U_{x2O}}{2}, \quad x = a, b, c \tag{5.3}$$

桥臂输出相电压 U_{x1O}、U_{x2O} 取值必须符合式(5.1),因此从式(5.3)可以推知并联之后的相电压 U_{xpccO} 共有五种取值。也就是说,若以公共并网点(Point of Common Coupling,PCC)为基准点,则整个三电平并联系统能够输出五种不同电平的电压。从这个意义上来说,两个三电平逆变器的并联系统可以从整体上等效为一个五电平系统进行调制和控制。按照这样的五电平视角,两个三电平逆变器的状态组合及其对应的每相并联输出状态见表5.1。

表 5.1　组成五电平输出的三电平逆变器开关状态及相电压组合

三电平逆变器 1		三电平逆变器 2		五电平输出	
状态	U_{x1O}	状态	U_{x2O}	状态	U_{xpccO}
0	$-U_{dc}/2$	0	$-U_{dc}/2$	0	$-U_{dc}/2$
0	$-U_{dc}/2$	1	0	1	$-U_{dc}/4$
1	0	0	$-U_{dc}/2$		—
0	$-U_{dc}/2$	2	$-U_{dc}/2$		0
1	0	1	0	2	—
2	$+U_{dc}/2$	0	$+U_{dc}/2$		—
2	$+U_{dc}/2$	1	0	3	$+U_{dc}/4$
1	0	2	$+U_{dc}/4$		—
2	$+U_{dc}/2$	2	$+U_{dc}/2$	4	$+U_{dc}/2$

但是,并联三电平桥臂具备输出五电平电压的能力,并不意味着就一定能实现五电平电压输出,关键还要看采用什么样的调制方法。以同步并联为例,两个并联桥臂的开关状态时刻保持一致,只能实现表 5.1 中的(0,0)、(1,1)和(2,2)这三种状态组合,对应的输出状态只有 0、1 和 2,与单机运行的三电平逆变器无异。因此,要想充分利用并联逆变器的状态组合实现真正的五电平输出,就需要从整体五电平矢量空间出发,设计相应的一体化调制算法,并通过开关序列设计确保并联系统能够正常运行。

5.3 一体化连续调制算法设计

5.3.1 五电平空间矢量调制过程

既然两个并联的三电平逆变器等效于一个五电平系统,那么就可以直接基于五电平空间矢量法对其进行分析和调制,而不是将其看作分立的三电平逆变器。典型的五电平空间矢量图如图 5.3 所示,整个矢量空间由 61 个基本矢量构成,分别表示为 $V_0 \sim V_{60}$。整个矢量空间以 60°间隔分成六大扇区(Ⅰ~Ⅵ),每个扇区又分为 16 个小区,每个小区都是一个等边三角形,三角形的三个顶点均为基本矢量。为确保图示清晰,图中仅标出了最外层的矢量状态。

Ⅰ扇区详细的空间矢量图如图 5.4 所示,由于整个矢量空间具有旋转对称性,所以其余扇区(Ⅱ~Ⅵ)可以旋转到Ⅰ扇区进行类似的计算。每个扇区可分为 16 个更小的等边三角形,分别表示为小区 1~16。每个三角形(小区)有三个顶点(或称为基本矢量),这三个顶点就是最近三矢量。基本矢量各自具有不同的冗余度,举例来说,矢量 V_1 只有一个状态(400),因此其冗余度就是 1,表示其只有一个状态;矢量 V_{31} 有两个状态(300 和 411),因此其冗余度就是 2,依此类推。对于具有两个以上冗余状态的矢量来说,开关序列将只使用其最中间的一个或两个冗余状态,以确保最佳开关动作和输出电流质量。举例来说,矢量 V_{13} 有三个状态(200、311 和 422),那么只有最中间的状态(311)被用于开关序列。再比如,矢量 V_{55} 共有四个冗余状态(100、211、322 和 433),那么只有最中间的两个状态(211 和 322)被用于开关序列。

假设在某一个采样时刻,参考电压矢量位于Ⅰ扇区的某个小区内,该小区由距离参考矢量最近的三个基本矢量构成,那么,基于伏秒平衡原理,就可以使用最近三矢量来合成参考矢量。参考矢量位于其他扇区或小区内的情况与此类

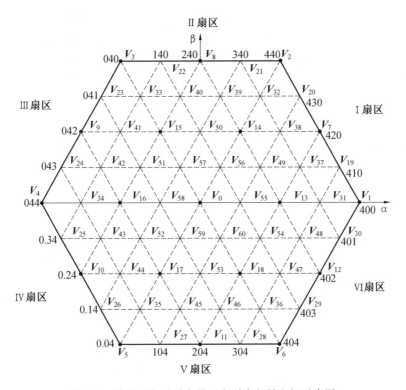

图 5.3　并联三电平逆变器五电平全矢量空间示意图

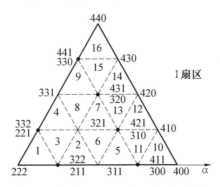

图 5.4　五电平矢量空间 I 扇区示意图

似。为了最大程度减少开关次数以及实现最佳的输出电压谐波性能,必须基于最近三矢量来合成参考矢量,而且只能使用冗余度为偶数的基本矢量(如图 5.4 中黑点所示)作为开关序列中的起止矢量,这些要求与传统三电平连续调制方法完全一致,因此本章将由此构造出来的五电平调制方法称为一体化连续调制。

传统空间矢量调制方法通常包括三个步骤:确定参考矢量分区判断、基本矢量的作用时间计算,以及最终生成开关序列。将双并联三电平逆变器当作一个五电平系统进行调制时,上述三个步骤与传统五电平空间矢量调制方法完全一致。

5.3.2　五电平开关状态分配原则

尽管并联三电平逆变器可以作为一个整体的五电平系统进行分析,但是最终的开关脉冲仍要发送到并联的两个三电平逆变器,因此如何把生成的五电平开关序列转换为三电平开关序列至关重要。

环流是逆变器并联运行的主要问题之一,当并联运行的逆变器输出电压不一致时,其电压差就会在环流通路内产生环流。环流的存在不仅会降低系统效率、增加内部损耗,严重情况下甚至会损坏开关器件,因此如果不能把环流平均值控制为零,那么并联逆变器系统将无法正常运行。对于整个并联系统来说,需要确保不同逆变器之间的同相差模环流以及三相零序环流的平均值始终为零。因此,在将五电平开关状态分配给三电平逆变器时,平均环流的控制必须优先考虑。

首先来分析差模环流。在图 5.1 所示的系统中,三电平逆变器 1 和逆变器 2 每一相的电压由式(5.2)表示。

逆变器 x 相之间的差模环流 $i_{\mathrm{diff}x}=i_{x1}-i_{x2}$($x=$a,b,c)的变化率可表示为

$$\frac{\mathrm{d}i_{\mathrm{diff}x}}{\mathrm{d}t}=\frac{U_{x1\mathrm{N}}-U_{x2\mathrm{N}}}{L_1+L_2} \tag{5.4}$$

式中,L_1、L_2 分别为三电平逆变器 1 和逆变器 2 输出侧的滤波电感。

将式(5.2)代入式(5.4)可得

$$\frac{\mathrm{d}i_{\mathrm{diff}x}}{\mathrm{d}t}=\frac{U_{\mathrm{dc}}(s_{x1}-s_{x2})}{2(L_1+L_2)}, \quad x=\mathrm{a,b,c} \tag{5.5}$$

由式(5.5)可知,由于 L_1、L_2 和 U_{dc} 是常量,所以差模环流的变化率主要取决于逆变器 1 和逆变器 2 同一相的开关状态之差。

要想实现最小的差模环流,在五电平开关序列分配到三电平状态的过程中,一个基本原则就是确保五电平状态尽可能平均分配。比如,数值为偶数的五电平状态(包括"0""2"和"4")直接平分即可。尽管五电平状态"2"有三种分配方式("0"和"2","2"和"0",以及"1"和"1"),但是很明显平均分成"1"和"1"能使该状态对应的差模电压为 0,因此不会产生环流。但是,对于数值为奇数的五电平状态来说(包括"1"和"3"),不可能平分,所以就会不可避免地产生瞬时差模环流。

如果五电平状态"1"分成三电平状态"0"和"1"("01"组合),两者状态差为.1(0.1=.1),会导致环流减小;如果五电平状态"1"分成三电平状态"1"和"0"("10"组合),两者状态差为1(1.0=1),会导致环流增大。类似地,如果五电平状态"3"分成三电平状态"1"和"2"("12"组合),两者状态差为.1(1.2=.1),会导致环流减小;如果五电平状态"3"分成三电平状态"2"和"1"("21"组合),两者状态差为1(6.1=1),会导致环流增大。因此,在瞬时环流不可避免的情况下,控制环流的基本思路就是交替使用不同的三电平状态组合,使环流不会始终朝向一个方向变化,从而确保环流平均值为零。

确保环流为零有两个基本原则:一是要让环流在一个开关周期结束时能够回到该周期开始时的数值,二是要让环流在连续两个开关周期内的平均值为零。下面还以参考电压矢量位于Ⅰ扇区 7 小区为例进行说明,参考矢量的位置如图 5.4 所示。用来合成参考矢量的最近三矢量分别是 V_{37}、V_{38} 和 V_{49},对应的矢量作用时间分别为 T_{37}、T_{38} 和 T_{49}。传统五电平空间矢量使用的七段式开关序列(实际上是八段,中间两段完全一样)为 310.320.321.421.421.321.320.310。在将五电平开关序列分配为三电平开关状态的过程中,各相差模环流的分析如图 5.5 所示。

在图 5.5 中,先看第一个开关周期。在前半个开关周期内,五电平状态"1"采用了三电平"01"状态组合,五电平状态"3"采用了三电平"21"状态组合;而在后半个开关周期内,五电平状态"1"采用了三电平"10"状态组合,五电平状态"3"采用了三电平"12"状态组合。无论是 A、B 还是 C 相,都能保证同相差模环流在这个开关周期结束时回到该周期开始时的数值。

再来看第二个开关周期,这个开关周期采用了和第一个开关周期相同的开关序列,只不过顺序正好相反。也就是说,在前半个开关周期内,五电平状态"1"采用了三电平"10"状态组合,五电平状态"3"采用了三电平"12"状态组合;而在后半个开关周期内,五电平状态"1"采用了三电平"01"状态组合,五电平状态"3"采用了三电平"21"状态组合。在这个开关周期内,同样也能保证相间环流在这个开关周期结束时回到该周期开始时的数值。

两个连续的开关周期相结合,就能保证环流平均值为零。以 A 相为例,在第一个开关周期内,A 相相间环流平均值为正,而在第二个开关周期内环流平均值为负,所以两个连续的开关周期内,环流平均值为零。

除了相间差模环流之外,零序环流也是必须要考虑的因素。零序环流等于每一相的差模环流之和,可表示为

$$\frac{\mathrm{d}i_z}{\mathrm{d}t} = \sum_{x=\mathrm{a,b,c}} \frac{\mathrm{d}i_{\mathrm{diff}}}{\mathrm{d}t} \tag{5.6}$$

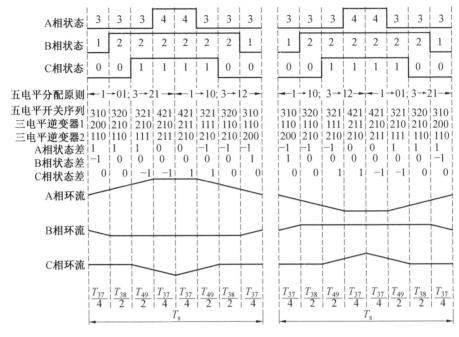

图 5.5　矢量空间中 I 扇区 7 小区差模环流示意图

将式(5.5)代入式(5.6)可得

$$\frac{\mathrm{d}i_z}{\mathrm{d}t}=\frac{U_{\mathrm{dc}}}{2(L_1+L_2)}\sum_{x=\mathrm{a,b,c}}(s_{x1}-s_{x2}) \tag{5.7}$$

与差模环流的分析过程类似,零序环流的分析过程如图 5.6 所示。通过在前后半个开关周期内交替使用不同的冗余状态,并在连续的两个开关周期内使用相反的开关序列,就能在两个连续的开关周期内确保零序环流平均值为零。

综上所述,五电平状态分配为三电平状态的基本规则可总结为偶数态平均分配、奇数态差值最小、半周期冗余交替和双周期逆序重复四个方面,具体说明如下:

(1)所有数值为偶数的五电平状态(包括"0""2"和"4")直接均分得到两个三电平状态。

(2)对于数值为奇数的五电平状态(包括"1"和"3"),要在每半个开关周期内交替使用不同的组合状态。比如,对于五电平状态"1"来说,要交替使用三电平状态组合"01"和"10";对于五电平状态"3"来说,要交替使用三电平状态组合"21"和"12"。

(3)五电平状态"1"的三电平状态组合"01"应与五电平状态"3"的三电平状态组合"21"配合使用,而五电平状态"1"的三电平状态组合"10"应与五电平状态

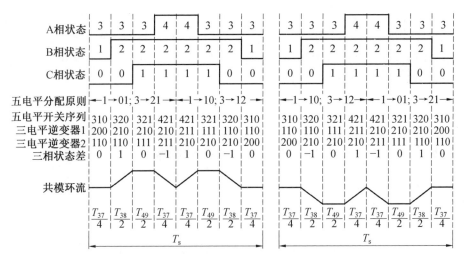

图 5.6　矢量空间中 Ⅰ 扇区 7 小区零序环流示意图

"3"的三电平状态组合"12"配合使用,以尽可能减小零序环流。

（4）第一个开关周期内的三电平开关序列要以相反的顺序用于第二个开关周期,从而确保环流在连续的两个开关周期内平均值为零。

双机并联三电平逆变器一体化调制策略的总体流程如图 5.7 所示,主要包括调制过程、状态分配和生成脉冲三个步骤。

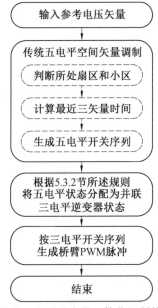

图 5.7　双机并联三电平逆变器一体化调制策略的总体流程

第一步实际上就是传统的五电平空间矢量调制,许多文献中都有介绍,因此本书并未详细阐述;第二步,尽管并联系统可以作为一个五电平逆变器来进行分析,但实际的逆变器硬件仍是三电平拓扑,所以还需要按照本节所述规则将五电平状态分配为两个并联逆变器的三电平状态;最后一步,就可以基于传统三电平逆变器的脉冲生成方式,将分配而来的三电平开关序列转换成对应桥臂的PWM脉冲。

5.3.3 基于冗余矢量分配的中点平衡策略

通过空间矢量图可以直观地解释三电平逆变器出现中点电压不平衡的原因,典型的三电平逆变器空间矢量图如图 5.8 所示。只有当某相桥臂状态为"1"时,该桥臂交流侧电流才会与母线中点接通,从而对中点电压产生影响,而在桥臂状态为"0"或"2"时都不会影响中点电压。因此,矢量空间内的每一个基本矢量都会有各自对应的中点电流,在图中以字母标识(没有相关标识的基本矢量对中点电压没有影响)。举例来说,基本矢量"110"对应的标识为 $-i_c$,表示当这个基本矢量起作用时,中点电流等于负的 C 相桥臂电流。

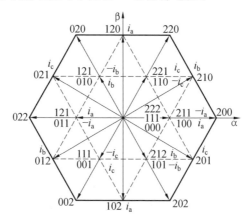

图 5.8　典型的三电平逆变器空间矢量图

在一个开关周期内,距离参考电压矢量最近的基本矢量需要轮流作用,而这些基本矢量对应的中点电流之和在一个开关周期内并不一定为零,因此对母线中点的充放电并不均衡,这样就会造成中点电压的偏差。一般来说,为了实现中点电压平衡,必须使一定周期内中点电流的平均值为零。如果出现了中点电压偏差,就需要根据当前中点电压偏差计算出消除偏差所需要的中点电流,并通过对调制过程(比如所使用的基本矢量、冗余矢量的作用时间等)的改动,在接下来的若干个周期内实现中点电压的平衡。

典型的数字控制 PWM 逆变器都有一个周期的延迟,因此本节借鉴无差拍控制思路,对中点电压平衡过程进行分析。

假设当前处于第 k 个开关周期,信号测量通常在开关周期起始时进行,对母线的上下两个电容的电压进行测量,分别表示为 U_{C2} 和 U_{C1}。然后,根据当前的中点电压偏差、特定基本矢量的作用时间以及对应负载电流的大小,就可以计算出维持(或恢复)中点平衡所需的补偿值。这个补偿值将在下一个开关周期生效,从而在下个开关周期结束时实现中点平衡。

在第 $k+1$ 个周期开始时,电容电压可表示为

$$
\begin{cases}
U_{C2}(k+1) = \dfrac{1}{C} \displaystyle\int_{kT_s}^{(k+1)T_s} \left(i_{cm} + \dfrac{i_{NP}}{2} \right) dt + U_{C2}(k) \\
U_{C1}(k+1) = \dfrac{1}{C} \displaystyle\int_{kT_s}^{(k+1)T_s} \left(i_{cm} - \dfrac{i_{NP}}{2} \right) dt + U_{C1}(k)
\end{cases}
\tag{5.8}
$$

式中,U_{C1}、U_{C2} 分别为母线下电容和上电容的端电压;i_{cm} 为流过电容 C_1 和 C_2 的直流母线电流;T_s 为开关周期。

类似地,在第 $k+2$ 个周期开始(即第 $k+1$ 个周期结束)时,电容电压可表示为

$$
\begin{cases}
U_{C2}(k+2) = \dfrac{1}{C} \displaystyle\int_{(k+1)T_s}^{(k+2)T_s} \left(i_{cm} + \dfrac{i_{NP}}{2} \right) dt + U_{C2}(k+1) \\
U_{C1}(k+2) = \dfrac{1}{C} \displaystyle\int_{(k+1)T_s}^{(k+2)T_s} \left(i_{cm} - \dfrac{i_{NP}}{2} \right) dt + U_{C1}(k+1)
\end{cases}
\tag{5.9}
$$

如果要在第 $k+2$ 个周期开始(即第 $k+1$ 个周期结束)时实现中点平衡,即 $U_{C2}(k+2)=U_{C1}(k+2)$,那么将式(5.9)代入式(5.8)可得

$$
U_{C2}(k) = -\dfrac{1}{C} \int_{(k+1)T_s}^{(k+2)T_s} i_{NP}\,dt - \dfrac{1}{C} \int_{kT_s}^{(k+1)T_s} i_{NP}\,dt + U_{C1}(k)
\tag{5.10}
$$

该式可以重新写成以下形式:

$$
\bar{i}_{NP}(k+1) = \dfrac{C}{T_s} \left[U_{C1}(k) - U_{C2}(k) \right] - \bar{i}_{NP}(k)
\tag{5.11}
$$

式中,$\bar{i}_{NP}(k)$、$\bar{i}_{NP}(k+1)$ 分别为第 k 和第 $k+1$ 周期内中点电流的离散平均值,可分别用以下公式表示:

$$
\begin{cases}
\bar{i}_{NP}(k) = \dfrac{1}{T_s} \displaystyle\int_{kT_s}^{(k+1)T_s} i_{NP}\,dt \\
\bar{i}_{NP}(k+1) = \dfrac{1}{T_s} \displaystyle\int_{(k+1)T_s}^{(k+2)T_s} i_{NP}\,dt
\end{cases}
\tag{5.12}
$$

对于并联运行的逆变器来说,中点电流 $\bar{i}_{NP}$ 由流入逆变器 1 中点的 $\bar{i}_{NP1}$ 和流入逆变器 2 中点的 $\bar{i}_{NP2}$ 组成,因此式(5.12)可以表示为

$$\begin{cases} \bar{i}_{NP}(k) = \dfrac{1}{T_s}\displaystyle\int_{kT_s}^{(k+1)T_s}(i_{NP1}+i_{NP2})\mathrm{d}t \\[4mm] \bar{i}_{NP}(k+1) = \dfrac{1}{T_s}\displaystyle\int_{(k+1)T_s}^{(k+2)T_s}(i_{NP1}+i_{NP2})\mathrm{d}t \end{cases} \tag{5.13}$$

式中,i_{NP1}、i_{NP2} 分别为三电平逆变器 1 和逆变器 2 的中点电流;i_{NP} 为整个并联系统的中点电流。

基于已经测量得到的 U_{C1} 和 U_{C2} 以及根据式(5.13)计算出的 $\bar{i}_{NP}(k)$,通过式(5.11)可以得到在下一个开关周期内对电容电压偏差进行补偿所需要的中点电流值。而要实现这个中点电流值,就需要对基本矢量的冗余分配进行调节,下面以 I 扇区 7 小区为例对具体调节过程进行分析。

尽管一体化调制将两个三电平并联逆变器作为一个五电平系统进行分析,但最终分配给每个逆变器的仍是三电平开关序列,因此仍然可以基于三电平开关序列对中点平衡过程进行分析,只不过需要综合考虑每个周期内并联逆变器各自的中点电流。

I 扇区 7 小区对应的开关序列如图 5.5 所示,假设交流侧负载电流在一个开关周期内保持不变,那么根据开关序列中使用的每个矢量状态及其对应的中点电流,可以通过下式计算出当前调制周期内的平均中点电流:

$$\begin{aligned} \bar{i}_{NP}(k) &= \bar{i}_{NP1}(k) + \bar{i}_{NP2}(k) \\ &= d_{320}(k)[i_{b1}(k)-i_{c1}(k)] + d_{321}(k)i_{b1}(k) + d_{421}(k)[i_{b1}(k)-i_{a1}(k)] - \\ &\quad d_{310}(k)i_{c1}(k) + d_{320}(k)[i_{b2}(k)-i_{c2}(k)] + d_{321}(k)i_{b2}(k) + \\ &\quad d_{421}(k)[i_{b2}(k)-i_{a2}(k)] - d_{310}(k)i_{c2}(k) \\ &= d_{320}(k)[i_b(k)-i_c(k)] + d_{321}(k)i_b(k) + d_{421}(k)[i_b(k)-i_a(k)] - \\ &\quad d_{310}(k)i_c(k) \end{aligned} \tag{5.14}$$

同样地,下一个调制周期内的平均中点电流也可以表示为

$$\begin{aligned} \bar{i}_{NP}(k+1) &= d_{320}(k+1)[i_b(k+1)-i_c(k+1)] + d_{321}(k+1)i_b(k+1) + \\ &\quad d_{421}(k+1)[i_b(k+1)-i_a(k+1)] - d_{310}(k+1)i_c(k+1) \end{aligned} \tag{5.15}$$

式(5.14)和式(5.15)表明,在实际的中点平衡过程中,并不需要考虑三电平矢量,而只需通过对五电平冗余矢量(比如本例中的矢量 310 和 421)的分配比例进行调节就能实现中点平衡,从而有助于简化调节过程。

假设使用一个取值在 .1 到 1 之间的分配系数调节冗余矢量作用时间各自所占比例,则开关序列中一对冗余矢量的作用时间可表示为

$$d_{310}=\frac{1-x_1}{2}\frac{T_{37}}{2}, \quad d_{421}=\frac{1+x_1}{2}\frac{T_{37}}{2} \tag{5.16}$$

实际上,当比例系数 x_1 取值为零时,意味着不对冗余矢量作用时间进行调节,此时一对冗余矢量的作用时间各占一半。

将调制算法计算得到的各基本矢量作用时间、负载电流以及式(5.16)代入式(5.15),可以得到补偿中点偏差所需要的中点电流为

$$\bar{i}_{NP}(k+1)=\frac{T_{38}}{2}\big[i_b(k+1)-i_c(k+1)\big]+\frac{T_{49}}{2}i_b(k+1)+$$
$$\frac{(1+x_1)T_{37}}{4}\big[i_b(k+1)-i_a(k+1)\big]-\frac{(1-x_1)T_{37}}{4}i_c(k+1) \tag{5.17}$$

由式(5.17)可以求出冗余矢量分配系数的计算公式为

$$x_1=\frac{T_{38}\big[i_b(k+1)-i_c(k+1)\big]}{T_{37}i_a(k+1)}+\frac{(T_{37}+T_{49})i_b(k+1)-2\bar{i}_{NP}(k+1)}{T_{37}i_a(k+1)} \tag{5.18}$$

由于调制过程自身存在一个周期的延迟,因此式(5.18)中除负载电流以外的所有变量在当前周期内都是已知量。尽管不知道下个周期的负载电流大小,但可以利用前一个周期和当前周期的电流值通过插值得到近似值,如下所示:

$$i_x(k+1)\approx i_x(k)+\frac{i_x(k)-i_x(k-1)}{T_m}T_m$$
$$=2i_x(k)-i_x(k-1), \quad x=a,b,c \tag{5.19}$$

因此,利用计算出来的比例系数对开关序列中的一对冗余矢量作用时间进行调节,就能在下一个开关周期的调制过程中影响中点电流的大小,从而实现中点电压平衡。

以上分析仅以Ⅰ扇区 7 小区的开关序列为例,对于其他扇区和小区都可以通过类似的方式进行分析,不再赘述。

需要说明的是,为了简化中点电压平衡的实现过程,以上平衡算法是以调制周期为单位进行分析的。根据本节所述一体化连续调制策略的实现过程,每个调制周期实际上由连续的两个开关周期组成。鉴于开关序列具备对称性,在中点平衡算法的实现过程中,针对一个调制周期计算出的比例系数可以直接用于两个连续的开关周期。

5.4　一体化连续调制性能分析

传统上对三电平逆变器电流谐波的分析主要采用两种方法：一种是从载波调制的角度，对调制波和载波联立方程，然后进行双傅里叶积分，以解析式的方法对谐波进行分析；另一种是从空间矢量的角度，通过计算调制过程中合成误差矢量的变化，以标幺化的方法对纹波进行分析。两种方法中前者更精确，后者则更直观。

研究不同并联运行模式对电流谐波的影响主要面临以下三个方面的挑战。第一，使用载波调制的分析方法较难实现，特别是对一体化五电平并联运行模式来说，联立方程和双傅里叶分析的过程都很复杂；第二，混合使用上述两种方法难以对不同并联模式的分析结果进行客观准确的比较；第三，以上两种方法都是将并联逆变器各自对待，然后根据并联模式（比如同步或交错）将分析结果进行叠加，无法体现模块化并联逆变器的整体特点。

因此，本节仍然从一体化调制的视角出发，提出一种基于五电平调制过程中矢量合成误差的通用型图形化分析方法，该方法能够直观有效地比较三种并联运行模式下的电流谐波水平。此外，基于开关序列的分析也能揭示三种并联运行模式在开关动作次数方面的差异。

5.4.1　电流谐波分析

假设两个三电平逆变器的参考电压矢量位于图5.9所示位置，对于同步、交错和一体化三种并联运行模式来说，均流情况下并联逆变器的参考电压矢量通常都具有相同的幅值和角度。如前所述，并联三电平逆变器具有输出五电平电压的能力，但是系统实际输出的电平数量取决于实际采用的并联运行模式。在不同的并联运行模式下，两个逆变器的三电平开关序列及其组合而成的五电平开关序列如图5.10所示。

随着参考电压矢量所处位置的变化，可以得到相应的开关序列，根据这些合成的五电平开关状态就可以绘制出对应于不同并联运行模式的总体五电平矢量空间，如图5.11所示。

由图5.11可知，在同步并联运行模式下，系统输出的五电平状态只是各并联逆变器三电平状态的简单加和，并联系统输出的实际上仍然只有三个电平。

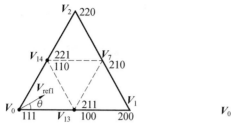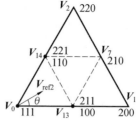

图 5.9　并联三电平逆变器矢量空间图

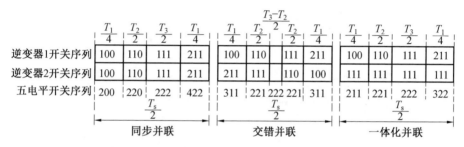

图 5.10　三种并联运行模式下的半周期开关序列

图 5.11　三种并联运行模式对应的总体五电平矢量空间

对于交错并联来说,在并联逆变器三电平状态交错叠加的过程中产生了额外的基本矢量(在图 5.11 的例子中为 221,其他位置的参考电压矢量还会产生更多类似的额外基本矢量),而这些额外产生的矢量可以把总体五电平矢量空间划分为更加细小的区域。

尽管如此,交错并联也只是利用了一部分五电平矢量,而一体化并联则能够产生全部五电平基本矢量,从而将整个空间完全划分为 16 个五电平小区。总体而言,基本矢量越多,会将整个矢量空间划分得越精细,那么在调制过程中产生的矢量合成误差就会越小,因此电流谐波就会越小。

为了量化比较不同并联运行模式下的电流谐波,需要对调制过程中的矢量合成误差进行分析。在合成参考电压矢量的过程中,最近三矢量(Nearest Three Vector,NTV)会交替作用,确保其伏秒积与参考矢量的伏秒积相等。在调制周期内的任意时刻,参考矢量和当前作用的基本矢量之间都会存在一个矢量差。假设参考矢量位置如图 5.11 所示,那么对于每一种并联运行模式而言,当前调制周期内的合成误差矢量如图 5.12 所示,其中的 dq 坐标系是对应于三个基本矢量的同步旋转坐标系,该坐标系以零矢量所处位置为坐标原点,取参考电压矢量方向为 q 轴方向,d 轴与 q 轴垂直并超前 $90°$。

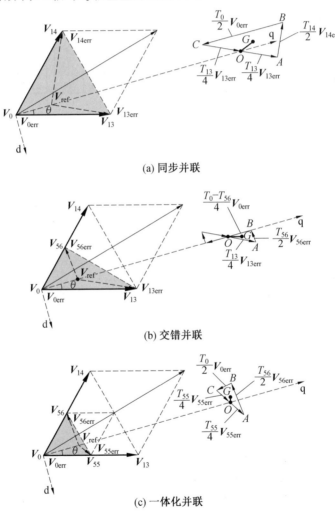

(a) 同步并联

(b) 交错并联

(c) 一体化并联

图 5.12 三种并联运行模式对应的合成误差矢量分析

对于每一个误差矢量来说,其伏秒积等于该误差矢量与其所对应基本矢量作用时间的乘积,而且所有误差矢量的伏秒积会形成一个闭合轨迹(图 5.12 中的△CAB),这个三角形的重心坐标(即图中的 OG 长度)可以作为逆变器电流谐波的度量。

对应于三种并联运行模式,电流谐波标幺值相对于不同调制比和角度 θ 的变化趋势如图 5.13 和图 5.14 所示。

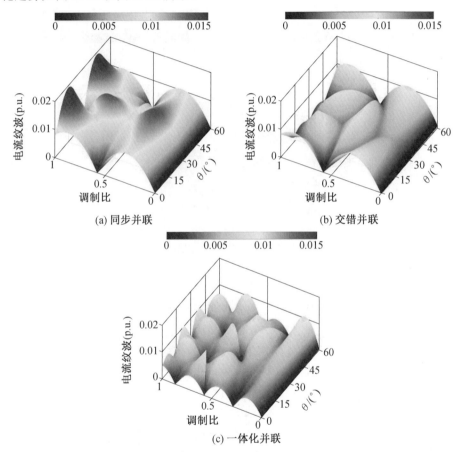

图 5.13　三种并联运行模式对应的标幺化电流谐波含量(三维图)(彩图见附录)

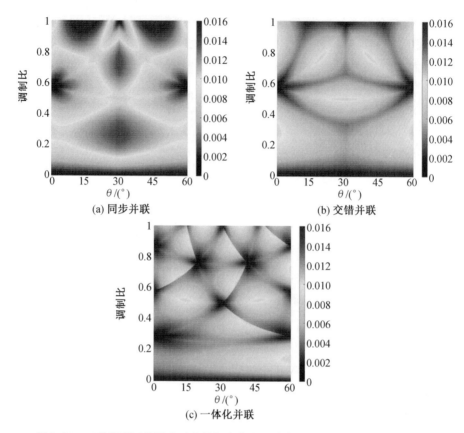

图 5.14　三种并联运行模式对应的标幺化电流谐波含量(二维图)(彩图见附录)

5.4.2　开关次数分析

对于采用传统中心对称空间矢量调制的三电平逆变器来说,在连续调制过程中一个开关周期内的最少开关动作次数(功率器件一次开通和一次关断视为一个完整的开关动作)是 3 次(即每个桥臂动作一次),从而使逆变器在一个开关周期内先后经历四个开关状态。所以,对于同步并联的两个逆变器来说,每一个逆变器在连续两个开关周期内的动作次数是 6 次。图 5.15(a)所示是一个典型的开关序列,其中只显示了一个逆变器的开关状态,箭头表示开关器件的动作时刻。

对于交错并联的两个逆变器来说,每一个逆变器的开关序列其实和同步并联模式的完全相同,只不过两个逆变器的载波之间人为设置了一定的相位差。所以对于任一逆变器来说,其在两个连续开关周期内的动作次数仍然是 6 次。

而对于一体化并联的两个逆变器来说,其在两个连续开关周期内的动作次数是随具体扇区和小区位置而变化的。假设参考电压矢量位于Ⅰ扇区 7 小区,则在两个连续开关周期内的动作次数是 4 次,如图 5.15(b)所示;如果参考矢量位于Ⅰ扇区 8 小区,则动作次数是 5 次,如图 5.15(c)所示。

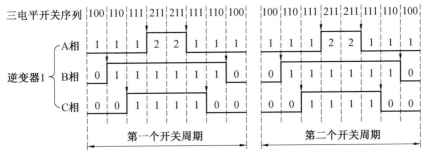

(a) 传统三电平对称连续调制开关次数分析

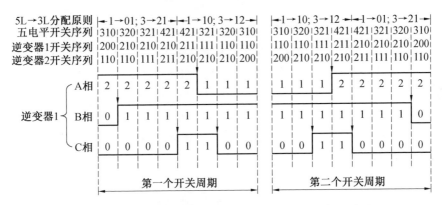

(b) 一体化连续调制开关次数分析(Ⅰ扇区7小区)

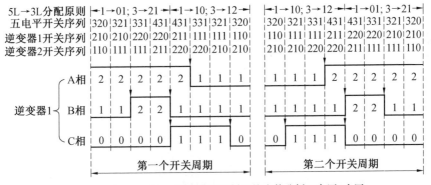

(c) 一体化连续调制开关次数分析(Ⅰ扇区8小区)

图 5.15　不同并联运行模式对应的开关动作次数分析

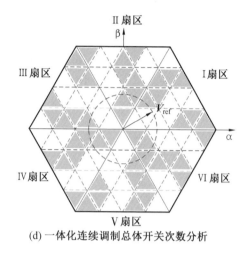

(d) 一体化连续调制总体开关次数分析

续图 5.15

考虑到参考电压矢量在矢量空间内的运动轨迹是一个圆(半径实际上就是调制比,每个基波周期运动一周),参考矢量在每个扇区的停留时间都相等,因此总体来看每个逆变器在两个连续开关周期内的动作次数平均为 4.5 次。不同区域对应的开关次数如图 5.15(d)所示,其中灰色阴影区域表示开关动作次数为 5次,其他区域表示开关动作次数为 4 次,虚线圆表示参考矢量的运动轨迹。总体而言,与同步并联和交错并联相比,采用一体化并联运行模式的逆变器在开关动作次数上平均可减少四分之一。

5.5　实验验证

为了验证理论分析的正确性和实现方法的有效性,本书搭建了功率变换和电机拖动实验平台。功率变换柜的正面和背面视图如图 5.16(a)所示,变换柜包含四个三电平逆变器以及相应的控制器、滤波器、测量设备和保护系统等;电机平台视图如图 5.16(b)所示,包括同轴对拖的两台永磁同步电机(一台由台达 C2000 变频器控制,作为原动机;另一台由功率变换柜数字信号处理器控制,作为发电机)。

根据所涉及的控制回路以及验证目标,本节相关实验主要分为三大类:

首先是开环带载实验,直流侧采用可编程直流电压源提供母线电压,交流侧经滤波电感接阻感负载,程序中不启用任何闭环控制回路,根据所需调制比人工设置调制算法输入,以使逆变器输出相应的交流电压。此类实验主要用于验证

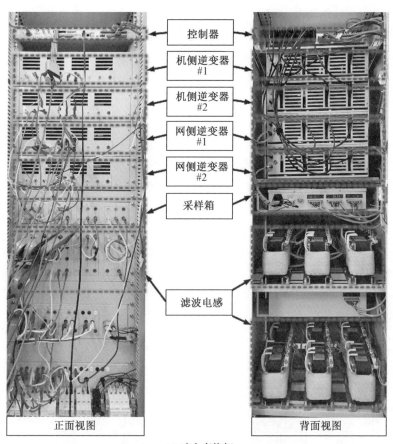

正面视图

背面视图

(a) 功率变换柜

(b) 电机平台

图 5.16　实验平台照片

调制算法的有效性,由于排除了控制器参数及控制性能对电流谐波的影响,因此可以对不同调制算法所对应的电流谐波水平进行对比。

其次是闭环并网实验,直流侧仍然采用可编程直流电压源提供母线电压,交流侧经滤波电感和变压器接入电网,程序中启用电流闭环控制回路(采用 dq 坐标系下的电网电压定向矢量控制),通过有功和无功电流给定对逆变器输出电流大小进行调节。此类实验主要用于验证调制算法在控制回路中的稳态精度和动态性能。

最后是背靠背实验(包括对拖实验和机网协调实验),一侧接电网,一侧接电机(对拖实验时该侧也接到电网,但为便于区分仍称为机侧,且两边逆变器的网侧之间要通过变压器进行隔离)。网侧逆变器通过双闭环(外环直流电压环和内环电流环)维持直流母线电压恒定,机侧逆变器通过电流闭环负责调节有功和无功功率。此类实验主要用于验证调制算法在真实功率变换环境下的适用性以及在减小电流谐波、抑制共模电压、控制中点平衡和调节环流等方面的性能。

整个实验平台的结构框图如图 5.17 所示。本节对实验平台的设计思路和具体参数进行说明,后续各章均在相同条件下进行验证,届时不再重复介绍。

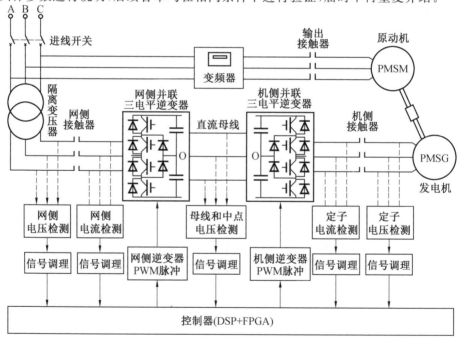

图 5.17　实验平台结构框图

FPGA—现场可编程门阵列;PMSG—永磁同步发电机

5.5.1　实验平台结构及设备参数

并联三电平逆变器平台仿真和实验参数见表 5.2。在进行逆变开环带载实验时,母线电压由可编程直流电压源 Chroma 62120 提供,交流输出侧使用阻感负载,电阻值为 10 Ω;在进行并网实验时,交流侧通过变压器接到电网。系统开关频率为 3.6 kHz,直流母线电容 C_1、C_2 均为 1 120 μF,直流母线电压 U_{dc} 额定值为 400 V,电网电压有效值为 190 V,桥臂电感均为 7 mH,网侧线路电感为 2 mH,直流母线中点电压最大允许偏移为 40 V。

表 5.2　并联三电平逆变器平台仿真和实验参数

参数	数值
母线电压/V	400
电网电压/V	190
工频频率/Hz	50
母线电容/μF	1 120
桥臂电感/mH	7
线路电感/mH	2
电阻负载/Ω	10
开关频率/kHz	3.6
电机额定电流/A	15
电机定子电阻/Ω	0.305
电机直轴电感/mH	7.19
电机交轴电感/mH	19.29

IGBT 型号是 Infineon® IKW75N65EL5,其额定电压为 650 V,额定电流为 75 A;驱动芯片型号为 MORNSUN® QP12W05S.37,自带隔离电源,最大输出电流为 5 A,通过光耦为功率器件提供电气隔离,而且集成了过流及短路保护功能。

实验平台的整个控制系统采用 DSP+FPGA 架构,将 DSP 芯片集成度高、采样和运算速度快、逆变器控制软件库丰富等优点与 FPGA 器件 I/O 资源多、硬件设计灵活和便于扩展等优势相结合,既能提供强大的运算能力支持,又为后续扩展升级预留了充足的空间。控制器 DSP 芯片采用 TI 公司 C2000™ 系列 TMS320F28377D 高性能双核 DSP,FPGA 器件采用 Xilinx 公司 Spartan®.6 系列产品,控制器内部资源分配如图 5.18 所示。

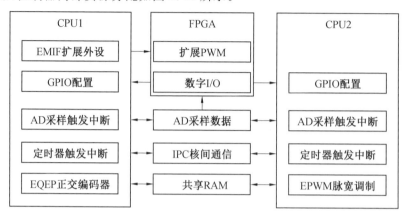

图 5.18　控制器内部资源分配

EMIF—外部存储器接口;GPIO—通用输入输出端口;EQEP—增强型捕获编码器脉冲;
IPC—核间通信;RAM—随机存储器

　　TMS320F28377D 高性能双核 DSP 是 TI 公司针对高级闭环控制应用而设计的 32 位浮点型高性能双核 DSP,主频高达 200 MHz,内含两个中央处理器(CPU)内核;在 NPC 逆变器并联运行实验中,增强型脉冲宽度调制(EPWM)通道 1.6 和 7.12 可分别用于生成两个三电平逆变器的开关脉冲。

　　Spartan®.6 是 Xilinx 公司的高性价比可编程门阵列产品,工作频率最高可达 1 080 MHz,完全满足目前应用需求,而且也为后期系统功能扩展预留了充足的空间。目前 FPGA 的主要作用是对 DSP 功能进行扩展,例如,在包含四个 NPC 三电平逆变器的背靠背模块化并联实验中,共需 48 路 PWM 脉冲,仅靠 DSP 资源无法满足应用需求,需要由 FPGA 再提供 24 路 PWM。当然,目前的调制计算仍由 DSP 完成,然后将占空比发送到 FPGA 以生成 PWM 脉冲。

　　在双并联三电平逆变器系统中,由于采用了共直流母线、共直流中点和共交流侧的并联配置方式,因此需要对两路交流线电压、直流母线电压、上/下母线电容电压以及两个逆变器各自的三相桥臂电流进行测量,以用于直流电压环控制、并网电流控制和中点平衡控制。环流可由桥臂电流计算得到,无须单独进行测量。上述电压测量信号采用 LEM® DVL.500 电压霍尔传感器采集,电流值则通过 LEM® LT108.S7 电流霍尔传感器采集,采样信号经调理电路处理后进入 DSP 的模数转换器(ADC)用于实时控制。

5.5.2　电流谐波及环流的验证

在三种并联运行模式下,A 相桥臂电流和输出电流以及并网点线电压阶梯波的波形如图 5.19 所示,其中图 5.19(a)和(b)分别为仿真和实验波形。

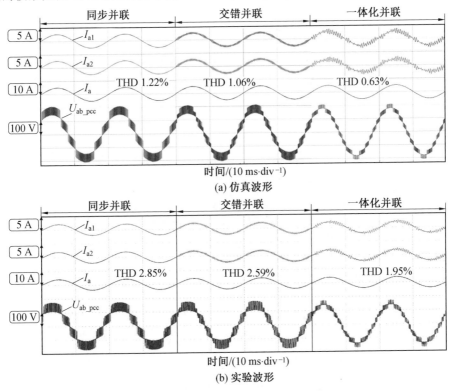

图 5.19　不同并联模式下的多电平输出波形

显然,在同步并联模式下,并联输出阶梯波仍是典型的三电平线电压波形,包括明显的五个电平;在一体化并联模式下,并联输出阶梯波则是典型的五电平线电压波形,呈现出清晰的九个电平;而在交错并联模式下,并联输出阶梯波尽管乍一看也有九个电平,但是并不是典型的五电平线电压波形,实际上是三电平线电压波形与五电平线电压波形的混合(其中既有三电平线电压波形,也有一部分五电平线电压波形)。图 5.19 呈现的这些特点与 5.4.1 节的分析完全吻合,也验证了图 5.11 所示三种并联运行模式对应系统矢量空间的正确性。

为了对不同并联模式下输出电流的谐波性能进行客观比较,对不同调制比下的并联逆变器进行了开环带载验证,实验波形如图 5.20 所示。A 相桥臂电流

由 I_{a1} 和 I_{a2} 表示,A 相并联输出电流由 I_a 表示,零序环流由 I_z 表示。

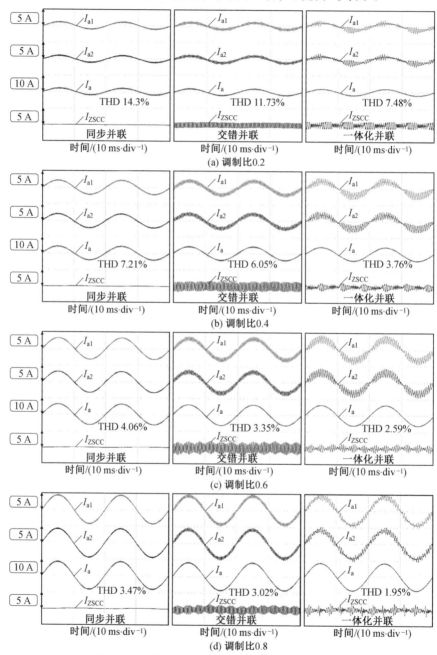

图 5.20 不同并联模式下的电流和环流实验波形

显然,在绝大多数调制比下,本节所提出的一体化并联模式都能实现比同步并联和交错并联更低的输出电流谐波,同时零序环流也要小于交错并联。

在三种并联运行模式下,并联输出电流总谐波畸变(THD)随调制比的变化趋势如图 5.21(a)所示,总需求畸变(Total Demand Distortion,TDD)随调制比的变化趋势如图 5.21(b)所示。

总体而言,相较于传统同步并联和交错并联中心对称空间矢量(Center-aligned Space Vector,CSV)调制,一体化连续调制在绝大多数调制比下都实现了更小的输出电流畸变。但是,由图 5.21 可知,在调制比极小(比如 0.1)或极大(比如 1.0)时,一体化调制输出电流畸变都略高于交错并联,这与前面的理论分析不太一致。

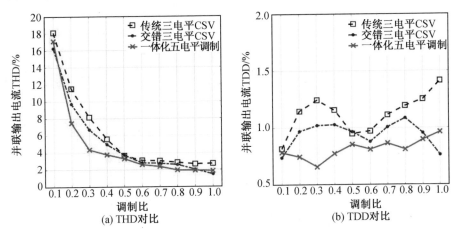

图 5.21　不同并联模式下输出电流谐波随调制比变化趋势对比

实际上,考虑到输出电流谐波不仅取决于逆变器调制过程,还会受到交流侧滤波和并联环流的影响,使用输出电流畸变作为性能指标并非最佳之选。

更能反映不同调制方法性能优劣的指标应该是逆变器输出电压的谐波水平,其在不同调制比下的实验数据如图 5.22 所示。

可见,在整个线性调制范围内,一体化连续调制的电压谐波水平都显著低于同步和交错 CSV 调制,这与理论分析完全一致。当然,鉴于并网应用通常更关注并网电流的谐波水平,而且一体化连续调制相对于传统三电平调制依然体现出明显的优势,本节仍然使用输出电流畸变作为比较不同调制方法的性能指标。

交错并联和一体化并联模式下零序环流有效值随调制比的变化趋势如图 5.23所示。在交错并联模式下,环流大小在整个线性调制范围内呈抛物线状变

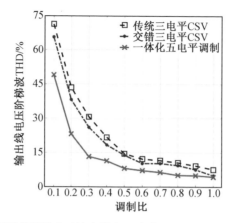

图 5.22 不同并联模式下输出线电压谐波随调制比变化趋势对比

化,在中等调制比下环流最大,这就意味着在设计用于抑制环流的无源器件时,必须参照最坏情况选取磁通大小;而一体化连续调制模式下,环流大小在不同调制比下的变化比较平坦,而且整体低于交错并联,这就表明一体化调制在降低电流谐波水平的同时,还能显著减小零序环流。

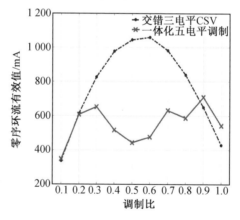

图 5.23 交错和一体化并联模式下的零序环流对比

此外,还需说明的是,上述性能对比均在相同的载波频率下进行,这就意味着一体化调制方法的总体开关次数比同步及交错并联 CSV 调制减少了四分之一左右,有助于实现更低的开关损耗。

5.5.3 电流阶跃过程实验验证

为了对不同调制方法的适用性和性能进行验证与比较,在实验室平台上进行了并网运行过程中的动态实验,实验时使用可编程直流电压源为直流母线供电,母线电压设置为 400 V,并联逆变器的交流输出侧经过滤波电感接入电网,电网电压有效值为 190 V。逆变器采用电网电压定向型矢量控制,通过独立的有功和无功电流环实现有功和无功功率解耦控制。

在同步并联模式下(即并联逆变器均采用传统三电平 CSV 调制),有功和无功阶跃过程中的动态响应实验波形如图 5.24 所示。

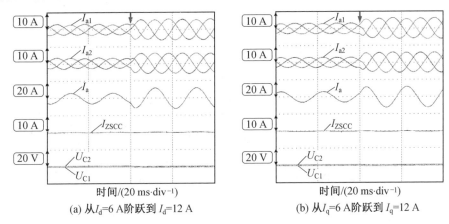

(a) 从 I_d=6 A 阶跃到 I_d=12 A　　　(b) 从 I_q=6 A 阶跃到 I_q=12 A

图 5.24　同步并联模式下并网运行过程中的动态实验波形

在图 5.24 所示的实验波形中,I_{a1} 和 I_{a2} 分别表示逆变器 1 和逆变器 2 的 A 相电流;I_a 表示 A 相并联输出电流;U_{C1} 和 U_{C2} 分别表示直流母线上电容和下电容两端的电压;I_{ZSCC} 表示并联逆变器的零序环流(等于任一逆变器三相电流之和);实验波形顶部的箭头表示电流阶跃的变化时刻。

类似地,交错并联和一体化连续调制模式在有功和无功电流阶跃过程中的实验波形分别如图 5.25 和图 5.26 所示。

在三种并联运行模式下,无论是向电网注入有功还是无功功率,都能实现快速的动态响应,这一点主要是因为都采用了相同的电流控制器参数,与调制方法并没有太大关系,但是也验证了一体化连续调制能够实现和传统调制方法一样的控制效果。与此同时,母线中点电压始终保持平衡状态,零序环流的平均值也维持为零,表明一体化连续调制在并网运行和动态调节过程中都能正常运行,与前面所述理论分析相一致。

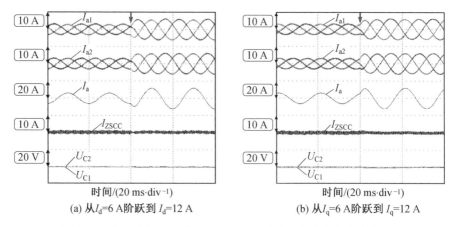

(a) 从I_d=6 A阶跃到I_d=12 A   (b) 从I_q=6 A阶跃到I_q=12 A

图 5.25　交错连续调制模式下并网运行过程中的动态实验波形

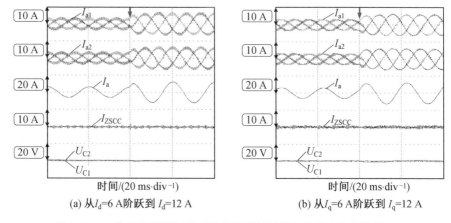

(a) 从I_d=6 A阶跃到I_d=12 A   (b) 从I_q=6 A阶跃到I_q=12 A

图 5.26　一体化连续调制模式下并网运行过程中的动态实验波形

5.5.4　中点平衡算法实验验证

为了验证所提中点电压平衡方法的有效性,在实验平台上进行了验证,中点平衡过程的实验波形如图 5.27 所示。从启用中点平衡方法到完全消除中点偏差之间的调节时间为 140 ms(具体数值取决于中点电压偏差大小、中点调节系数的限幅值以及调制过程所使用的基本矢量),而从禁用平衡功能到中点恢复到原有偏差之间的变化时间为 1 200 ms,这就说明中点电压的自然变化是一个非常缓慢的过程,而本节提出的中点平衡方法能够快速消除中点电压偏差。

整个实验过程分为三个阶段:第一阶段,由于三电平逆变器具备自平衡能力,因此中点电压通常不会有偏差,所以在母线下电容两端并联了一个 200 Ω 的

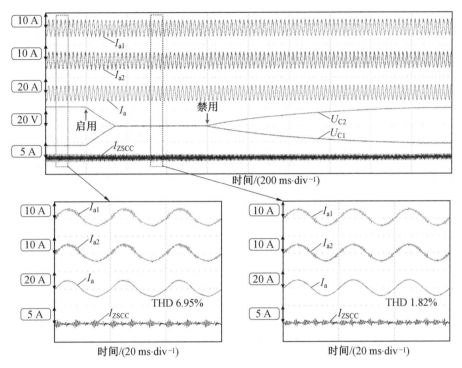

图 5.27　一体化连续调制中点平衡过程中的相电流、电容电压和零序环流实验波形

功率电阻,从而将母线电压人为拉开 40 V 左右的偏差;第二阶段,启用中点平衡算法,从图 5.27 中可以看到,中点电压逐渐恢复并保持在平衡状态;第三阶段,关闭中点平衡算法,由于此时功率电阻仍并联在下电容两端,所以中点电压重新被拉开。

此外,由经过放大的实验波形还可以看出,在中点电压出现偏移时,输出电流波形出现了明显的畸变;而当中点电压恢复平衡之后,输出电流的畸变也得到了显著改善。

对于一体化连续调制模式下的中点平衡方法,有以下几点需要说明。

第一,三电平逆变器具有自然平衡能力,这种自然平衡能力来源于交流侧的偶次谐波,因此在正常工况下其实无须考虑中点平衡问题。只有在异常工况或极端条件下才需要启用中点平衡方法,在绝大多数情况下,什么都不做的策略就是中点平衡的最佳策略。

第二,本章在分析一体化连续调制的中点平衡方法时,采用的都是类似无差拍控制的思路,也就是说要在一个周期内就实现中点平衡。但是,一方面并不需要中点电压有如此之快的平衡速度,另一方面中点电压的变化是一个相对缓慢的过程。所以,对中点平衡算法计算得到的调节系数,可以进行适当的限幅,这样既能保证中点电压逐渐恢复平衡,又能适当减小中点平衡过程导致的输出波形畸变(对冗余矢量的分配系数进行修改,有悖于最佳开关序列的设计原则,所以会造成电流谐波增大)。

第三,本章所提出的中点平衡方法,本质上是利用冗余电压矢量的分配比例,对中点电流进行补偿。在方法推导过程中并未考虑功率因数的影响,也就是说隐含假设是电压和电流同相,因为在阻感负载或并网运行时逆变器的功率因数确实接近单位功率因数。但是在个别情况下(比如功率因数极低或者要求系统发出无功功率时),较低的功率因数可能会影响所提方法的中点平衡能力,因此需要根据具体应用需求开展进一步的研究。

第四,在工程实践中,在常用过压、过流保护的基础上,必须针对中点电压偏差加入相应的保护功能,比如一旦检测到中点电压偏差超出一定的数值(需根据母线实际电压大小和功率器件耐压等级等确定),就封锁脉冲或者通过接触器和断路器等保护装置使系统切出,从而保护系统部件不会因异常工况而损坏。

本 章 小 结

本章从并联逆变器输出多电平电压的视角切入,提出了基于五电平矢量空间,对不同并联模式下输出电流谐波进行图形化分析和比较的统一方法,不仅简化了对交错并联时电流谐波的分析过程,还揭示了交错并联输出具有混合电平特征,并非如许多文献中所述是真正的多电平电压。在多电平输出特性分析的基础上,提出了将并联三电平逆变器作为一个整体系统进行分析与控制的一体化调制思路,设计了自上向下的系统化实现过程,开发出了具体的算法流程。

在减小输出电流谐波的基础上,一体化调制策略还能有效减少功率器件的开关动作次数,从而有助于减小开关损耗,提高系统效率。此外,与交错并联相比,一体化并联模式下的零序环流也明显减小。仿真和实验结果验证了上述分析的正确性和调制方法的有效性。

从开关序列的角度来看,本章提出的一体化调制策略属于五电平连续调制,但实际上类似的思路也可以扩展到减小共模电压调制及零共模电压调制等方法,从而在抑制或消除共模电压的同时,依然具备改善电流谐波性能的优势。下一章要探讨的内容就是基于一体化调制思路对传统共模电压抑制方法进行改进。

第6章

一体化并联三电平逆变器的共模电压抑制

基 于三电平逆变器一体化并联的基本原理,本章提出基于五电平空间矢量的减小共模电压和零共模电压调制方法。通过推导并联逆变器的共模电压表达式,揭示系统共模电压和调制过程中基本矢量之间的关系;选取对应共模电压较小的基本矢量来合成参考电压矢量,提出基于一体化并联的减小共模电压调制方法;选取对应共模电压为零的基本矢量来合成参考电压矢量,提出一体化零共模电压调制方法。针对一体化减小共模电压和零共模电压调制各自具备的控制自由度,分别提出基于开关序列交替和谐波电流注入的中点电压平衡方法。

6.1　引　　言

在单机运行及同步并联模式下,共模电压的抑制或消除可分为硬件和软件两大途径。硬件解决方案主要是在电路中增加无源器件,比如共模电感[72]、耦合电感[73]或其他类型的共模滤波器[74]等,也有文献通过改进拓扑结构(比如在三相桥臂之外再加一个桥臂[75,76]以及改变直流侧母线结构[77]等)抑制或完全消除系统中的共模电压。但是,硬件方案要么会造成系统成本、质量、体积增加,要么会增加系统的复杂度,拓扑结构的改变甚至还会引入更多问题。

与硬件方案相比,直接对调制算法进行改进也能实现共模电压抑制效果,而且无须添加额外的硬件。此类调制策略可分为减小共模电压调制和零共模电压调制两大类,其基本思路都是在调制过程中仅使用产生较小或零共模电压的空间矢量。研究人员提出的减小共模电压的调制方法包括大中零矢量调制(LMZVM)、大中小矢量调制(LMSVM)[78]、虚拟矢量调制[79]、断续调制[80]以及改进空间矢量调制[81]等。共模电压消除方法主要有两种,一种是使用最近的三个中矢量来合成参考电压矢量,另一种方法在调制过程中使用两个中矢量和一个零矢量[82]。但总体而言,上述共模电压抑制和零共模电压调制方法并未使用全部空间矢量,所以在参考矢量的合成过程中必然会产生更大的矢量合成误差,从而增大输出电流纹波。文献[83]对矢量空间分区进行了改进,提出一种四状态零共模算法,在确保零共模电压的基础上,还能减小输出电流畸变,但是计算过程较为复杂。上述方法仅关注共模电压的抑制或消除,而文献[84]针对并联逆变器提出了一种大中小零矢量调制(LMSZVM)方法,不仅可以将共模电压限制在六分之一母线电压以内,还能兼顾并联环流的控制,当然该方法的缺点在于共模电压抑制能力有限,而且算法实现过于复杂。

在交错并联模式下,通过载波交错可以将系统共模电压限制在六分之一母线电压以内[78],虽然说同步并联模式下的共模电压抑制方法也能将共模电压限制在六分之一母线电压以内,但是交错并联还能借助载波交错实现电流质量的提升,这是同步并联模式所不具备的优势。当然,交错并联模式下的高频环流会造成电流波形畸变、功率器件损耗增加甚至电磁干扰等问题。鉴于载波相位差是交错并联的内在特征,无法从根本上予以消除,所以需要增加硬件设备对环流进行抑制,从而会带来更高的系统复杂度和成本。

在一体化并联模式下,目前仅有利用三电平空间矢量方法对一体化并联两电平逆变器进行共模电压抑制和消除的相关研究。文献[85]利用改进的三电平空间矢量调制方法对并联两电平逆变器进行调制,可以同时实现减小环流和共模电压的目的。文献[86]提出了另一种改进的三电平空间矢量调制方法,不仅完全消除了系统共模电压,还大幅提高了并联系统的输出电流质量,并使用耦合电感对并联环流幅值进行了有效抑制。

6.2　并联三电平逆变器共模电压分析

共模电压是 PWM 型逆变器的固有问题,无论系统中电压电平和相桥臂数量有多少,几乎都会存在共模电压问题。共模电压的存在,不仅在电机侧会产生漏电流并影响轴承寿命和绕组绝缘性能,还会引起交流侧电流畸变、电磁干扰以及人员和设备安全等方面的问题,因此需要采取相应的措施对其进行抑制或者将其完全消除。

对于三电平(以及更多电平)逆变器来说,除了矢量空间中最外层的基本矢量之外,其他空间矢量都具有 2 个(含)以上的冗余状态,这些冗余为多电平调制提供了丰富的自由度,通过灵活选取特定的矢量状态,可以实现不同的性能需求。比如,只用对应共模电压较小或为零的基本矢量来合成参考电压矢量,可以在满足最近三矢量合成的基础上,抑制或消除逆变器共模电压,这就是传统三电平减小共模电压或零共模电压调制方法的基本思路。但是,由于这些调制方法仅使用一部分共模电压较小或为零的基本矢量,与中心对称连续调制相比,势必造成输出电流的谐波畸变增加,从而难以兼顾系统共模电压和电流谐波水平。

基于第 5 章提出的三电平逆变器一体化并联原理,并联运行的两个三电平逆变器可以整体上作为一个五电平系统进行分析和调制,那么整个并联系统的共模电压与五电平空间矢量是否存在一一对应的关系? 能否将一体化并联原理和共模电压抑制思路相结合? 在抑制或消除系统共模电压的同时,减小并联输出电流的谐波畸变,从而弥补传统共模电压抑制方法难以兼顾电流谐波的不足。这些就是本章的主要研究内容。

参照第 5 章图 5.1 所示的并联逆变器拓扑,三电平逆变器 1 和逆变器 2 的每相输出电压可以表示为

$$\begin{cases} U_{x1O} = (s_{x1}-1) \times \dfrac{U_{dc}}{2} \\ U_{x2O} = (s_{x2}-1) \times \dfrac{U_{dc}}{2} \end{cases}, \quad x=a,b,c; s_{x1}, s_{x2}=0,1,2 \tag{6.1}$$

式中,U_{x1O}、U_{x2O} 分别为逆变器 1 和逆变器 2 中 x 相的输出电压;s_{x1}、s_{x2} 分别为逆变器 1 和逆变器 2 中 x 相桥臂的开关状态;U_{dc} 为直流母线电压。

基准点处的交流侧输出相电压可表示为

$$U_{xpccO} = \frac{U_{x1O}+U_{x2O}}{2}, \quad x=a,b,c \tag{6.2}$$

对于三电平逆变器而言,共模电压指的就是交流(负载或电网)中点与直流母线中点之间的电压差,可表示为

$$U_{nO} = \frac{\sum\limits_{x=a,b,c} U_{xpccO}}{3} \tag{6.3}$$

将式(6.1)和式(6.2)代入式(6.3)可得整个并联系统的共模电压为

$$U_{nO} = \frac{\dfrac{\sum\limits_{x=a,b,c} (s_{x1}-1)\dfrac{U_{dc}}{2}}{3} + \dfrac{\sum\limits_{x=a,b,c} (s_{x2}-1)\dfrac{U_{dc}}{2}}{3}}{2}$$

$$= \frac{U_{dc}}{12}\left[\sum\limits_{x=a,b,c} (s_{x1}+s_{x2}) - 6 \right] \tag{6.4}$$

式中,s_{x1}、s_{x2} 分别为逆变器 1 和逆变器 2 中 x 相桥臂的开关状态。

如前所述,既然一体化并联的三电平逆变器可以从整体上作为一个五电平系统来看待,那么共模电压公式(6.4)可以表示为

$$U_{nO} = \frac{U_{dc}}{12}\left(\sum\limits_{x=a,b,c} s_x - 6 \right) \tag{6.5}$$

式中,s_x 为五电平系统中 x 相桥臂的开关状态。

根据式(6.5),已知五电平矢量空间内任意一个基本矢量,都可以计算出它所对应的共模电压大小。举例来说,如果某个基本矢量的三相开关状态之和等于 6,那么该矢量所对应的共模电压就是 0;而如果其三相开关状态之和为 5 或 7,则其所对应共模电压就是 $U_{dc}/12$。因此,就可以从一体化并联三电平逆变器系统的五电平矢量空间上,灵活选取适当的基本矢量,以实现共模电压抑制或消除的目的。

由于在最近三矢量的所有冗余状态中,只有少数状态对应较小的共模电压,因此基于五电平空间矢量的减小共模电压及零共模电压调制方法,在电流谐波畸变方面必然会劣于第 5 章提出的一体化连续调制方法。尽管如此,由于仍是基于五电平矢量空间对并联逆变器进行调制方法,矢量空间划分相较于三电平调制更为精细,因此电流谐波仍能显著低于传统三电平减小共模电压及零共模电压调制方法。

6.3　一体化并联减小共模电压调制方法

6.3.1　矢量空间分析与调制算法设计

　　减小共模电压(Reduced Common－Mode－Voltage,RCMV)调制方法本质上就是选取对应共模电压较小的基本矢量,来合成参考电压矢量。由于一体化并联三电平逆变器可以整体上作为一个五电平系统对待,因此一体化 RCMV 调制方法空间矢量图如图 6.1 所示,该矢量图共分为 Ⅰ～Ⅵ六大扇区,每个扇区覆盖 60°的范围。

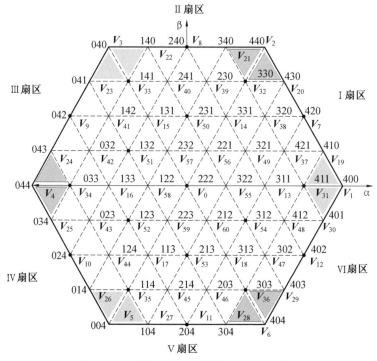

图 6.1　一体化 RCMV 调制方法空间矢量图

矢量空间共由 61 个基本矢量组成,分别以 $V_0 \sim V_{60}$ 表示。与第 5 章一体化连续调制方法不同,此处每个基本矢量仅有一个状态可用,因为共模电压更大的其他冗余状态均被舍弃掉了。

在图 6.1 所示的矢量空间内,绝大多数基本矢量状态对应的共模电压都不大于 $U_{dc}/12$,例外出现在相邻扇区最外层交界处的阴影区域内。由于冗余矢量有限,在这些例外区域内必须使用对应共模电压为 $U_{dc}/6$ 的基本矢量状态,这就造成在较大调制比下,参考电压矢量经过这些区域时,系统中会出现幅值 $U_{dc}/6$ 的共模电压尖峰,需要采取适当的措施予以消除。

以 I 扇区为例,其详细的矢量状态如图 6.2 所示。每个扇区都由 16 个小区组成(表示为 1～16 小区),每个小区(图中的小等边三角形)的三个顶点对应三个基本矢量,它们就是最近三矢量(NTV)。每个基本矢量都有数量不等的冗余状态,而 RCMV 调制方法只使用对应共模电压最小的冗余状态,其中黑色圆点表示的基本矢量所对应的共模电压为零。

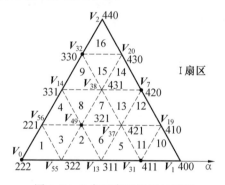

图 6.2　I 扇区完整空间矢量图

如图 6.2 所示,参考电压矢量 V_{ref} 落在 I 扇区的 7 小区内,那么用于合成该参考矢量的最近三矢量就是 V_{37}、V_{38} 和 V_{49}。V_{49} 共有三个冗余状态,分别是 210、321 和 432,各自的三相状态和分别是 3(2+1+0=3)、6(3+2+1=6)和 9(4+3+2=9)。根据式(6.4),这三个冗余状态所对应的共模电压分别是 $U_{dc}/4$、0 和 $U_{dc}/4$。为了减小系统共模电压,只有对应最小共模电压的冗余状态(也就是 321)被用于合成参考矢量。对另外两个基本矢量 V_{37} 和 V_{38} 也可以进行同样的分析,最终选定冗余状态 421 和 320(对应的共模电压均为 $U_{dc}/12$)用于合成参考矢量。

需要说明的是,由于最近三矢量中可用于减小共模电压的矢量状态只有 3 个,因此无法直接使用传统五电平空间矢量调制的七段式开关序列,必须使用五段式开关序列。仍以Ⅰ扇区 6 小区为例,对应的开关序列如图 6.3 所示。

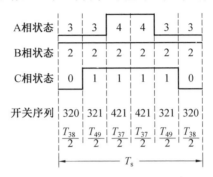

图 6.3 Ⅰ扇区 6 小区开关序列示意图

在得到五电平开关序列之后,仍然需要将其分配给并联的三电平逆变器,在分配过程中也要考虑共模和差模环流的平衡问题,具体分配及实现方法与第 5 章介绍的一体化调制方法类似,具体细节此处不再赘述。表 6.1 列出了Ⅰ扇区 1~16 小区的一体化 RCMV 调制五电平(5L)开关序列以及分配到并联逆变器的三电平(3L)开关序列。

表 6.1 Ⅰ扇区各小区五电平开关序列及对应的三电平开关序列

小区		开关序列
1	5L:	221－222－322－|－322－222－221
	3L ♯1:	110－111－211－|－111－111－111
	3L ♯2:	111－111－111－|－211－111－110
2	5L:	311－321－322－|－322－321－311
	3L ♯1:	200－210－211－|－111－111－111
	3L ♯2:	111－111 －111－|－211－210－200
3	5L:	221－321－322－|－322－321－221
	3L ♯1:	110－210－211－|－111－111－111
	3L ♯2:	111－111－111－|－211－210－110
4	5L:	221－321－331－|－331－321－221
	3L ♯1:	110－210－220－|－111－111－111
	3L ♯2:	111－111－111－|－220－210－110
5	5L:	311－411－421－|－421－411－311
	3L ♯1:	200－200－210－|－211－211－111
	3L ♯2:	111－211－211－|－210－200－200

续表6.1

小区	开关序列	
6	5L： 3L♯1： 3L♯2：	311－321－421－｜－421－321－311 200－210－210－｜－211－111－111 111－111－211－｜－210－210－200
7	5L： 3L♯1： 3L♯2：	320－321－421－｜－421－321－320 210－210－210－｜－211－111－110 110－111－211－｜－210－210－210
8	5L： 3L♯1： 3L♯2：	320－321－331－｜－331－321－320 210－210－220－｜－111－111－110 110－111－111－｜－220－210－210
9	5L： 3L♯1： 3L♯2：	320－330－331－｜－331－330－320 210－220－220－｜－111－110－110 110－110－111－｜－220－220－210
10	5L： 3L♯1： 3L♯2：	400－410－411－｜－411－410－400 200－200－200－｜－211－210－200 200－210－211－｜－200－200－200
11	5L： 3L♯1： 3L♯2：	410－411－421－｜－421－411－410 200－200－210－｜－211－211－210 210－211－211－｜－210－200－200
12	5L： 3L♯1： 3L♯2：	410－420－421－｜－421－420－410 200－210－210－｜－211－210－210 210－210－211－｜－210－210－200
13	5L： 3L♯1： 3L♯2：	320－420－421－｜－421－420－320 210－210－210－｜－211－210－110 110－210－211－｜－210－210－210
14	5L： 3L♯1： 3L♯2：	320－420－430－｜－430－420－320 210－210－220－｜－210－210－110 110－210－210－｜－220－210－210
15	5L： 3L♯1： 3L♯2：	320－330－430－｜－430－330－320 210－220－220－｜－210－110－110 110－110－210－｜－220－220－210

续表6.1

小区	开关序列
16	5L： 330－430－440－｜－440－430－330
	3L ♯1： 220－220－220－｜－220－210－110
	3L ♯2： 110－210－220－｜－220－220－220

但是,这种一体化 RCMV 调制方法存在一个问题,那就是它只能在调制比小于$\sqrt{3}/2$时将共模电压幅值限制在$U_{dc}/12$以内。一旦调制比超过该值,即参考矢量进入图 6.2 所示 10 和 16 小区内,就会出现幅值为$U_{dc}/6$的尖峰共模电压。为解决这个问题,需要在传统五电平空间矢量调制的基础上,对特殊小区的分区进行改进,改进后的空间矢量图(仍以Ⅰ扇区为例)如图 6.4 所示。

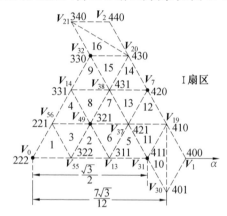

图 6.4　Ⅰ扇区改进分区后的空间矢量图

经过改进之后,在 10 和 16 小区内就无须使用对应共模电压为$U_{dc}/6$的矢量(比如 400 和 440),从而确保在整个线性调制范围内共模电压始终被限制在$U_{dc}/12$以内。

修改后的矢量作用时间计算公式需要重新推导。根据伏秒平衡原理,Ⅰ扇区 10 和 16 小区重新推导出来的矢量作用时间计算公式见表 6.2,其中 k 表示调制比,θ表示参考矢量与 α 坐标轴之间的夹角,t_a、t_b、t_c 分别表示最近三矢量的作用时间。由于整个五电平矢量空间具有旋转对称性,Ⅱ～Ⅵ扇区完全可以旋转到Ⅰ扇区进行分析,从而直接利用Ⅰ扇区推导出来的公式。

表 6.2　Ⅰ扇区 10 和 16 小区矢量作用时间计算公式

小区	t_b	t_c	t_a
10	$1-t_a-t_c$	$4k\sin\left(\dfrac{\pi}{3}+\theta\right)-3$	$4k\sin\left(\dfrac{\pi}{3}-\theta\right)-3$
16	$1-t_a-t_c$	$4k\sin\theta-3$	$4k\sin\left(\dfrac{\pi}{3}+\theta\right)-3$

Ⅰ～Ⅵ扇区 10 和 16 小区修改后的开关序列见表 6.3。

表 6.3　Ⅰ～Ⅵ扇区 10 和 16 小区修改后的开关序列

扇区－小区	开关序列
Ⅰ－10 Ⅵ－16	5L：　401－411－410－｜－410－411－401 3L♯1：200－200－200－｜－210－211－201 3L♯2：201－211－210－｜－200－200－200
Ⅱ－10 Ⅰ－16	5L：　430－330－340－｜－340－330－430 3L♯1：220－220－220－｜－120－110－210 3L♯2：210－110－120－｜－220－220－220
Ⅲ－10 Ⅱ－16	5L：　140－141－041－｜－041－141－140 3L♯1：020－020－020－｜－021－121－120 3L♯2：120－121－021－｜－020－020－020
Ⅳ－10 Ⅲ－16	5L：　043－033－034－｜－034－033－043 3L♯1：022－022－022－｜－012－011－021 3L♯2：021－011－012－｜－022－022－022
Ⅴ－10 Ⅳ－16	5L：　014－114－104－｜－104－114－014 3L♯1：002－002－002－｜－102－112－012 3L♯2：012－112－112－｜－002－002－002
Ⅵ－10 Ⅴ－16	5L：　304－303－403－｜－403－303－304 3L♯1：202－202－202－｜－201－101－102 3L♯2：102－101－201－｜－202－202－202

　　特殊小区修改分区及开关序列前后仿真波形对比如图 6.5 所示，可见新的开关序列确实可以在更大调制比范围内确保共模电压幅值不超过 $U_{dc}/12$。

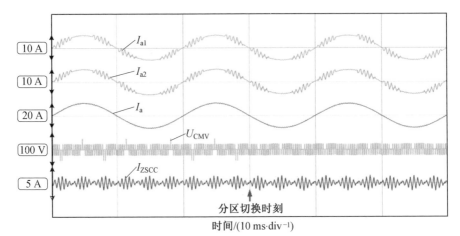

图 6.5　特殊小区修改分区及开关序列前后仿真波形对比

6.3.2　基于开关序列交替的中点平衡策略

传统三电平调制过程中的中点电压平衡通常通过对冗余矢量作用时间比例进行调节来实现,但是 RCMV 调制过程中没有冗余矢量可用,因此必须提出新的中点平衡思路。针对三电平不连续调制,提出了交替利用两套开关序列实现中点电压平衡,这个思路给我们带来了启发。

本节提出的一体化并联减小共模电压调制本质上就是一种五电平不连续调制方法,其开关序列中没有成对的五电平冗余矢量。以Ⅰ扇区 1 小区为例,其五电平开关序列、相应的三电平开关序列以及各个基本矢量所对应的中点电流如图 6.6(a)所示(为便于区分,将该开关序列称为原始开关序列)。在图 6.6 中,第 1 行是五电平开关序列,第 2 行和第 3 行分别是三电平逆变器 1 和逆变器 2 的开关序列,箭头所指表示方框内开关状态所对应的中点电流。

对于原始开关序列来说,流过中点的电流平均值为

$$\bar{i}_{\mathrm{NP\_original}} = (-i_{c1}-i_{c2})\times T_1 + (-i_{a1}-i_{a2})\times T_3 = -i_c\times T_1 - i_a\times T_3 \quad (6.6)$$

虽然冗余矢量无法在开关序列中成对出现,但是可以利用冗余矢量构造出不同的开关序列。比如,将上述开关序列中的矢量 221 替换为与它对应的冗余矢量 332,可以构造出如图 6.6(b)所示的开关序列(由于是将原始开关序列中的矢量 221 的冗余矢量 332 插入到了原始开关序列之后,所以将该开关序列称为后置开关序列)。

对于后置开关序列来说,流过中点的平均电流为

$$\overline{i}_{NP\_back} = (-i_{a1}-i_{a2}-i_{b1}-i_{b2}) \times T_1 + (-i_{a1}-i_{a2}) \times T_3 = i_c \times T_1 - i_a \times T_3 \tag{6.7}$$

类似地,将原始开关序列中的矢量 322 替换为与它对应的冗余矢量 211,可以构造出如图 6.6(c)所示的前置开关序列。

对于前置开关序列来说,流过中点的平均电流为

$$\overline{i}_{NP\_front} = (-i_{c1}-i_{c2}) \times T_1 + (-i_{c1}-i_{c2}-i_{b1}-i_{b2}) \times T_3 = -i_c \times T_1 + i_a \times T_3 \tag{6.8}$$

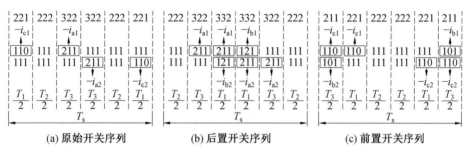

(a) 原始开关序列　　　　(b) 后置开关序列　　　　(c) 前置开关序列

图 6.6　三种开关序列对应的中点电流示意图

不失一般性地,负载电流可以表示为

$$i_a = I_m \cos\theta, \quad i_b = I_m \cos\left(\theta - \frac{2\pi}{3}\right), \quad i_c = I_m \cos\left(\theta + \frac{2\pi}{3}\right) \tag{6.9}$$

由调制过程可以计算出相应的矢量作用时间为

$$T_1 = 4m\sin\theta T_s, \quad T_3 = 4m\sin\left(\frac{\pi}{3}-\theta\right)T_s \tag{6.10}$$

式中,m 表示调制比;T_s 表示开关周期。

将式(6.9)和式(6.10)代入式(6.6)~(6.8)可得三种开关序列对应的一个调制周期内中点电流平均值分别为

$$
\begin{aligned}
\overline{i}_{NP\_original} &= -I_m\cos\left(\theta+\frac{2\pi}{3}\right) \times 4mT_s\sin\theta - I_m\cos\theta \times 4mT_s\sin\left(\frac{\pi}{3}-\theta\right) \\
&= -4mI_mT_s\left[\cos\left(\theta+\frac{2\pi}{3}\right)\sin\theta + \cos\theta\sin\left(\frac{\pi}{3}-\theta\right)\right] \\
&= -4mI_mT_s\left[\left(-\frac{1}{2}\sin\theta\cos\theta-\frac{\sqrt{3}}{2}\sin^2\theta\right)+\left(\frac{\sqrt{3}}{2}\cos^2\theta-\frac{1}{2}\sin\theta\cos\theta\right)\right] \\
&= -4mI_mT_s\left[-\sin\theta\cos\theta+\frac{\sqrt{3}}{2}(\cos^2\theta-\sin^2\theta)\right]
\end{aligned} \tag{6.11}
$$

$$\overline{i}_{NP\_back} = -4mI_mT_s\left[\left(\frac{1}{2}\sin\theta\cos\theta+\frac{\sqrt{3}}{2}\sin^2\theta\right)+\left(\frac{\sqrt{3}}{2}\cos^2\theta-\frac{1}{2}\sin\theta\cos\theta\right)\right]$$

$$= -4m\,I_{\mathrm{m}}\,T_{\mathrm{s}} \times \frac{\sqrt{3}}{2}$$

$$= -2\sqrt{3}\,m\,I_{\mathrm{m}}\,T_{\mathrm{s}} \tag{6.12}$$

$$\bar{i}_{\mathrm{NP\_front}} = -4m\,I_{\mathrm{m}}\,T_{\mathrm{s}}\left[\left(-\frac{1}{2}\sin\theta\cos\theta - \frac{\sqrt{3}}{2}\sin^{2}\theta\right) - \left(\frac{\sqrt{3}}{2}\cos^{2}\theta - \frac{1}{2}\sin\theta\cos\theta\right)\right]$$

$$= -4m\,I_{\mathrm{m}}\,T_{\mathrm{s}} \times -\frac{\sqrt{3}}{2}$$

$$= 2\sqrt{3}\,m\,I_{\mathrm{m}}\,T_{\mathrm{s}} \tag{6.13}$$

对于 I 扇区 1 小区而言,角度 θ 的取值范围是 $0 \sim 60°$,因此式(6.11)~(6.13)随角度变化曲线如图 6.7 所示。

由图 6.7 可知,对于原始开关序列来说,其对应中点电流在整个 1 小区前半部分为正,而在后半部分范围内为负,总体平均值为零,因此在正常工况下能够保证中点平衡;对于后置开关序列来说,其对应中点电流始终为负,而前置开关序列对应中点电流则正好相反,这就说明新构造的两种开关序列分别会持续对中点进行充电和放电。因此根据中点电压偏差(为正还是为负)交替运用这两种新构造出来的开关序列就可以实现中点平衡。

以上分析仅以 I 扇区 1 小区为例,若参考矢量位于矢量空间内的其他区域,亦可进行类似分析,具体过程不再赘述。

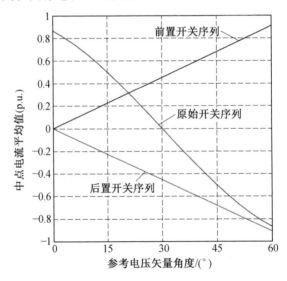

图 6.7　三种开关序列对应的中点电流标幺值随角度变化曲线

需要注意的是,与开关周期或调制周期内的瞬时电流相比,母线电压的变化过程更加缓慢。对于参考矢量来说,在某个调制比下,其在一个基波周期内的运动轨迹是矢量空间中的一个圆。即使在某个区域对应的中点电流并不为零,只要在其他区域能够将其抵消,从而使得整个基波周期内的平均电流为零,也能确保中点电压不会出现偏差。因此,有必要对不同调制比下三种开关序列在一个基波周期内的平均中点电流进行分析。

实际上,在一个基波周期内,三种开关序列在一个基波周期内的中点电流随调制比变化趋势如图 6.8 所示。

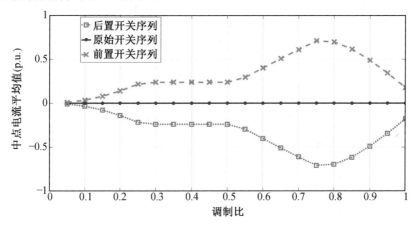

图 6.8　三种开关序列在一个基波周期内的中点电流随调制比变化趋势

由图 6.8 可知,对于原始开关序列来说,在一个基波周期内的平均中点电流为零,意味着原始开关序列在稳态运行过程中能够保证中点平衡;但同时也意味着一旦中点电压因动态过程或异常工况出现偏差,原始开关序列并不具备恢复平衡的能力。而对于前置和后置开关序列来说,在一个基波周期内的平均中点电流分别为正和负,意味着可以将其用于减小或增大中点电压。

综上所述,适用于一体化并联减小共模电压调制方法的中点平衡策略就是:在正常运行过程中,使用原始开关序列;一旦出现中点电压不平衡,则使用前置或后置开关序列来恢复平衡。

6.3.3　一体化减小共模电压调制性能分析

以 Ⅰ 扇区 1 小区为例,三电平和五电平减小共模电压调制方法对应的开关序列如图 6.9 所示。鉴于每个开关周期的开关序列前后对称,为简便起见,图中仅显示了前半周期的开关序列。

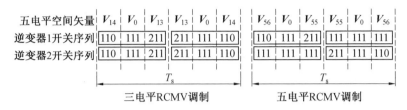

五电平空间矢量	V_{14}	V_0	V_{13}	V_{13}	V_0	V_{14}	V_{56}	V_0	V_{55}	V_{55}	V_0	V_{56}
逆变器1开关序列	110	111	211	211	111	110	110	111	211	111	111	111
逆变器2开关序列	110	111	211	211	111	110	111	111	111	211	111	110

三电平RCMV调制 $\qquad$ 五电平RCMV调制

图 6.9　三电平和五电平减小共模电压调制方法的开关序列

由空间矢量调制的过程可知,在一个调制周期内的任意时刻,当前起作用的基本矢量和待合成参考矢量之间都会存在一个矢量差。在本例中,用于矢量合成的三个最近基本矢量是 $V_{14}V_{14}$、V_0V_0 和 $V_{13}V_{13}$,对应的矢量差有 $V_{14\text{err}}$、$V_{0\text{err}}$ 和 $V_{13\text{err}}$,如图 6.10(a) 所示。类似地,五电平调制方法对应的矢量差如图 6.10(b) 所示。

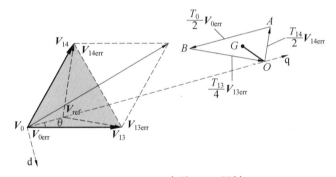

(a) 三电平RCMV调制

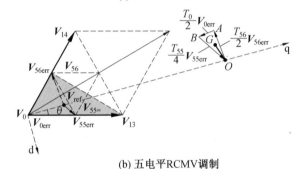

(b) 五电平RCMV调制

图 6.10　三电平和五电平减小共模电压调制方法矢量差示意图

采用 5.4.1 节所述方法,可以对电流谐波随参考矢量位置和调制比的变化趋势进行分析。对于传统三电平减小共模电压来说,输出电流纹波标幺值随调制比和角度的变化趋势如图 6.11 所示。同样,采用一体化并联减小共模电压调制策略时,相应的输出电流纹波标幺值如图 6.12 所示。显然,与传统三电平减小共模电压调制方法相比,本节所提出的一体化减小共模电压调制策略能够显著降低电流谐波水平。

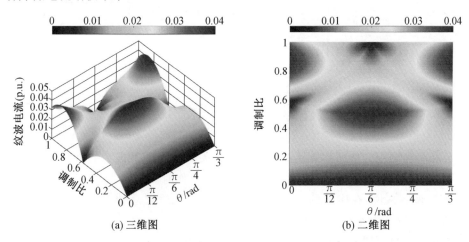

图 6.11　三电平减小共模电压调制方法输出电流纹波标幺值变化趋势(彩图见附录)

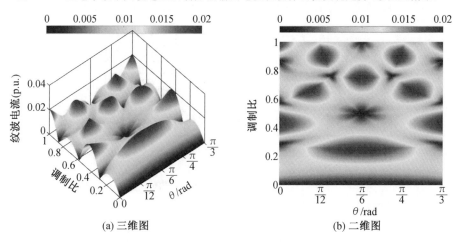

图 6.12　五电平减小共模电压调制方法输出电流纹波标幺值变化趋势(彩图见附录)

　　仍以Ⅰ扇区 1 小区为例,传统三电平 RCMV 和一体化五电平 RCMV 调制所采用的开关序列及其对应的相桥臂钳位形式如图 6.13 所示。由图可知,对于传统三电平 RCMV 调制而言,在一个开关周期内,B 相桥臂都会钳位到状态"1"。但是对于一体化五电平 RCMV 调制来说,则显示出不同的钳位形式。除了 B 相桥臂始终钳位到状态"1"之外,在半个周期内 A 和 C 相桥臂也都钳位在状态"1",这样有助于减少开关器件的动作次数,从而降低开关损耗。

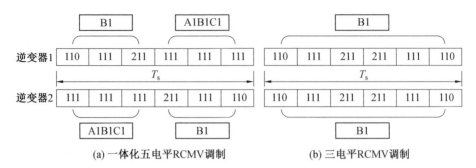

(a) 一体化五电平RCMV调制　　　　(b) 三电平RCMV调制

图 6.13　三电平和五电平减小共模电压调制方法的开关序列和钳位形式

对两种调制方法所用开关序列在一个开关周期内开关次数的具体分析如图 6.14 所示,其中使用箭头表示功率器件的开关动作时刻。显然,对于传统三电平 RCMV 调制来说,在连续的两个开关周期内,三相桥臂总的开关动作次数是 4 次,低于传统三电平连续调制的 6 次。而对于一体化五电平 RCMV 调制来说,总的开关次数可以进一步减少到 3 次,如图 6.14(b)所示。

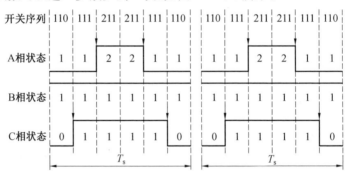

(a) 传统三电平RCMV调制

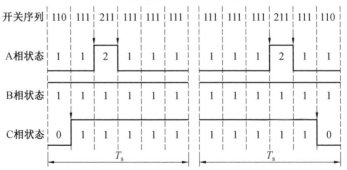

(b) 一体化五电平RCMV调制

图 6.14　三电平和五电平减小共模电压调制方法的开关动作次数

6.4　一体化并联零共模电压调制方法

6.4.1　矢量空间分析与调制算法设计

与传统并网逆变器主要关注并网电流谐波不同,在非隔离光伏并网逆变器以及风电系统机侧控制过程中,往往需要在抑制共模电压的同时,尽可能减少电流畸变。但传统三电平零共模电压调制方法只能利用有限的空间矢量,无法满足减小输出电流谐波的要求。为此,基于一体化调制理念,本节从并联三电平逆变器整体出发,提出一种可兼顾零共模电压和交流侧电流质量的解决方案。

与共模电压抑制方法的思路类似,所谓共模电压消除方法就是在整个矢量空间中仅选取对应共模电压为零的基本矢量,用于合成参考电压矢量,这种方法也称为零共模电压(Zero Common－Mode－Voltage,ZCMV)调制方法。

传统三电平逆变器零共模矢量组成的矢量空间如图 6.15(a)所示,所有中矢量和零矢量对应的共模电压均为零。那么在这个全新分区的矢量空间内,使用最近的两个中矢量和一个零矢量合成参考电压矢量,这就是最常用的两个中矢量一个零矢量(2M1ZV)零共模调制方法的基本思路。

而对于一体化并联三电平逆变器来说,由五电平零共模矢量组成的整个矢量空间如图 6.15(b)所示。与传统空间矢量调制方法一样,这种零共模电压调制方法也包括参考电压分区判断、基本矢量作用时间计算以及生成开关序列这三个主要步骤。

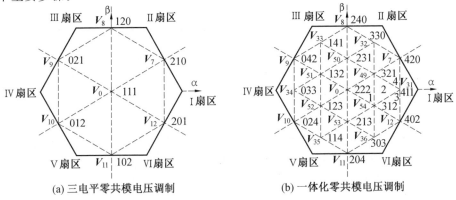

(a) 三电平零共模电压调制　　　(b) 一体化零共模电压调制

图 6.15　传统三电平与一体化零共模电压空间矢量图

　　如图 6.15(b) 所示，一体化零共模电压调制的矢量空间共分为六大扇区，每个扇区的覆盖范围见表 6.4，其中 θ 指的是参考电压矢量与 α 坐标轴之间的夹角。

表 6.4　扇区分配表

扇区	圆心角范围
I	$0°<\theta\leqslant30°$ 或 $330°<\theta\leqslant360°$
II	$30°<\theta\leqslant90°$
III	$90°<\theta\leqslant150°$
IV	$150°<\theta\leqslant210°$
V	$210°<\theta\leqslant270°$
VI	$270°<\theta\leqslant330°$

　　基于参考矢量在 α 和 β 轴上的坐标分量，可以实现参考矢量的分区判断，具体判断条件见表 6.5，其中 U_α 和 U_β 分别表示参考电压矢量在 α 和 β 坐标轴上的投影。

表 6.5　小区分配表

小区	分配条件
1	$U_\alpha\leqslant0.25$
2	$U_\alpha>0.25$ 且 $\dfrac{U_\alpha}{\sqrt{3}}-U_\beta\leqslant\dfrac{\sqrt{3}}{6}$ 且 $\dfrac{U_\alpha}{\sqrt{3}}+U_\beta\leqslant\dfrac{\sqrt{3}}{6}$
3	$U_\alpha>0.25$ 且 $\dfrac{U_\alpha}{\sqrt{3}}-U_\beta>\dfrac{\sqrt{3}}{6}$
4	$U_\alpha>0.25$ 且 $\dfrac{U_\alpha}{\sqrt{3}}+U_\beta>\dfrac{\sqrt{3}}{6}$

　　在参考矢量分区判断之后，就需要计算最近三矢量的作用时间。以 I 扇区为例，根据伏秒平衡原理，I 扇区 1～4 小区各基本矢量的作用时间计算公式见表 6.6，其中 T_s 表示开关周期，T_a、T_b 和 T_c 分别表示最近三矢量的作用时间，θ 表示参考电压矢量与 α 坐标轴的夹角，k 表示调制比。由于整个矢量空间具有旋转对称性，所以 II 到 VI 扇区可旋转至 I 扇区进行类似分析，此处不再赘述。

表 6.6　Ⅰ 扇区最近三矢量作用时间计算公式

小区	T_a	T_b	T_c
1	$T_s - T_b - T_c$	$\dfrac{4k}{\sqrt{3}}\sin\left(\dfrac{\pi}{6}-\theta\right)$	$\dfrac{4k}{\sqrt{3}}\sin\left(\dfrac{\pi}{6}+\theta\right)$
2	$T_s - T_b - T_c$	$1-\dfrac{4k}{\sqrt{3}}\sin\left(\dfrac{\pi}{6}+\theta\right)$	$1-\dfrac{4k}{\sqrt{3}}\sin\left(\dfrac{\pi}{6}-\theta\right)$
3	$T_s - T_b - T_c$	$2-\dfrac{4k}{\sqrt{3}}\cos\theta$	$\dfrac{4k}{\sqrt{3}}\sin\left(\dfrac{\pi}{6}-\theta\right)-1$
4	$T_s - T_b - T_c$	$\dfrac{4k}{\sqrt{3}}\sin\left(\dfrac{\pi}{6}+\theta\right)-1$	$2-\dfrac{4k}{\sqrt{3}}\cos\theta$

　　各个扇区对应的开关序列见表 6.7,需要注意的是,该开关序列对应的是五电平开关状态,还需要将其分配到并联的三电平逆变器。与第 5 章提出的一体化连续调制策略类似,基于五电平空间矢量调制过程得到的开关序列也要转换为两个并联逆变器的三电平开关序列。对于一体化零共模电压调制来说,五电平状态分配的基本原则就是,确保分配给三电平逆变器的矢量都是中矢量或零矢量(此处所述零矢量仅限共模电压为零的 111 状态)。以 Ⅰ 扇区 1 小区为例,用于合成参考电压矢量的最近三矢量分别是 222、312 和 321,那么 222 就应该分配为 111 和 111,312 分配为 201 和 111,321 分配为 210 和 111。

表 6.7　开关序列分配表

扇区	小区	开关序列
Ⅰ	1	$222-312-321-|-321-312-222$
	2	$411-312-321-|-321-312-411$
	3	$411-312-402-|-402-312-411$
	4	$411-420-321-|-321-420-411$
Ⅱ	1	$222-321-231-|-231-321-222$
	2	$330-321-231-|-231-321-330$
	3	$330-321-420-|-420-321-330$
	4	$330-240-231-|-231-240-330$
Ⅲ	1	$222-231-132-|-132-231-222$
	2	$141-231-132-|-132-231-141$
	3	$141-231-240-|-240-231-141$
	4	$141-042-132-|-132-042-141$

扇区	小区	开关序列
Ⅳ	1	222－132－123－｜－123－132－222
	2	033－132－123－｜－123－132－033
	3	033－132－042－｜－042－132－033
	4	033－024－123－｜－123－024－033
Ⅴ	1	222－123－213－｜－213－123－222
	2	114－123－213－｜－213－123－114
	3	114－123－024－｜－024－123－114
	4	114－204－213－｜－213－204－114
Ⅵ	1	222－213－312－｜－312－213－222
	2	303－213－312－｜－312－213－303
	3	303－213－204－｜－204－213－303
	4	303－402－312－｜－312－402－303

上述矢量分配方式主要有两个方面的好处：第一,中矢量和零矢量(111)对应的三电平逆变器共模电压为零,从而可确保每个三电平逆变器都能保持零共模电压;第二,在一个基波周期内,中矢量和零矢量产生的中点电流平均值为零,因此可以保证中点电压始终保持平衡。其他各区域的分配原则皆类似,不再赘述。

6.4.2　基于谐波电流注入的中点平衡策略

中点电压控制是三电平逆变器控制中的关键问题,一旦出现中点电压不平衡,就会导致逆变器输出波形畸变等性能下降问题,严重的不平衡电压甚至会损坏母线电容进而影响系统的正常运行。另外,中点电压不平衡实际上也会影响零共模电压的实现效果。

传统三电平零共模电压调制和一体化零共模电压调制使用的分析和计算都以图6.15所示矢量空间为基础,前述矢量空间都是在中点平衡的假设前提下得到的。中点电压出现不平衡时(比如下电容电压低于上电容电压),则三电平矢量空间会变成如图6.16所示的矢量图。

将图6.16与图6.15(a)进行对比可知,矢量空间具有相同的大小和形状,但是对应共模电压为零的六个中矢量却出现了位置偏移。同时,调制算法在计算时使用的仍是平衡状态下的矢量坐标,因此就会对零共模电压调制效果产生不

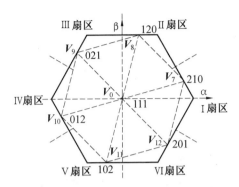

图 6.16　中点不平衡条件下的三电平零共模电压调制矢量空间

利影响,无法真正消除并联系统中的共模电压。

与连续调制和减小共模电压调制相比,零共模电压调制使用的空间矢量更少,因此能够提供的控制自由度就更低,要想实现中点电压平衡会更加困难。在有关三电平逆变器中点平衡的研究中,基本的中点平衡思路就是调节冗余矢量的作用时间比例。但是零共模电压调制方法没有冗余矢量参与,因此传统调节思路无法实现。在文献研究基础上,借鉴其他调制方法所提出的各种中点电压平衡策略,对以下两大类中点电压控制思路及其各自优缺点进行分析。

一是改进调制法,主要分为三种类型。

(1)混合调制法。

混合调制法的主要思路是在出现中点不平衡时,在调制过程中使用一些额外的基本矢量(往往需要暂时放弃逆变器的某些性能要求),在恢复中点平衡之后再恢复原有调制方法。以本节所提零共模电压调制方法为例,可以在出现中点不平衡时,使用一些小矢量(因为三电平逆变器的平衡能力主要与小矢量有关),相当于切换到其他调制方法(比如减小共模电压调制方法),在实现中点平衡之后再恢复使用零共模电压调制方法。

这种方法最大的问题在于为了实现中点平衡而牺牲了关键的性能要求,本节的主要目的是改进零共模电压调制方法,结果为了中点平衡而牺牲了零共模电压,出现了舍本逐末的结果。另外,不同调制方法之间的切换也会增加整个调制方法的实现复杂度。

(2)交替作用法。

交替作用法的主要思路是交替使用两种对中点平衡影响正好相反的调制算法,从而实现中点平衡,基于这种思路分别实现了不连续调制和零共模电压调制的中点平衡。该方法的缺点是只能对中点偏移进行滞环控制,控制性能不是特别精确。以本节所提零共模电压调制方法为例,按照具体的实现过程,可以再额外构造一种类似三电平零共模电压调制方法的五电平零共模电压调制方法。当中点电压不平衡时,根据电压偏差交替使用一体化 ZCMV 调制方法和这种额外构造的方法,即可实现中点平衡。

这种方法最大的问题在于,这种额外构造的调制方法只适用于非常有限的调制比范围,在较小的调制比下无法适用,而中点不平衡往往发生在动态过程中,其调制比范围无法准确限定,因此这种交替作用法的有效性就会大打折扣。

(3)非最近三矢量法。

这种方法不再遵循传统空间矢量调制仅使用最近三矢量来合成参考电压矢量的原则,而是使用更多的基本矢量来合成参考矢量,比如基于虚拟矢量或最近四矢量的方法。但是此类方法一方面中点平衡能力有限,另一方面会因违背最近三矢量原则而导致谐波性能较差,而且在同样开关周期内的开关次数也会增多。

这种思路在零共模电压调制算法中是无法实现的,不管是虚拟矢量还是最近四矢量。如果使用的仍然是零共模电压矢量,那么依然不具备中点平衡能力;而如果使用非零共模电压矢量,那么又无法保证零共模电压。

二是电流注入法,主要思路来源于对三电平逆变器自然平衡能力的分析,主要方法是向逆变器输出侧注入偶次谐波电流,从而实现中点平衡。该方法最大的优点是适用于各种工况(上述所有中点平衡方法基本上都只适用于低功率因数和负载电流较大的条件下),比如大调制比、低功率因数、空载和轻载条件下。其缺点是会在一定程度上增加输出电流谐波,但考虑到平衡过程通常只需要在异常条件下短暂介入,而且没有其他方法可用,因此也是可以接受的。

研究表明,三电平逆变器的自然平衡能力实际上来源于交流侧的偶次谐波。在此基础上,针对传统中点平衡策略不适合大调制比、低功率因数以及空载或轻载条件的局限,相关文献提出了通过注入二次或四次谐波电流实现中点平衡的方法,但是相关分析仅是针对传统三电平 CSV 调制过程。

对于本节所提出的一体化 ZCMV 调制方法来说,以 I 扇区 2 小区为例,实际的开关序列以及分配后三电平矢量对应的中点电流如图 6.17 所示,图中箭头表示各电压矢量所对应的中点电流。

在一个开关周期内的平均中点电流可以表示为

$$i_{NP} = T_{31} \times (-i_a) + T_{54} \times i_c + T_{49} \times i_b \tag{6.14}$$

式中,T_{31}、T_{54} 和 T_{49} 分别为最近三矢量的作用时间;i_a、i_b 和 i_c 分别为三相负载电流。

在式(6.14)的基础上,当合成电压矢量以基频在矢量空间内旋转时,可以计算出中点电流在整个基波周期内的瞬时值。以相位角分别为 $-90°$ 和 $90°$ 的四次谐波电流为例,它们的中点电流变化曲线如图 6.18 所示。

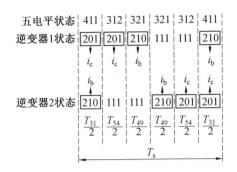

图 6.17   一体化零共模电压调制Ⅰ扇区 2 小区开关序列对应的中点电流示意图

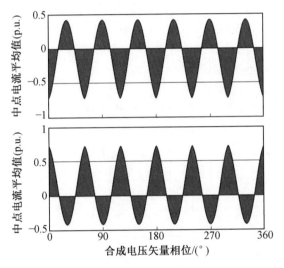

图 6.18   不同相位四次谐波电流对应的中点电流

由图 6.18 可知,对于不同相位角的四次谐波电流来说,其对应的中点电流平均值分别为负和正。这就说明,不同相位角的四次谐波电流所对应的中点电流,会在一个基波周期内分别对中点起到放电和充电作用,因此可用于实现中点电压的平衡过程。

从这个角度来看,根据实际的中点电压偏差,就可以注入不同相位的四次谐波电流,从而实现中点电压的平衡控制。当然,由于注入谐波电流幅值只能是负载电流的一小部分,因此中点平衡速度会比较慢。

6.4.3   开关死区对零共模的影响

开关死区和中点平衡等因素都有可能会影响零共模电压调制的实现效果,下面对开关死区的影响进行分析和验证。相关文献提出了针对并联逆变器开关死区影响的补偿方法,但是仅适用于两电平逆变器,也有文献基于模型预测控制提供了三电平逆变器并联运行过程的死区补偿方案,但是由于本节所提出的一体化 ZCMV 调制有其自身的特点,因此上述方法并不能直接应用。

为了避免开关管因直通而损坏,在实际的电力电子应用中,通常都会设置开关死区。死区带来的一个问题就是在共模电压中会出现一些脉冲尖峰,而其主要原因在于换流过程中出现除 p、o 和 n(或表示为 2、1 和 0)之外的中间状态,而这些中间状态在死区期间使得某些桥臂电压的变化发生延迟。

对于中点钳位拓扑的 NPC 三电平逆变器来说,每个桥臂都有三个主要的工作状态 p、o 和 n,每个状态的换流路径如图 6.19(a)、(b)和(c)所示,对应的桥臂输出电压分别是 $U_{dc}/2$、0 和 $-U_{dc}/2$。但是由于互补开关管的开通和关断通常无法精确地同时完成(设置死区时则会人为增大开通和关断之间的时间间隔),因此桥臂在三个主要工作状态之间切换时,还会出现两个中间工作状态,对应换流路径如图 6.19(d)和(e)所示。

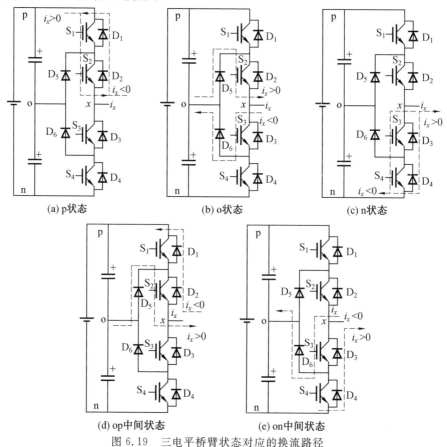

图 6.19　三电平桥臂状态对应的换流路径

由图 6.19 可知,三个主要工作状态对应的输出电压是固定的,不会随其他条件(比如电流方向等)而改变;但是两个中间状态对应的输出电压则需考虑当前时刻的电流方向才能确定,输出电压与电流方向之间的关系见表 6.8。

表 6.8　三电平桥臂中间状态对应输出电压

桥臂状态	输出电压	
	电流为正	电流为负
op 中间状态	0	$\dfrac{U_{dc}}{2}$
on 中间状态	$-\dfrac{U_{dc}}{2}$	0

在不加死区和加入死区的条件下,桥臂状态在 o−p−o 及 o−n−o 切换过程中的桥臂输出电压分别如图 6.20(a)和(b)所示(其中两个箭头之间就是死区作用时间,虚线表示死区造成的变化),可以看出无论在哪个切换过程中,电流方向都会影响输出电压发生变化的时刻。举例来说,与不加死区时相比较,在 o−p−o 切换过程中,如果电流方向为正(流出逆变器),则死区会使桥臂电压跃升时刻推后,下降时刻不变;而如果电流方向为负(流入逆变器),则桥臂电压的下降时刻则会推后,而跃升时刻不变。在 o−n−o 切换过程中,死区对输出电压变化时刻的影响正好相反,此处不再赘述。

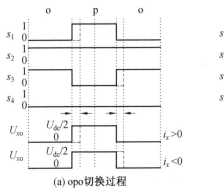

(a) opo切换过程

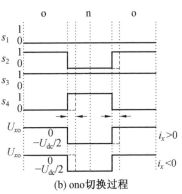

(b) ono切换过程

图 6.20　死区对三电平桥臂输出电压的影响

共模电压等于三相电压之和,因此死区对中间状态对应输出电压的影响并不必然会导致共模电压尖峰的出现,还需要针对三相电流方向进行具体分析。

由于三相电流之间两两都有 120° 的相位差,所以任意时刻都有两相电流方向相同,且与剩余一相电流方向相反。以一体化零共模电压调制过程中Ⅰ扇区 1

小区的开关序列为例(参见表 6.7),在 AB、BC 和 AC 相电流同向时,逆变器 1 因死区影响在一个开关周期内造成的共模电压尖峰如图 6.21 所示。另一个逆变器以及第二个开关周期的分析与此类似,不再一一列举。

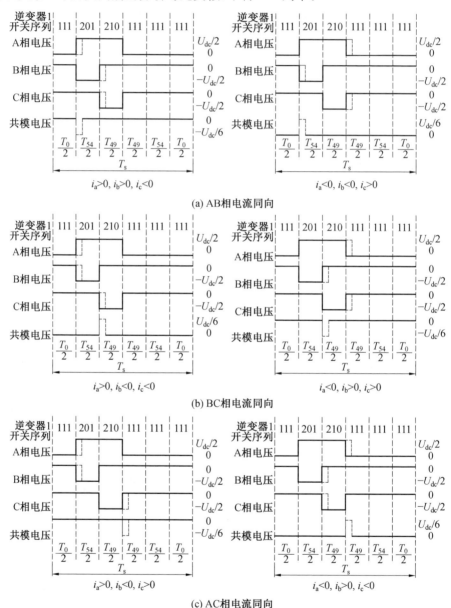

图 6.21 不同相电流方向组合下死区对共模电压的影响

由图 6.21 可知,无论 AB、BC 还是 AC 电流同向,每个开关动作时刻都有两相桥臂状态同时发生变化(一相 o−p−o,另一相 o−n−o),这是零共模电压调制开关序列自身所具备的特点。

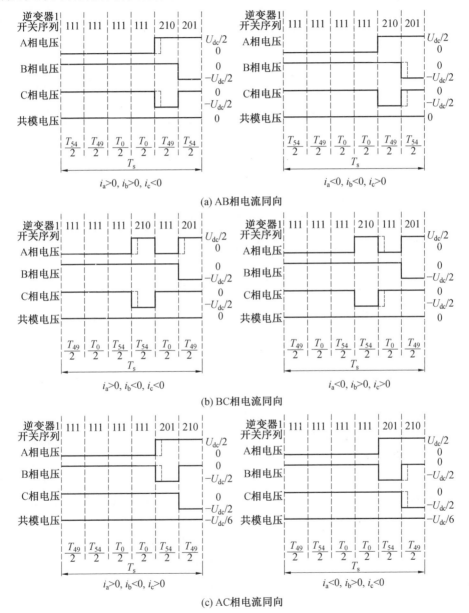

图 6.22 采用改进开关序列消除死区对共模电压的影响

由图 6.22 可知,采用改进开关序列,可以确保电流同向的两相桥臂不会同时动作,从而避免产生共模电压尖峰;电流不同向的两相桥臂动作时也会因死区而变化,但是它们输出电压之和正好为零,不会影响三相共模电压的大小。

表 6.9 消除死区对共模电压影响的开关序列

相电流方向	开关序列
AB 相电流同向	五电平序列 312－321－222－222－321－312 1 号逆变器 111－111－111－111－210－201 2 号逆变器 201－210－111－111－111－111
BC 相电流同向	五电平序列 321－222－312－312－222－321 1 号逆变器 111－111－111－201－111－210 2 号逆变器 210－111－201－111－111－111
AC 相电流同向	五电平序列 321－312－222－222－312－321 1 号逆变器 111－111－111－111－201－210 2 号逆变器 210－201－111－111－111－111

6.5 实验验证

6.5.1 减小共模电压实验

首先,对三电平和五电平减小共模电压调制方法的共模电压和电流谐波进行实验验证和对比。

在传统三电平 CSV 调制模式下,图 6.23 显示了调制比从 0.2 变为 0.8 时的实验波形,可以看出共模电压最大值都是 $U_{dc}/3$(母线电压为 200 V,因此共模电压最大值约为 66.7 V)。实际上,无论调制比多大,共模电压幅值始终都是 $U_{dc}/3$。

当调制比分别为 0.2、0.4、0.6 和 0.8 时,传统三电平 RCMV 和一体化五电平 RCMV 两种调制方式下的 A 相电流(包括两个三电平逆变器以及系统并联输出的 A 相电流)、共模电压和零序环流的实验波形如图 6.24 所示。由图可见,采用传统三电平 RCMV 调制方法时,可以将共模电压限制到 $U_{dc}/6$ 以内,而采用一体化五电平 RCMV 调制方法可以保证共模电压不超过 $U_{dc}/12$。

三电平和五电平 RCMV 调制方法在不同调制比下的电流谐波对比如图 6.25所示。显然,与传统三电平 RCMV 调制相比,采用一体化五电平 RCMV 能

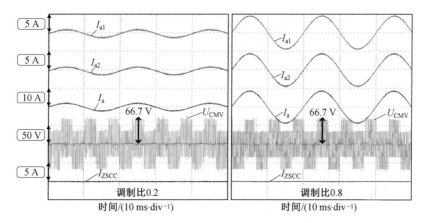

图 6.23　三电平中心对称空间矢量调制模式实验波形

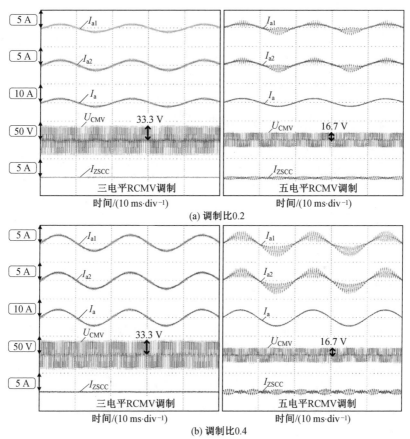

图 6.24　三电平和五电平 RCMV 不同调制比下的实验波形

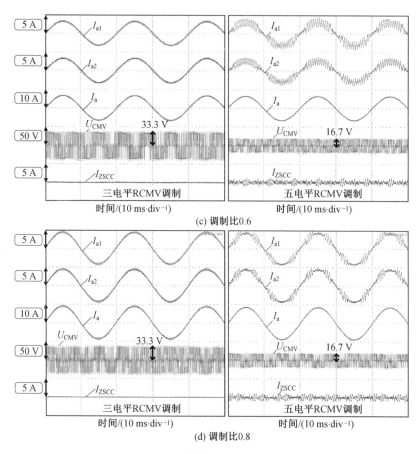

(c) 调制比0.6

(d) 调制比0.8

续图 6.24

够显著减小电流谐波水平。当然,一体化五电平 RCMV 和传统交错并联一样,其相较于同步并联模式的主要缺点都在于会产生更大的环流,从图 6.24 所示的实验波形中就可以清楚地看到这一点,因此就需要在更小的电流谐波和较大的环流之间进行权衡。

此外,根据前面的分析,当调制比超过 $\sqrt{3}/2$ 时,在共模电压中就会出现幅值为 $U_{dc}/6$ 的脉冲。而采用改进之后的开关序列,则可以消除上述共模电压尖峰,相应的实验波形如图 6.26 所示,箭头表示从改进开关序列到原始开关序列的切换时刻。

其次,对采用三电平和五电平减小共模电压调制时的电流阶跃过程进行实验验证和对比。

为了对本节所提一体化 RCMV 调制方法的适用性和性能进行验证,在实验

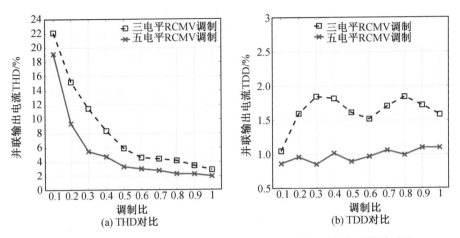

图 6.25 三电平和五电平 RCMV 调制方法在不同调制比下的电流谐波对比

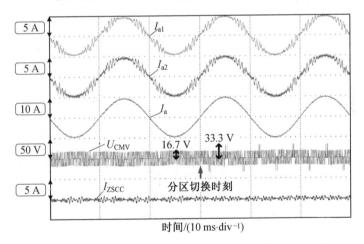

图 6.26 一体化五电平 RCMV 调制方法改进特殊分区实验波形

室平台上进行了并网运行过程中的动态实验,实验时使用可编程直流电压源为直流母线供电,母线电压设置为 400 V,并联逆变器的交流输出侧经过滤波电感接入电网,电网电压有效值为 190 V。逆变器采用电网电压定向型矢量控制,通过单独的有功和无功电流环实现有功和无功功率的解耦控制。

当有功电流(对应于从逆变器流向电网的有功功率)I_d 给定值从 6 A 阶跃到 12 A 时,一体化 RCMV 调制方法的实验波形如图 6.27(a)所示;类似地,当无功电流(对应于从逆变器流向电网的无功功率)I_q 给定值从 6 A 阶跃到 12 A 时,相应的实验波形如图 6.27(b)所示。

在图 6.27 所示的实验波形中,I_{a1} 和 I_{a2} 分别表示逆变器 1 和逆变器 2 的 A

相电流,I_a表示 A 相并联输出电流,U_{C1}和U_{C2}分别表示直流母线上/下电容两端的电压,I_z表示并联逆变器的零序环流(等于任一逆变器三相电流之和),U_{CMV}表示并联系统中的共模电压(即交流侧中性点与直流母线中点之间的电压差)。

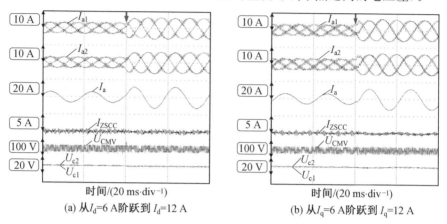

(a) 从I_d=6 A 阶跃到I_d=12 A   (b) 从I_q=6 A 阶跃到I_q=12 A

图 6.27　一体化 RCMV 调制方法在并网运行过程中的动态实验波形

显然,无论是向电网注入有功电流还是无功电流,动态响应的速度都非常快。与此同时,一体化并联 RCMV 调制仍然能够维持$U_{dc}/12$ 的共模电压幅值、平衡的中点电压以及稳定的平均零序环流。

事实上,一般来说,动态响应主要取决于控制器结构、参数及系统特性,而非调制方法。因此,在相同的控制器和系统条件下,自然就应该得到相同的动态响应特性。当然,从另外一个角度来说,这也说明一体化调制方法和传统调制方法具有同样的适用性。

最后,对采用五电平减小共模电压调制时的中点电压平衡策略进行实验验证。

在实验平台上,由于母线电容自身参数之间的差异,因此下电容电压会比上电容电压高出 4 V 左右,通过中点平衡方法能够快速消除这个电压偏差,实验波形如图 6.28 所示。

为了进一步验证中点平衡能力,通过在母线下电容两端并联电阻的方式,将母线电压人为拉开 20 V 左右的偏差,相应的实验波形如图 6.29 所示。从启用中点平衡方法到完全消除中点偏差之间的调节时间约为 50 ms(具体数值取决于中点电压偏差大小以及调制过程所使用的开关序列),而从禁用平衡功能到中点恢复到原有偏差之间的变化时间为 800 ms,再次证明中点电压的自然变化是一个非常缓慢的过程,而本节提出的中点平衡方法能够有效消除中点电压偏差,从

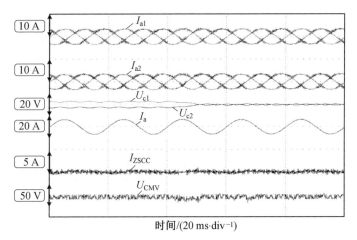

图 6.28　一体化减小共模电压调制原始偏差平衡过程实验波形

而恢复中点平衡状态。

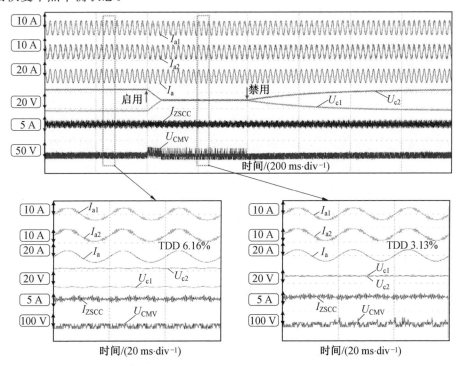

图 6.29　一体化减小共模电压调制中点平衡过程实验波形(彩图见附录)

在中点电压处于不平衡状态时以及恢复平衡状态之后,相应的放大波形也显示在了图 6.29 中,从中可以看出中点电压不平衡会对输出电流畸变水平产生不利影响,而通过平衡算法使得中点电压恢复之后,输出电流畸变也显著减小。

此外,需要注意的是,在平衡方法起作用的过程中,共模电压中出现了 $U_{dc}/6$ 的尖峰,无法始终维持数值为直流母线电压的 1/12。这是因为构造前置和后置开关序列时,所用到的一些基本矢量对应的共模电压为 $U_{dc}/6$。由于没有冗余矢量可用,必须引入共模电压较大的基本矢量才能实现中点平衡,这是在不得已情况下所需付出的代价。好在平衡方法仅在出现中点不平衡的异常工况下才需要启用,一旦中点恢复平衡,就可以重新切换回原始开关序列,从而将共模电压重新限制在 $U_{dc}/12$ 以内。

6.5.2 零共模电压实验

首先,对三电平和五电平零共模电压(ZCMV)调制方法的共模电压和电流谐波进行实验验证和对比。

为了对不同调制策略下输出电流的谐波性能进行客观比较,先在交流侧带阻感负载时进行了不同调制比下的实验。

在 3 种不同的调制策略下,调制比为 0.2 和 0.8 时的实验波形如图 6.30 所示。

实验结果表明,传统三电平 ZCMV 调制 2MV1Z 算法尽管能够消除共模电压,付出的代价却是输出电流的 THD 相对于传统 CSV 调制算法大幅增加;而采用本节所提出的一体化 ZCMV 调制算法,既能保持并联逆变器整体的共模电压

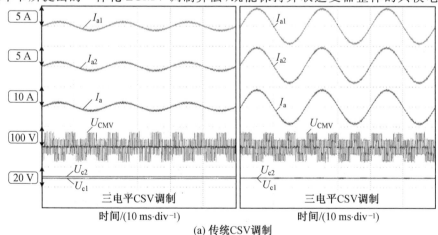

图 6.30 调制比为 0.2(左)和 0.8(右)时不同调制方法的实验波形

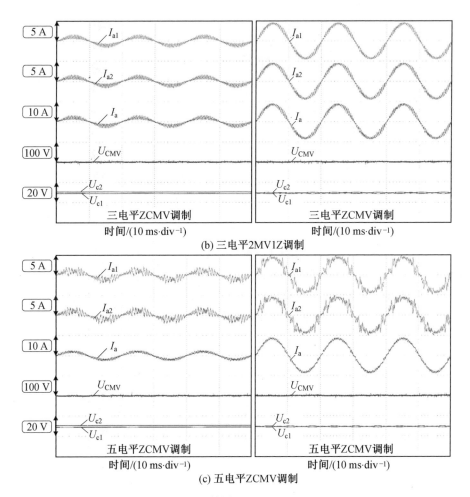

时间/(10 ms·div⁻¹) 时间/(10 ms·div⁻¹)

(b) 三电平2MV1Z调制

时间/(10 ms·div⁻¹) 时间/(10 ms·div⁻¹)

(c) 五电平ZCMV调制

续图 6.30

为零,又能实现比传统三电平 ZCMV 调制 2MV1Z 算法更小的电流谐波含量。

此外,在调制比变化过程中,母线电压中点始终都能保持平衡状态,实验波形也验证了这一点。

三种调制方法的并联输出电流 THD 对比结果如图 6.31(a)所示,电流 TDD 对比结果如图 6.31(b)所示。由图可知,实验结论与仿真结果一致,在任意调制比下,五电平 ZCMV 调制算法的并联输出电流谐波都远小于 2MV1Z 算法。

其次,对采用三电平和五电平 ZCMV 调制时的电流阶跃过程进行实验验证和对比。

并网运行条件下,有功和无功电流给定值从 6 A 阶跃到 12 A 时,系统采用

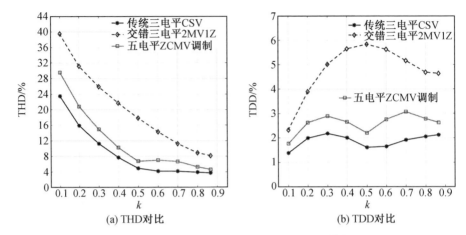

图 6.31 不同调制策略下输出电流谐波含量实验数据对比

传统三电平 ZCMV 调制和五电平 ZCMV 调制方法时的动态响应实验波形分别如图 6.32 和图 6.33 所示。

在实验波形中，I_a 表示系统 A 相并联输出电流；U_{c1} 和 U_{c2} 分别表示直流母线下电容电压和上电容电压；U_{CMV} 表示系统共模电压；I_z 表示并联逆变器之间的零序环流。

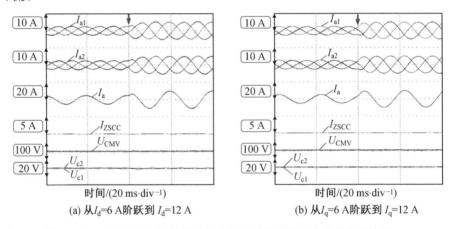

图 6.32 三电平 ZCMV 调制方法在并网运行过程中的动态实验波形

由实验波形可以看出，两种 ZCMV 调制方法都能完全消除共模电压；母线中点电压始终保持平衡状态，这是因为开关序列中所使用的基本矢量所对应的中点电流的充放电均值为零，与前面分析一致。此外，由于开关序列设计本身就能保证环流平均值为零，再加上整个并联系统采用一个控制器进行闭环控制，能

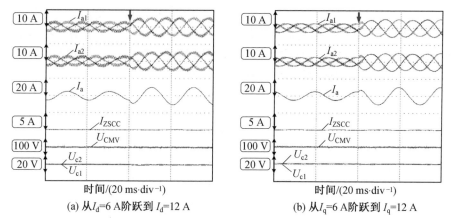

(a) 从 I_d=6 A 阶跃到 I_d=12 A　　　(b) 从 I_q=6 A 阶跃到 I_q=12 A

图 6.33　五电平 ZCMV 调制方法在并网运行过程中的动态实验波形

够最大限度地保证调制信号和控制器参数的一致性,所以并联运行过程中的零序环流也几乎为零。

接下来,对采用五电平 ZCMV 调制时的中点电压平衡策略进行实验验证。

采用五电平 ZCMV 调制时的中点平衡实验波形如图 6.34 所示。实验过程分为三个阶段:第一阶段,系统处于自然平衡状态,中点电压没有偏差;第二阶段,母线电容两端的并联电阻将中点拉开 40 V 电压差,对应图中"中点不平衡过程",持续时间约 3.2 s;第三阶段,启用平衡方法,向交流侧注入偶次谐波,中点逐渐恢复平衡状态,对应图中"中点恢复平衡过程",持续时间约 2 s(说明该平衡方法的速度较慢,与 6.4.2 节的分析一致)。

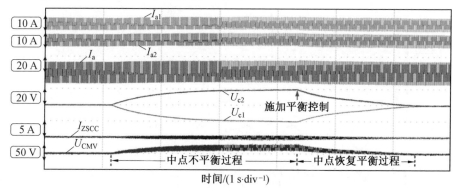

图 6.34　五电平 ZCMV 调制中点平衡过程实验波形

在中点电压偏差最大时,放大的实验波形如图 6.35(a)所示;在中点恢复平衡后的放大实验波形如图 6.35(b)所示。在中点电压偏移逐渐增大的过程中,共模电压和零序环流幅值也随之逐渐增加,原因就在于中点电压不平衡会导致系统空间矢量发生变形,而前面所提出的 ZCMV 调制都是建立在平衡状态下的空间矢量基础上。所以,一旦中点电压出现偏差,ZCMV 的实现效果也就无法保证。而在施加中点平衡算法使得中点电压恢复平衡之后,共模电压和零序环流也都恢复到了预期状态,幅值基本保持为零。

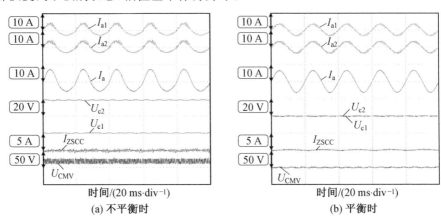

图 6.35　五电平 ZCMV 调制中点恢复平衡前后缩放实验波形

最后,就开关死区设置对零共模电压实现效果的影响进行实验验证。

当死区时间设置为 1 μs 时,采用传统 CSV 调制、传统三电平 ZCMV 调制和五电平 ZCMV 调制算法的实验波形如图 6.36 所示,可见后两种调制方法都能有效维持零共模电压。

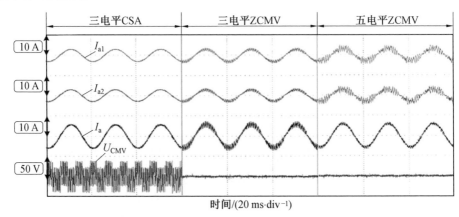

图 6.36　死区设置为 1 μs 时的实验波形

当死区时间增大到 2 μs 时,实验波形如图 6.37 所示。可以看出,对于后两种 ZCMV 调制方法来说,此时由于死区的影响,系统无法维持零共模电压的条件,共模电压有略微的增大。

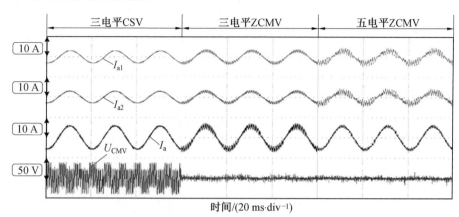

图 6.37　死区设置为 2 μs 时的实验波形

当死区时间继续增大到 4 μs 时,实验波形如图 6.38 所示。可以看出,此时死区的影响已经非常明显。但是即便如此,五电平 ZCMV 调制方法所受到的影响还是要小于传统三电平 ZCMV 调制方法,在耐受死区影响方面仍然具有一定的优越性。

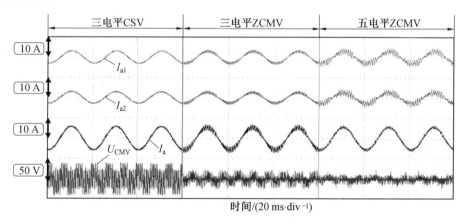

图 6.38　死区设置为 4 μs 时的实验波形

当然,除了影响共模电压之外,死区时间其实对输出电流畸变等其他方面也有一定的影响。已有许多研究提出了相应的死区补偿措施,但是这些措施能否补偿对于共模电压的影响,以及这些措施在 ZCMV 调制算法中的具体实现过程等,仍然有待进一步研究。

本 章 小 结

三电平逆变器传统 CSV 抑制方法的主要缺点在于无法兼顾共模电压和电流谐波。为了解决这一问题,借鉴第 5 章提出的一体化调制理念,本章提出了基于五电平矢量空间的减小共模电压和 ZCMV 调制方法,在进一步减小或消除共模电压的同时,大幅度减小了输出电流的谐波含量。

无论是三电平 ZCMV 调制还是五电平一体化 ZCMV 调制方法,最大调制比都不能超过 $\sqrt{3}/2$。因此,在实际应用中需要采取提高直流母线电压等方法以满足系统需求。

针对双机并联逆变器在减小电流谐波和抑制共模电压方面的性能需求,第 5 章和本章分别提出了一体化连续调制和一体化 CSV 抑制方法,弥补了传统方法的不足。但是,与交错并联类似,环流也是一体化并联必须考虑的问题,下一章将对并联环流的产生机理进行分析,提出相应的环流抑制方案。

第 7 章

一体化并联三电平逆变器的环流抑制方法

本章在分析环流机理和数学模型的基础上,分别提出抑制高频环流和调节低频环流的控制方法。明确增加环流回路阻抗和减小并联压差的高频环流抑制思路,并利用一体化调制额外提供的自由度,提出基于冗余状态交替的改进开关序列,进一步限制了高频环流;分析一体化调制策略下中点电压平衡和零序环流调节的相互影响,提出两者的独立调节思路,解决传统并联模式下仅有零序分量一个控制自由度而带来的相互干扰问题,可以在确保中点电压平衡的同时,对环流平均值的变化趋势进行控制。

7.1　引　　言

当逆变器并联运行时,系统中就会出现环流通道,由于环流通路的共模阻抗非常小,因此当并联模块之间出现硬件参数、控制参数或输出电压不一致等情况时,很小的激励源就会造成很大的零序环流。环流的存在不仅会导致波形畸变、降低系统效率、增加器件应力和内部损耗,严重情况下甚至可能损坏开关器件,因此如果不能很好地对环流进行抑制,那么并联逆变器系统将无法正常运行。

逆变器并联运行时的环流抑制方法大体上可分为硬件法和调制法两类。

硬件法对于不同的并联模式而言都有很好的适用效果。一方面,对于不需要将并联逆变器直流侧和交流侧均直接相连的应用,可以通过在交流侧使用隔离变压器或者在直流侧使用独立直流电压源的方法,切断环流的流通路径;另一方面,对于直流和交流侧均并联在一起的应用来说,则可以使用耦合电感(也称相间变压器)[87]、共模电感[65]、差共模集成电感[88]或者滤波器[89,90]来抑制环流。当然,这些环流抑制硬件在设计和参数选择的过程中,也要考虑实际应用中逆变器的并联方式,根据不同的工作特点实现最佳的参数设计。硬件法的主要缺点在于,增加的硬件设备(多数是无源设备)通常体积较大且造价不菲,不仅需要大量的设计和生产时间,增加系统复杂度,还会增加系统的整体尺寸和成本。

与硬件法不同,并不存在普遍适用的能够有效抑制环流的调制方法。调制法的优点在于不需要在系统中增加任何硬件设备,缺点在于需要针对不同的并联运行方式量身定制相应的调制策略。针对不同并联模式下环流抑制的调制方法主要有以下相关研究。

对于同步并联的研究,有大量是针对分布式并联逆变器的,比如下垂控制[90,91]、通信线路同步[92]等控制方式,在这种并联方式下,所有逆变器都采用相互独立的控制,而且可以采用不同的拓扑结构、硬件参数、控制器参数,甚至可以在多个模块之间任意分配载流能力。但是参数差异和动态过程会导致并联逆变器之间产生低频环流,需要通过调节零序分量或利用改进滤波器进行抑制[93]。与两电平逆变器并联环流的抑制原理类似,文献[53]将无差拍控制应用于并联三电平逆变器,能够有效抑制低频零序环流。而本章主要研究的则是集中式并联逆变器,也就是说所有逆变器由一个控制器集中控制,使用完全同步的载波和调制信号,因此通常无须考虑环流问题。在集中控制模式下,可以通过数字信号处理器(DSP)中的 PWM 模块同步功能以及 PWM 输出信号的光纤分配实现载波和调制波的同步。

对于交错并联来说,环流主要是由载波交错带来的高频环流成分,无法通过调节零序分量予以抑制和消除,必须通过调制予以改善,并通过硬件设备提升环流抑制效果。文献[62]提出了基于特定谐波消除(Selective Harmonics Elimination,SHE)PWM 调制的抑制方法,能够在减少低次电压纹波的基础上,有效减小环流幅值,但是计算过程复杂。文献[94]将载波移相与交错并联相结合,提出了一种两自由度交错并联算法,可以显著减小高频环流幅值,且能轻松推广到多模块并联应用。其他相关研究主要集中在环流产生机理、频谱分析以及如何设计合适的环流抑制硬件参数方面。文献[95]对同相载波层叠(Phase Disposition,PD)、反相载波层叠(Phase Opposition Disposition,POD)和交替反向层叠(Alternative Phase Opposition Disposition,APOD)等不同调制方法在电流质量提升、共模电压消除和并联环流抑制等方面的特性进行了分析。文献[96]则主要针对不同交错并联方法对电流谐波性能的影响进行了深入分析。

在一体化并联方面,目前尚没有关于三电平逆变器的研究,仍以两电平逆变器一体化并联作为参考。一体化并联算法通常都比交错并联的环流更小,但是依然存在高频环流。本章主要的研究思路就是利用开关序列设计的自由度,确保稳态条件下零序环流的平均值为零,并尽可能抑制高频环流大小。

此外,对于三电平逆变器而言,零序环流抑制与中点电压平衡有很强的耦合关系,相关抑制算法都只有零序分量这一个控制自由度,这就造成不同控制目标之间会相互影响,从而难以实现理想的控制效果,这也是在环流控制时必须要考虑的问题。

对于同步并联而言,可以通过折中考虑兼顾不同的控制目标。文献[97]提出了一种对中点电压和零序环流进行协调控制的思路,将中点平衡和环流抑制的控制权分别给予两个并联逆变器,巧妙地缓解了两者之间的相互耦合和干扰。文献[84]在传统三电平 LMZVM 共模电压抑制方法的基础上,提出了引入小矢量的 LMSZVM 调制方法,可同时抑制共模电压和零序环流,但其需要比较复杂的计算过程,而且难以保证中点平衡效果。而对于交错并联来说,由于载波交错必然导致较大的高频环流,会严重影响中点平衡的效果,而且高频环流的抑制本身就很困难,所以要想同时对多种性能指标进行改进,难度更大。一体化并联模式将两台并联逆变器作为整体进行分析,而且开关序列的设计还能提供另外的控制自由度,因此有潜力实现中点电压和环流平均值的独立调节。

7.2　并联三电平逆变器的环流产生机理

在前面各章节中,为了客观对比各种调制方法在输出电流谐波方面的差异,无论是采用同步并联、交错并联还是一体化并联运行模式,在逆变器交流侧输出端使用的都是非耦合电感。如果针对不同调制方法各自的开关序列特点,分别采用经过特殊设计的电感(比如同步并联时采用非耦合电感,交错并联和一体化并联时采用耦合电感),那就难以确定输出电流谐波水平的下降究竟来自于调制方法本身还是特制的滤波电感,也就无从判断各种调制方法在电流谐波性能方面的优劣。但是对于交错并联和一体化并联来说,其开关序列的内在特性决定了在并联逆变器之间不可避免地会出现高频环流,这些环流不仅会影响输出电流畸变,还会在功率器件上产生应力,并增大整个系统的导通损耗,影响能量变换效率,因此需要进一步进行抑制。

本章将对并联逆变器的环流产生机理进行分析,建立基于并联桥臂开关状态的环流数学模型,揭示交错并联和一体化并联模式下环流成分主要是高频环流,而同步并联桥臂的开关状态始终保持一致,因此不会出现高频环流。针对环路中主要的高频成分,验证了交错并联应用中常用的耦合电感在一体化并联模式下也能有效抑制高频环流,此外还从减小并联压差的角度切入,提出了基于改进开关序列的高频环流抑制算法。

此外,前面提出的一体化调制方法都通过开关序列的设计保证了环流均值为零,本章针对特殊工况下可能出现的低频环流直流偏移,进一步提出基于状态分配冗余的调节方法。这种调节方法利用了开关序列设计过程提供的额外自由度,将零序分量留给中点电压平衡功能,可以实现零序环流与中点平衡之间相互独立调节,不会像传统并联模式那样互相干扰和影响。

零序环流是逆变器并联运行时的关键问题之一,不仅会增加系统损耗,降低整体效率,还会造成并联模块之间电流应力的不均衡,从而影响器件寿命。相关文献对背靠背并联三电平逆变器的零序环流进行了建模和分析,指出在直流母线中点相连的情况下机侧和网侧的环流路径相互独立,而在母线中点不相连时则会存在跨越机网两侧的大环流通路。但是一体化并联在调制思路和开关序列等方面都与传统并联模式有明显的区别,因此有必要重新进行建模分析。

7.2.1 并联环流路径及分类

三电平逆变器任意一相桥臂能够输出的电压状态共有 p、o 和 n 三种,背靠背并联拓扑内共有四个三电平逆变器,则 $x(x=a,b,c)$ 相的状态组合就有 $3^4=$ 81 种。不同的状态组合对应着系统内不同的环流路径,尽管无法将这些环流路径一一列举出来,但是可以根据环流激励源的大小将其分为 I ～ III 这三大类,如图 7.1 所示。图中,开关函数 s_{gi} 表示第 i 个机侧逆变器模块的桥臂开关状态,s_{gj}表示第 j 个机侧逆变器模块的桥臂开关状态,其中 $i,j=1,2$。

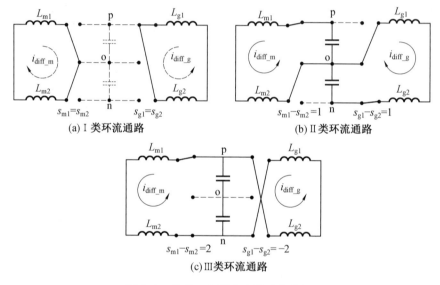

图 7.1   并联三电平逆变器环流路径

无论是机侧还是网侧,环流通路都可以采用相同的分类方式。 I 类环流通路中的环流激励源为零,也就是说单侧并联逆变器的开关状态完全一致; II 类环流通路中的环流激励源为 $U_{dc}/2$,也就是说单侧并联逆变器的开关状态之差为 1 或 -1; III 类环流通路中的环流激励源为 U_{dc},也就是说单侧并联逆变器的开关状态之差为 2 或 -2。

背靠背并联系统的环流通路具有以下几个特点:第一,采用公共直流母线可以切断机侧和网侧之间的环流路径,机侧环流通路和网侧环流通路之间相互独立;第二,机侧和网侧环流阻抗值分别取决于该侧逆变器输出电感阻抗值之和;第三,只要机(网)侧并联逆变器开关状态一致,就不会产生机(网)侧环流。

7.2.2　并联环流的数学模型

图 7.2 所示为两个直流和交流侧均并联在一起的一体化并联三电平逆变器并网系统(机侧也可以相同方式进行分析,不再赘述)。图中,L 为桥臂滤波电感;n 为电网中性点;O_1 和 O_2 分别为逆变器 G_1 和 G_2 的直流母线中点。

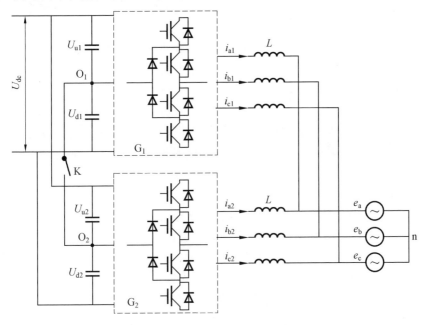

图 7.2　网侧并联系统拓扑结构图

定义开关函数 s_{jk} 表示逆变器模块 k 的 j 相桥臂开关状态,其中 $k=1,2$;$j=$ a,b,c;$s_{jk}=-1,0,1$。开关函数取值 -1、0、1 时分别对应桥臂的负、零、正电平输出。逆变器模块 k 的三相桥臂输出电压可以用开关函数表示为

$$\begin{cases} U_{akO}=\dfrac{U_{dc}}{2}s_{ak}+\dfrac{U_{Nk}}{2}(s_{ak}^2-1) \\[2mm] U_{bkO}=\dfrac{U_{dc}}{2}s_{bk}+\dfrac{U_{Nk}}{2}(s_{bk}^2-1) \\[2mm] U_{ckO}=\dfrac{U_{dc}}{2}s_{ck}+\dfrac{U_{Nk}}{2}(s_{ck}^2-1) \end{cases} \tag{7.1}$$

式中,U_{dc} 为直流母线电压;U_{Nk} 为模块 k 的直流母线上下电容电压之差,$U_{Nk}=$

$U_{uk}-U_{dk}$。

由式(7.1)可得

$$\sum_{j=a,b,c} U_{jkO} = \frac{U_{dc}}{2}\sum_{j=a,b,c} s_{jk} + \frac{U_{Nk}}{2}\sum_{j=a,b,c} (s_{jk}^2 - 1) \tag{7.2}$$

将式(7.2)中的 k 分别取值 1 和 2 并相减,并考虑并联模块中点之间的电压差,可得系统零序环流激励电压表达式为

$$U_z = -\frac{3}{2}(U_{N1} - U_{N2}) + \frac{U_{dc}}{2}\sum_{j=a,b,c}(s_{j1} - s_{j2}) + \left(\frac{U_{N1}}{2}\sum_{j=a,b,c} s_{j1}^2 - \frac{U_{N2}}{2}\sum_{j=a,b,c} s_{j2}^2\right) \tag{7.3}$$

由式(7.3)可知,一体化并联系统的零序环流激励电压可分为三个部分:第一部分是并联逆变器模块中点电位差所产生的激励;第二部分是并联逆变器模块开关动作不一致所产生的激励;第三部分则是中点电位差和开关动作不一致共同作用所产生的激励。

对于第一部分激励源来说,无论是传统并联运行模式还是将并联逆变器作为整体对待的一体化并联模式,也不论采用何种调制策略,都很难保证并联模块的中点电位完全相同。为了有效消除这一部分零序环流激励源,在应用中通常选择将并联模块的中点连在一起。

总体来说,在一体化并联模式下,将并联逆变器的直流母线中点连在一起,有以下三个方面的原因:第一,系统并联之后交流侧总的输出电压是每个模块输出电压的和,只有并联模块中点电位保持一致,才能保证总的并联输出电压等于五电平开关状态所对应的电压;第二,可以消除并联逆变器模块之间中点电位不相等所导致的零序环流;第三,强化中点自然平衡能力,简化中点平衡控制过程。

将并联模块的中点连到一起后,式(7.3)可以重新表示为

$$U_z = \frac{U_{dc}}{2}\sum_{j=a,b,c}(s_{j1} - s_{j2}) + \frac{U_N}{2}\sum_{j=a,b,c}(s_{j1}^2 - s_{j2}^2) \tag{7.4}$$

在正常工作条件下,每个逆变器模块的中点电位基本上都位于平衡态附近,所以 U_N 的数值较小,可近似令 $U_N = 0$,则式(7.4)可进一步简化为

$$U_z = \frac{U_{dc}}{2}\sum_{j=a,b,c}(s_{j1} - s_{j2}) = \frac{U_{dc}}{2}\left(\sum_{j=a,b,c} s_{j1} - \sum_{j=a,b,c} s_{j2}\right) = U_{CMV1} - U_{CMV2} \tag{7.5}$$

因此,从本质上来看,零序环流的主要激励源就是并联三电平逆变器之间的共模电压之差。

此外,式(7.5)还表明,对于采用公共直流母线中点的并联三电平逆变器来说,零序环流的激励电压完全由每一相并联桥臂的开关状态差决定。对于同步

并联来说,在分布式控制模式下,由于载波相互同步,只有调制波信号之间存在偏差,因此系统中只有缓慢变化的低频环流,没有与开关频率相关的高频环流。而在集中控制模式下,载波和调制波信号均保持同步,则几乎也没有低频环流问题。对于交错并联来说,无论是分布式还是集中控制,载波之间始终存在固定的相位差,因此零序环流主要表现为幅值较大的高频环流。

对于五电平一体化并联运行模式而言,其本质也是利用并联逆变器开关状态的交错组合,提供更多的基本矢量,从而减小调制过程中的矢量合成误差,提升并联系统总体输出电流的质量。这就意味着并联桥臂的开关状态在每个开关周期都无法保持一致,因此必然会产生与开关频率相关的高频环流,相关分析和抑制方案将在 7.3 节介绍。此外,由于瞬时环流无法避免,因此必须通过开关序列的设计,确保环流均值为零,一体化调制方法的开关序列设计过程已经实现了这一目标,但实际上开关序列设计过程中的状态分配冗余还能用于环流直流偏移的闭环调节,相关内容将在 7.4 节介绍。

7.3　高频环流的分析与抑制

在三相静止坐标系下,并联逆变器模块的交流输出相电压可表示为

$$\begin{bmatrix} u_{a1} \\ u_{b1} \\ u_{c1} \end{bmatrix} = L\frac{d}{dt}\begin{bmatrix} i_{a1} \\ i_{b1} \\ i_{c1} \end{bmatrix} + R\begin{bmatrix} i_{a1} \\ i_{b1} \\ i_{c1} \end{bmatrix} + \begin{bmatrix} e_a \\ e_b \\ e_c \end{bmatrix} \tag{7.6}$$

$$\begin{bmatrix} u_{a2} \\ u_{b2} \\ u_{c2} \end{bmatrix} = L\frac{d}{dt}\begin{bmatrix} i_{a2} \\ i_{b2} \\ i_{c2} \end{bmatrix} + R\begin{bmatrix} i_{a2} \\ i_{b2} \\ i_{c2} \end{bmatrix} + \begin{bmatrix} e_a \\ e_b \\ e_c \end{bmatrix} \tag{7.7}$$

式中,e_a、e_b 和 e_c 为电网三相电压;u_{jk}、i_{jk} 分别为逆变器 k 中 j 相输出电压和电流,$j=$a,b,c;L 和 R 分别为逆变器输出滤波电感的等效电感和等效电阻。

式(7.6) 减去式(7.7) 可得

$$\begin{bmatrix} \Delta u_a \\ \Delta u_b \\ \Delta u_c \end{bmatrix} = \begin{bmatrix} u_{a1}-u_{a2} \\ u_{b1}-u_{b2} \\ u_{c1}-u_{c2} \end{bmatrix} = L\frac{d}{dt}\begin{bmatrix} i_{a1}-i_{a2} \\ i_{b1}-i_{b2} \\ i_{c1}-i_{c2} \end{bmatrix} + R\begin{bmatrix} i_{a1}-i_{a2} \\ i_{b1}-i_{b2} \\ i_{c1}-i_{c2} \end{bmatrix} \tag{7.8}$$

根据第 5 章式(5.5) 对差模环流的定义,在一个开关周期内进行平均化处理,式(7.8) 可表示为

$$\begin{bmatrix} \Delta u_{\mathrm{a}} \\ \Delta u_{\mathrm{b}} \\ \Delta u_{\mathrm{c}} \end{bmatrix} = \begin{bmatrix} u_{\mathrm{a1}} - u_{\mathrm{a2}} \\ u_{\mathrm{b1}} - u_{\mathrm{b2}} \\ u_{\mathrm{c1}} - u_{\mathrm{c2}} \end{bmatrix} = \frac{U_{\mathrm{dc}}}{2} \begin{bmatrix} d_{sa}^+ - d_{sa}^- \\ d_{sb}^+ - d_{sb}^- \\ d_{sc}^+ - d_{sc}^- \end{bmatrix} = L \frac{\mathrm{d}}{\mathrm{d}t} \begin{bmatrix} i_{\mathrm{diffa}} \\ i_{\mathrm{diffb}} \\ i_{\mathrm{diffc}} \end{bmatrix} + R \begin{bmatrix} i_{\mathrm{diffa}} \\ i_{\mathrm{diffb}} \\ i_{\mathrm{diffc}} \end{bmatrix} \quad (7.9)$$

式中,d_{sj}^+、d_{sj}^- 分别为逆变器模块 j 相桥臂状态之差为 1 和 -1 时的占空比。

由式(7.9)可知,环流的主要激励源就是逆变器模块之间的电压差,而在电压差一定的前提下,环流大小则取决于环流路径中的阻抗。因此,要想进一步抑制环流,可以从两个方面采取措施。

第一个思路是尽可能增加环流路径中的阻抗大小。但在使用非耦合电感的情况下,持续增加电感大小并不现实,更大的电感会有损逆变器的电压源特性。所以,就需要使用既能增加环流路径阻抗同时又不会影响系统动态性能的电感类型,耦合电感恰恰具备这样的特性。

另一个思路是尽可能减小并联桥臂之间的电压差。实际上,在开关序列的设计过程中,所有偶数状态值平均分配为两个三电平状态值,而且在奇数状态值分配时也确保最终的三电平状态值之差最小,此处所遵循的五电平状态分配原则就是保证尽可能减小并联桥臂之间的电压差。

7.3.1 基于耦合电感的高频环流抑制

在前面针对不同调制方法的验证过程中,为了公平比较各种方法的电流谐波水平,在并联逆变器交流输出桥臂上使用的都是非耦合电感(简化电路如图7.3所示),其主要作用包括滤除输出纹波和抑制相间环流。

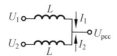

图 7.3 采用非耦合电感时的并联逆变器简化电路

为了对桥臂电感的作用进行分析,可以将图7.3分别表示为等效的共模和差模电路,如图7.4所示。

在图7.4(a)所示的共模电路中,流过两个桥臂电感的电流($I_{1\mathrm{CM}}$ 和 $I_{2\mathrm{CM}}$)大小相等。因此,该电路等效为两个大小均为 L 的电感并联在一起,对应的共模等效电路如图7.4(b)所示。

而在图7.4(c)所示的差模电路中,流过两个桥臂电感的电流($I_{1\mathrm{DM}}$ 和 $I_{2\mathrm{DM}}$)大小相等,但方向相反,所以对应的输出电压为零。该电路对应的差模等效电路如图7.4(d)所示。

以上分析表明,整个并联系统的输出电压仅由共模电压控制。在并联三电

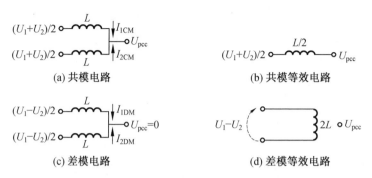

图 7.4　并联逆变器系统共模和差模等效电路

平系统中,U_1 和 U_2 都是三电平电压波形,因此输出电流就是五电平电压$(U_1 + U_2)/2$ 经过等效共模电感 $L/2$ 滤波所得到的结果。从这个角度来看,桥臂电感 L_1 和 L_2 都属于系统滤波网络的一部分,其作用就是对逆变器交流侧产生的阶梯波电压进行滤波。

在并联逆变器系统中,相间环流指的是同相并联桥臂电压差所产生的差模环流。如图 7.4(d) 所示,相间环流路径上的阻抗等于 $2L$(在 $L_1 = L_2 = L$ 的条件下)。环流尽管对输出电流没有任何贡献,但是在流经功率器件时仍会产生损耗和应力,甚至造成设备损坏,所以环流阻抗必须足够大,以抑制相间环流的大小。

综上所述,在选择桥臂电感的大小时,必须综合考虑减小电流谐波和抑制相间环流两个方面的效果。

一方面,电感选择需要在电感大小和电流纹波之间求得平衡。电流纹波越小,IGBT 的开关和导通损耗就越小,但是电感尺寸就会越大,从而导致更大的线圈和铁芯损耗,反之亦然。在实际工程应用中,通常将电流纹波取为额定电流的 $15\% \sim 25\%$,本节使用 20% 的数值,则最大电流纹波可表示为

$$i_{\mathrm{rpmax}} = \frac{U_{\mathrm{dc}}}{8 f_{\mathrm{sw}} L} \tag{7.10}$$

所以,在母线电压 400 V,开关频率 3 600 Hz,额定电流 16 A 的情况下,滤波电感需要满足以下条件:

$$L \geqslant \frac{U_{\mathrm{dc}}}{8 f_{\mathrm{sw}} i_{\mathrm{rpmax}}} = \frac{400}{8 \times 3\,600 \times 16 \times 20\%} = 4.34(\mathrm{mH}) \tag{7.11}$$

另一方面,桥臂电感还得满足抑制相间环流的需要。如果桥臂电感取为 3 mH,则仿真得到的相间环流和零序环流峰值均达到 5 A 左右。若桥臂电感取为 7 mH,则环流峰值可限制到 2 A 以内。

综合电流纹波和相间环流方面的上述考虑,本节最终使用的桥臂电感大小均为 7 mH,pcc 点之后的线路电感为 2 mH,这样总体共模电感为 5.5 mH,满足式(7.11) 的要求。

实际上,在有关逆变器交错并联和一体化并联的许多研究中,所采用的系统拓扑和桥臂电感参数都与本节类似。但是需要说明的是,这样做的主要目的是在相同的硬件条件下公平地对各种调制策略的电流谐波进行比较,并不意味着这就是最佳的方案。比如,对于交错并联来说,耦合电感可能就是更好的选择,使用耦合电感以较小的感值就能实现更好的相间环流抑制效果。而对于一体化并联来说,尽管相关研究非常有限,但是鉴于一体化并联在本质上也可以看作一种特殊的交错并联模式,所以本节也将对耦合电感在一体化调制中的应用进行研究。

交错并联的特点是牺牲并联桥臂的电流质量,换取并联电流谐波的减小。从这个角度来看,本章所提出的一体化并联也具有类似的特点。并联系统电流谐波并没有从系统中真正消除,而是转移到了环流中,必须对并联系统内部的环流进行有效的限制,以避免其增加损耗,降低系统效率。

如果将网侧电感也考虑在内,那么三电平逆变器并联系统的输出滤波网络如图 7.5 所示,包括桥臂电感 L_1、L_2 和负载(网侧)电感 L_g。整个滤波网络会对逆变器交流侧输出的阶梯波电压进行滤波,以抑制谐波并得到正弦输出。

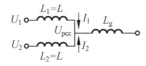

图 7.5 桥臂电感和负载电感组成的滤波网络

在前面对同步、交错和一体化并联方式的验证过程中,使用的系统参数是 $L_1 = L_2 = 7$ mH,$L_g = 2$ mH,对应整个滤波网络的等效滤波电感是 5.5 mH($7/2 + 2 = 5.5$)。 实际上,在保证等效滤波电感不变的前提下,可以对桥臂电感和网侧电感的大小进行调节,以进一步抑制桥臂相间环流和电流纹波。比如,可以将 L_1 和 L_2 增大到 9 mH,而将 L_g 减小到 1 mH,那么等效滤波电感仍然保持为 5.5 mH($9/2 + 1 = 5.5$),但是相间环流路径中的阻抗却从 14 mH 增大到了 18 mH,从而可以实现更好的环流抑制效果,但是这种方案可以调节的范围非常有限。

如果使用非耦合电感作为桥臂电感,好处是它们能够成为并联逆变器系统输出滤波网络的一部分,在一定程度上有助于减小负载滤波电感的大小,但是对

实际应用来说也存在显著的问题,主要包括以下两点:

第一,桥臂电感会削弱逆变器的电压源特性。从负载角度看,单机运行逆变器各相桥臂的交流输出就是逆变器(电源)和负载之间的接口,而对于并联逆变器来说,各逆变器同相桥臂输出经桥臂电感之后的并联 pcc 点才能视为源荷之间的接口。也就是说,并联运行时的桥臂电感实际上增加了电压源逆变器的内部阻抗,在连接负载后会分走更多的电压,因此就削弱了逆变器的电压源特性。

第二,非耦合电感对并联环流的抑制能力较弱。考虑到大功率场合对逆变器并联运行的需求更高,而在大功率应用中开关频率通常较低,这就造成桥臂电感的等效阻抗会比较小,因此对相间环流的抑制能力有限。尽管增大桥臂电感可以成比例地提高环流抑制能力,但是过大的桥臂电感也会进一步增大并联逆变器系统的内阻,削弱逆变器的电压源特性,并增加电感本身的能量消耗。

综上所述,在实际应用中,采用耦合电感可能是更好的解决方案。

如果考虑电感之间的耦合作用,则并联逆变器输出侧的简化电路如图 7.6 所示,图中 L 表示两个桥臂电感的自感值,M 表示两个电感之间的互感值。

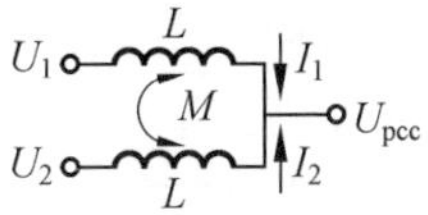

图 7.6　采用耦合电感时的并联逆变器简化电路

与 7.2 节对非耦合电感的分析类似,耦合电感也可以分别表示为图 7.7 所示的共模和差模电路。

在图 7.7(a) 所示的共模电路中,流经两个桥臂电感的电流是相等的,那么每个桥臂电感两端的电压可以表示为

$$U_{LCM} = L\frac{\mathrm{d}I_{1CM}}{\mathrm{d}t} + M\frac{\mathrm{d}I_{2CM}}{\mathrm{d}t} = L\frac{\mathrm{d}I_{1CM}}{\mathrm{d}t} + M\frac{\mathrm{d}I_{1CM}}{\mathrm{d}t} = (L+M)\frac{\mathrm{d}I_{1CM}}{\mathrm{d}t} \quad (7.12)$$

因此,上述共模电路就可以等效为两个值为 $L+M$ 的电感相并联,其等效电路如图 7.7(b) 所示。

而在图 7.7(c) 所示的差模电路中,流经两个桥臂电感的电流大小相等、方向相反,那么每个桥臂电感两端的电压可以表示为

$$U_{LDM} = L\frac{\mathrm{d}I_{1DM}}{\mathrm{d}t} + M\frac{\mathrm{d}I_{2DM}}{\mathrm{d}t} = L\frac{\mathrm{d}I_{1DM}}{\mathrm{d}t} - M\frac{\mathrm{d}I_{1DM}}{\mathrm{d}t} = (L-M)\frac{\mathrm{d}I_{1DM}}{\mathrm{d}t} \quad (7.13)$$

因此,上述差模电路就可以等效为两个值为 $L-M$ 的电感相串联,其等效电路如图 7.7(d) 所示。

对于交错并联以及五电平一体化并联来说,由于相间环流通路上的阻抗等

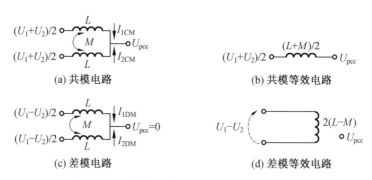

图 7.7 采用耦合电感时的并联逆变器简化电路

于 $2(L-M)$，因此使用耦合电感最大的好处在于，通过选择互感为负数的耦合电感，能够在不影响输出电流的前提下，有效抑制并联桥臂相间环流的纹波，从而减少电感和开关器件的铜损。

事实上，如果电感之间的互感 M 等于零，那么就相当于使用的是非耦合电感，从上述分析可以直接得到上一节有关非耦合电感的分析结果。

以调制比等于 0.6 为例，分别采用 7 mH、9 mH 的普通桥臂电感及 4 mH 的耦合电感时，在交错并联和一体化并联模式下相桥臂电流的仿真波形如图 7.8 所示。

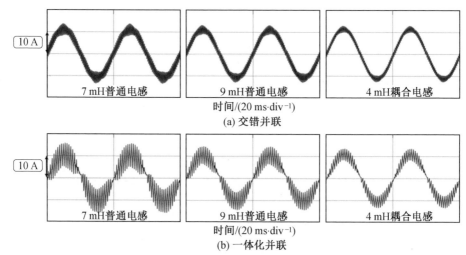

图 7.8 采用耦合电感时的并联逆变器简化电路

显然，无论是交错并联还是一体化并联，使用更大的桥臂电感都能有效抑制桥臂相间环流和电流纹波。更重要的是，使用耦合电感能够进一步减小桥臂电路纹波的大小，从而有助于降低各相桥臂的损耗。

针对使用非耦合电感作为桥臂电感的两大问题——有损逆变器的电压源特性以及对环流抑制效果有限,通过使用耦合电感都能有效解决。一方面,耦合电感仅对差模输入有影响,其等效共模电感为零,这样就能确保并联逆变器的内部阻抗不受桥臂电感的影响,也不会与负载进行分压,从而保证逆变器的电压源特性;另一方面,通过磁场耦合能够大大提高对差模输入的衰减能力,仅需较小的耦合电感就能实现更佳的环流抑制效果。此外,在理想情况下两个并联逆变器的桥臂电流相等,对于异名端连接的耦合电感而言不产生磁通,因此与非耦合电感相比,耦合电感的体积可大大减小。

　　本书至此共提出了适用于双机并联三电平逆变器的三种一体化调制方法,分别是第 5 章的一体化连续调制、第 6 章的一体化减小共模电压调制及零共模电压调制。总体来说,与对应的三电平传统同步并联和交错并联相比,一体化并联的主要优点是能够显著减少并联输出的电流谐波,同时还能对零序环流大小进行有效的抑制,缺点则是增大了并联桥臂上的电流纹波。

　　尽管前面分析表明,与对应的传统三电平调制方法相比,一体化调制能够实现更少的开关次数,从而有助于降低功率器件的开关损耗;但与此同时,一体化调制也在一定程度上增加了并联桥臂的电流纹波,也会导致更大的导通损耗。因此有必要对一体化调制的总体损耗进行分析和验证,对因桥臂电流畸变所增加的导通损耗以及因一体化调制开关序列所减少的开关损耗进行定量比较。

　　作者团队针对普通桥臂电感和耦合电感这两种情况,使用英飞凌数据手册中的 IGBT 参数数据,在 PLECS® 平台上通过仿真对不同调制比下的 A 相桥臂总体损耗进行了分析。在这里,总体损耗主要包括 A 相桥臂上 4 个 IGBT 器件的导通损耗和开关损耗,以及 2 个钳位二极管的导通损耗。

　　首先,对于第 5 章提出的一体化连续调制策略来说,在使用普通桥臂电感时,不同调制比下的损耗分布如图 7.9(a)所示,其中横坐标上的"5L"表示基于五电平空间矢量的一体化并联模式。

　　一方面,一体化并联模式下的开关损耗低于同步并联和交错并联这两种传统模式,与第 5.4.2 节的分析结论一致;另一方面,由于并联桥臂纹波略有增加,因此一体化并联模式下的导通损耗要略高于同步和交错并联,但从总体上来说,一体化并联在当前参数条件下时的总体损耗仍要低于交错并联。

　　将普通桥臂电感换成耦合电感,则对应的损耗分布如图 7.9(b)所示。显然,无论是交错还是一体化并联,由于耦合电感有效限制了并联桥臂电流纹波,因此相应的导通损耗得到了明显减小,无论是开关损耗、导通损耗和整体损耗都要优于传统同步并联模式。此外,仅就交错和一体化并联相比较,得益于更小的开关损耗,一体化并联的总体损耗也更少。这就说明,耦合电感显然更加适合交错和一体化并联,不仅能够显著减小电流谐波,还能实现更高的系统效率。

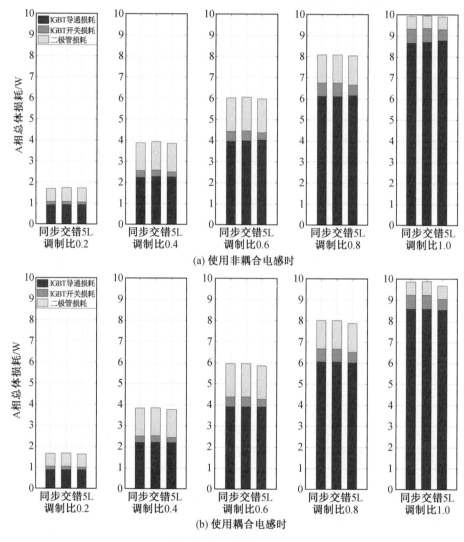

图 7.9　同步、交错和一体化并联连续调制策略的 A 相桥臂损耗仿真数据

　　其次,对于第 6 章提出的一体化减小共模电压调制策略来说,使用普通桥臂电感时的损耗分布如图 7.10(a)所示,将普通桥臂电感换成耦合电感后的损耗分布如图 7.10(b)所示,图中横坐标上的"3L"表示传统三电平减小共模电压调制方法,而"5L"则对应基于五电平空间矢量的一体化减小共模电压调制方法。

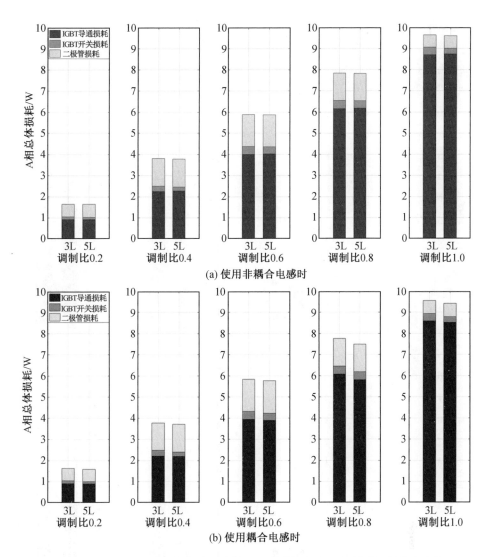

图 7.10　传统三电平和一体化减小共模电压调制策略的 A 相桥臂损耗仿真数据

由仿真数据可知,在使用非耦合电感时,一体化并联模式下的开关损耗低于传统三电平减小共模电压调制方法,与第 6.2.3 节的分析结论一致。另外,由于并联桥臂纹波略有增加,因此一体化减小共模电压模式时的导通损耗略高于传统调制方法。总体而言,一体化减小共模电压调制当前参数条件下的总体损耗仍要低于三电平调制。而在使用耦合电感时,由于耦合电感有效限制了并联桥臂电流的纹波大小,因此相应的导通损耗明显减小,一体化减小共模电压调制的开关损耗、导通损耗和整体损耗都要优于传统三电平调制过程。

最后,对于第 6 章提出的一体化零共模电压调制策略来说,使用不同电感时的损耗分布如图 7.11 所示,图中横坐标"3L"表示传统三电平零共模电压调制方法,而"5L"则对应基于五电平空间矢量的一体化零共模电压调制方法。

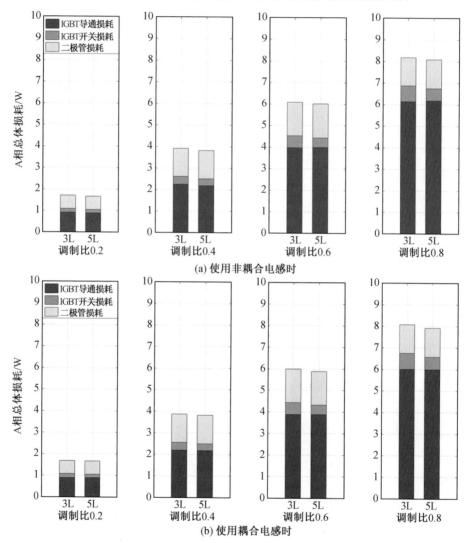

图 7.11　传统三电平零共模和一体化零共模电压调制策略的 A 相桥臂损耗仿真数据

从仿真数据可以看出,使用非耦合电感时,一体化并联模式下的开关损耗低于传统三电平零共模电压调制方法,而导通损耗略高于传统调制方法。总体而言,一体化零共模电压调制当前参数条件下的总体损耗仍要低于三电平零共模电压调制。

将普通桥臂电感换成耦合电感之后,由于并联桥臂电流纹波受到抑制,因此相应的导通损耗明显减小。无论是开关损耗、导通损耗还是整体损耗,一体化零共模电压调制相较于传统三电平零共模电压调制的优势都更加明显。

需要说明的是,本节仅针对实验平台所用参数进行了仿真分析,而并联运行的逆变器往往出现在大功率应用场景中。对于中高压大功率逆变器而言,尽管通常会采用较低的开关频率,但是由于开关过程更慢且电压电流等级较高,因此其开关损耗远大于导通损耗。鉴于开关损耗是功率器件的主要损耗,一体化调制方法在减少开关次数方面的优势会更加显著。

7.3.2　基于开关序列的高频环流抑制

以 Ⅰ 扇区 2 小区为例,原始开关序列构造过程及其对应的零序环流变化趋势如图 7.12 所示。

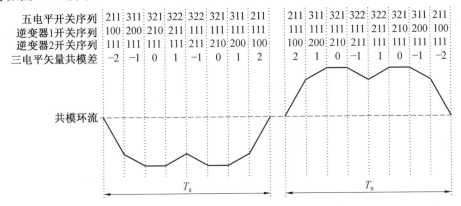

图 7.12　Ⅰ扇区 2 小区原始开关序列零序环流示意图

只有数值为奇数的五电平状态在分配时才会影响环流,而如果某个基本矢量的三相开关状态中含有两个以上(含)的奇数值,那么不同的分配策略就会导致不同的差模环流。以基本矢量“211”为例,如果分解为“100”和“111”,则两个三电平逆变器的共模状态和之差就是 $-2(1+0+0-1-1-1=-2)$;但是如果分解为“101”和“110”,则共模状态和之差就是 $0(1+0+1-1-1-0=0)$。尽管这两种分配方式造成的共模电压变化趋势不同(对应于零序环流的变化趋势也不同),但是都能合成相同的五电平输出电压矢量,所以说在开关序列的分配过程中提供了一个新的自由度。为便于区分,将 5.3.2 节的开关序列称为原始开关序列,而将本节提出的新型开关序列构造方法称为改进开关序列。

Ⅰ扇区 2 小区的改进开关序列构造过程以及对应的零序环流变化趋势如图 7.13 所示。对比图 7.12 所示的原始开关序列环流变化形式可知,采用改进开关序列能够显著减小零序环流的大小。

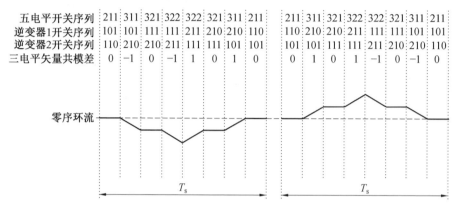

图 7.13　Ⅰ扇区 2 小区改进开关序列零序环流示意图

类似地,Ⅰ扇区 1～9 小区对应的两种开关序列及其环流变化形式如图 7.14 所示。由环流示意图可知,个别区域的环流本身就已经很小,没有改进空间(比如Ⅰ扇区的 6、7、8 小区),因此仍采用原来的开关序列;而在其余区域内,采用改进开关序列都能显著减小共模环流的幅值。对于Ⅰ扇区 10～16 小区的开关序列,也可以通过类似的方法对环流变化形式进行分析,从而得到相应的改进开关序列,此处不再赘述。

根据空间矢量调制的基本原理,距离参考电压矢量最近的三个基本矢量会在一个开关周期内轮流作用,以合成与参考电压矢量相同的伏秒积。开关序列的改变往往会影响调制过程中的电流纹波和开关次数,因此需要对本节提出的改进开关序列进行相应的分析和验证。

首先,如 5.4.1 节所述,在双机并联三电平逆变器对应的五电平矢量空间内,调制算法所使用的五电平基本矢量决定了调制过程中的矢量合成误差,进而就可以确定对应的电流纹波水平。本节提出的改进开关序列,改进的仅仅是将五电平矢量分配为三电平状态的组合方式,而最终合成的五电平矢量仍与原始开关序列完全一致,因此并不会对输出电流纹波产生影响。

其次,基于改进开关序列也可以对不同区域内的开关次数进行分析,以Ⅰ扇区 2 小区和Ⅰ扇区 4 小区为例,相应的改进开关序列及其开关次数分析如图 7.15所示,图中箭头表示桥臂状态的开关动作时刻。假设参考电压矢量位于

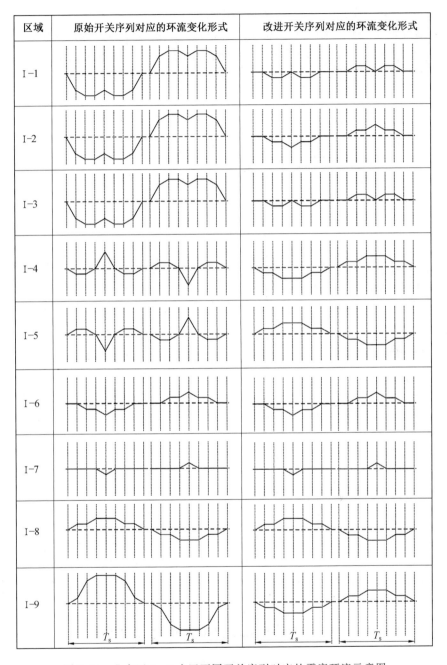

图 7.14　Ⅰ扇区 1～9 小区不同开关序列对应的零序环流示意图

Ⅰ扇区2小区,则在两个连续开关周期内的动作次数是4次,如图7.15(a)所示。如果参考矢量位于Ⅰ扇区8小区,则动作次数是5次,如图7.15(b)所示。

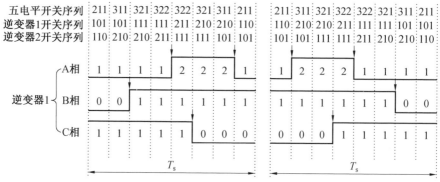

(a) Ⅰ扇区2小区改进开关序列

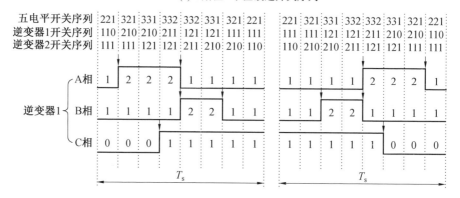

(b) Ⅰ扇区4小区改进开关序列

图7.15 改进开关序列对应的开关动作次数分析

其他区域改进开关序列对应的开关次数也可以按照类似的方式进行分析,此处不再一一列举。总体来说,改进开关序列仍然保持了与原始开关序列一样的开关次数,每台逆变器在两个连续开关周期内的动作次数随参考电压矢量所处位置的分布情况也与前面完全一致。综上所述,改进开关序列不仅有效限制了零序环流的幅值大小,还保持了与原始开关序列相同的电流质量和开关次数。

7.4 低频环流的分析与控制

对于分布式控制的并联逆变器,无论采用同步并联还是交错并联,都会因控制信号和电路参数的差异而产生低频环流,而且低频环流主要包括直流偏移和三的奇数倍频率的环流。为了消除低频环流,通常会采用比例谐振积分或比例复数积分控制器对系统中的零序分量进行调节。但是对于本节所研究的集中式控制方式来说,不管是同步、交错还是一体化并联,调制波和载波在每个开关周期的严格同步都能确保低频环流中不会出现三的奇数倍频率的分量,所以本节所分析的低频环流主要就是指环流的直流偏移。

在并联逆变器系统中,环流的直流偏移实际上代表了并联逆变器交流输出端的均压水平,直流偏移量不为零意味着并联逆变器之间存在持续的电压差,进而会使并联模块承受不同的应力,严重情况下甚至会因过压而损坏。

对于本书提出的一体化调制方法来说,无论是第 5 章的连续调制,还是第 6 章的减小共模电压和零共模电压调制,在开关序列的设计过程中,都要遵守五电平状态的特定分配规则,主要目的就是为了确保并联环流的直流偏移始终保持为零,从而保证并联系统能够正常运行。但是,在逆变器故障等特殊工况下,系统环流均值仍有可能出现偏移,仅仅通过开关序列确保环流稳态均值为零可能无法满足系统需求,因此需要对环流直流偏移的动态调节方法进行研究。

7.4.1　基于状态分配的环流调节原理

本节研究的典型三电平逆变器并联拓扑采用共直流母线、共交流母线和共母线中点连接的结构,在这种双并联逆变器系统中,每个逆变器的各相输出电压可表示为

$$
\begin{cases}
U_{x1O} = (s_{x1} - 1) \times \dfrac{U_{dc}}{2} \\
U_{x2O} = (s_{x2} - 1) \times \dfrac{U_{dc}}{2}
\end{cases}, \quad x = a, b, c; s_{x1}, s_{x2} = 0, 1, 2 \tag{7.14}
$$

式中,U_{x1O}、U_{x2O} 分别为逆变器 1 和逆变器 2 的 x 相电压;s_{x1}、s_{x2} 分别为逆变器 1 和逆变器 2 的 x 相桥臂开关状态;U_{dc} 为直流母线电压。

并联逆变器同相桥臂输出电压差会在该相差模环流通路上产生差模环流(已在第 7.2 节进行了分析),则差模环流可表示为

$$
i_{\text{diff}x} = i_{x1} - i_{x2}, \quad x = a, b, c \tag{7.15}
$$

针对差模环流回路列写微分方程,可得

$$
U_{x1O} - U_{x2O} = 2L_{\text{f}} \frac{\mathrm{d}i_{\text{diff}x}}{\mathrm{d}t} + 2R_{\text{f}}i_{\text{diff}x} \tag{7.16}
$$

式中,L_{f}、R_{f} 分别为逆变器交流侧输出桥臂滤波电感及其等效电阻值。

将式(7.14)代入式(7.16)可得

$$2L_f \frac{\mathrm{d}i_{\mathrm{diff}x}}{\mathrm{d}t} + 2R_f i_{\mathrm{diff}x} = \frac{U_{\mathrm{dc}}(s_{x1} - s_{x2})}{2}, \quad x = a, b, c \tag{7.17}$$

式(7.17)表明,差模环流的变化率取决于并联逆变器同相桥臂开关状态之差。而零序环流等于三相差模环流之和,因此可表示为

$$i_z = \frac{1}{2} \sum_{x=a,b,c} i_{\mathrm{diff}x} \tag{7.18}$$

将式(7.18)代入式(7.17)可得

$$4L_f \frac{\mathrm{d}i_z}{\mathrm{d}t} + 4R_f i_z = \frac{U_{\mathrm{dc}}}{2} \sum_{x=a,b,c} (s_{x1} - s_{x2}) \tag{7.19}$$

需要说明的是,这里采用 i_z 表示共模零序环流,而未采用 i_0,因为 i_0 通常用于表示零序电流(比如交流输出三相电流之和),和环流的概念容易混淆。实际上,三电平逆变器 1 和 2 的零序环流可表示为

$$i_{01} = -i_{02} = \frac{i_{a1} + i_{b1} + i_{c1}}{3} \tag{7.20}$$

将式(7.20)代入式(7.18)可得

$$i_z = \frac{(i_{a1} - i_{a2}) + (i_{b1} - i_{b2}) + (i_{c1} - i_{c2})}{2} = \frac{3i_{01} - 3i_{02}}{2} = \frac{6i_{01}}{2} = 3i_{01} \tag{7.21}$$

也就是说,共模(零序)环流实际上等于逆变器 1 零序电流的 3 倍,在实验时可以使用一个电流钳直接夹住三相输出线路进行测量。

在式(7.19)中,若将零序环流 i_z 的激励源表示为

$$u_z = \frac{U_{\mathrm{dc}}}{2} \sum_{x=a,b,c} (s_{x1} - s_{x2}) \tag{7.22}$$

则式(7.19)可重新表示为

$$4L_f \frac{\mathrm{d}i_z}{\mathrm{d}t} + 4R_f i_z = u_z \tag{7.23}$$

以 5.3 节的一体化连续调制方法为例,在其开关序列设计过程中,一个很重要的目标就是要确保在每个调制周期(包括连续的两个开关周期)内环流的平均值为零。举例来说,Ⅰ扇区 1 小区的开关序列构造过程如图 7.16 所示。

由图 7.16 可知,在第一个开关周期内,前半个周期采用的状态分配方式为,五电平状态"1"分配为三电平状态"01"且五电平状态"3"分配为三电平状态"21";后半个周期则采用相反的分配方式,五电平状态"1"分配为三电平状态"10"且五电平状态"3"分配为三电平状态"12"。第二个开关周期内的开关序列与第一个开关周期对称,也就是说,第二个开关周期的前半周期与第一个开关周期的后半周期采用相同的状态分配方式,并在后半个周期采用另一种相反的分配方式。

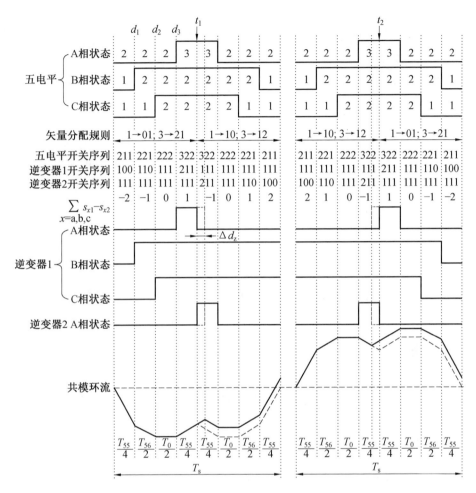

图 7.16　Ⅰ扇区 1 小区一体化连续调制策略的开关序列构造过程示意图

在一个完整的调制周期中,五电平状态的分配方式变化了两次,分别位于第一个和第二个开关周期的正中间位置(表示为 t_1 和 t_2)。从开关序列对应的零序状态差可知,在每个开关周期内,状态分配方式交替前后零序环流的变化趋势正好相反。仍以图 7.16 为例,在第一个开关周期内 t_1 时刻之前,零序状态差为"1",它会导致零序环流增加(从图中最下方共模环流的变化趋势可以得到验证);而在 t_1 时刻之后,零序状态差为"−1",它会导致零序环流减小。在第二个开关周期内 t_2 时刻之前,零序状态差为"−1",它会导致零序环流减小;而在 t_2 时刻之后,零序状态差为"1",它会导致零序环流增大。正是这样的工作机制,确保了在每个调制周期内,零序环流的平均值为零。

由上述分析可知,在正常情况下,t_1 和 t_2 时刻位于每个开关周期的正中心位置,也就是说中间矢量 322 的作用时间被平均分配成两份,一份对应三电平逆变器 1 的状态"211"和逆变器 2 的状态"111",另一份则对应逆变器 1 的状态"111"和逆变器 2 的状态"211"。那么,如果对五电平状态分配方式的切换时刻进行调节(或者说对中间矢量 322 的时间分配做出调整),则可以调节零序环流的变化趋势,从而改变零序环流的平均值大小。

假设在每个开关周期中间矢量两种冗余分配方式的时间调节量为 Δd_z。如果冗余分配使零序状态差为负,则相应矢量作用时间减去 Δd_z,若为正则加上 Δd_z。以 I 扇区 1 小区为例,可以推导出在一个调制周期内的零序电压为(对于其他区,也可以推导出类似的公式,只是前面的常量系数不尽相同)

$$u_z = \frac{U_{dc}}{2}\left(\frac{T_1}{4}+\Delta d_z\right) - \frac{U_{dc}}{2}\left(\frac{T_1}{4}-\Delta d_z\right) = U_{dc}\Delta d_z \tag{7.24}$$

所以式(7.23)可以表示为

$$4L_f\frac{di_z}{dt} + 4R_f i_z = U_{dc}\Delta d_z \tag{7.25}$$

式(7.25)在 s 域可表示为

$$i_z(s) = \frac{U_{dc}}{4(sL_f + R_f)}\Delta d_z(s) \tag{7.26}$$

式(7.26)表示一个一阶系统,因此可以针对它设计出相应的控制器,经由一个 PI 调节器对 Δd_z 进行调节,从而实现零序环流的精确控制,相应的零序环流闭环调节系统框图如图 7.17 所示,图中 T_d 表示延迟时间。

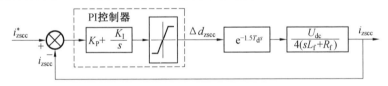

图 7.17   零序环流闭环调节系统框图

需要说明的是,本节在零序环流闭环调节过程中利用的是状态分配冗余这个独特的控制自由度,这是传统并联运行模式所不具备的。正因如此,在一体化并联模式下,可以将冗余矢量作用时间仅用于中点电压平衡控制,而使用状态分配冗余进行零序环流调节,从而避免中点平衡和环流控制之间的相互影响。

7.4.2   零序环流与中点电压的独立调节

对于三电平逆变器的传统并联运行方式而言,零序环流和中点平衡都需要对零序分量进行调节(体现在空间矢量调制过程中,就是对冗余小矢量的作用时间分配比例进行调节)。既然两个控制过程共用同一个控制自由度,那么控制器之间就会存在耦合,往往需要在两个控制目标之间进行折中,有些情况下甚至会相互矛盾,进而干扰控制目标的实现。相关文献提出了机侧和网侧分别对零序环流和中点电压进行调节的协调控制策略,但是并未对两者之间的相互影响进行分析和验证。本书提出的一体化调制方法,在开关序列的设计过程中实际上还提供一个额外的控制自由度,那就是五电平状态分配过程中的冗余,利用这个自由度可以对零序环流进行闭环调节,而且能够实现与中点平衡之间的独立控制。

在第 5 章已经分析了基于冗余矢量在一体化连续调制过程中实现中点电压平衡的策略,其主要思路就是根据测量得到的直流母线上下电容电压偏差,计算得到一个调节系数 k_{np},利用这个系数对每个开关周期内一对冗余小矢量(对于 Ⅰ 扇区 1 小区来说,这一对冗余小矢量就是 211 和 322)的作用时间分配比例进行调节,从而实现中点平衡。而通过上一节的分析可知,只需调节每个开关周期内中间矢量(对于 Ⅰ 扇区 1 小区来说,这个中间矢量就是 322)状态分配的时间比例 k_z,即可实现零序环流的调节。因此综合来看,可以先根据中点平衡的需要对冗余矢量进行调节,然后再根据环流控制的需要,对中间矢量在调整后的状态分配进行调节,即可实现中点平衡和零序环流之间的解耦控制。

仍以图 7.16 所示 Ⅰ 扇区 1 小区的开关序列为例,在没有进行中点平衡和零序环流控制时,相应的调节系数 k_{np} 和 k_z 都等于零。此时,在连续的两个开关周期内,第一个周期前半部分和第二个周期后半部分逆变器 1 的零序电压(等于第一个周期后半部分和第二个周期前半部分逆变器 2 的零序电压)均为

$$u'_{01} = u''_{02} = \overbrace{\left(U_{np} - \frac{U_{dc}}{2} - \frac{U_{dc}}{2}\right)\frac{T_1}{4}}^{100} + \overbrace{\left(U_{np} + U_{np} - \frac{U_{dc}}{2}\right)\frac{T_2}{2}}^{110} +$$

$$\overbrace{(U_{np} + U_{np} + U_{np})\frac{T_3}{2}}^{111} + \overbrace{\left(\frac{U_{dc}}{2} + U_{np} + U_{np}\right)\frac{T_1}{4}}^{211}$$

$$= U_{np}\left(\frac{3T_1}{4} + T_2 + \frac{3T_3}{2}\right) + U_{dc}\left(-\frac{T_1}{8} - \frac{T_2}{4}\right) \tag{7.27}$$

式中,U_{np} 为中点电压;U_{dc} 为直流母线电压;T_1、T_2 和 T_3 分别为一个开关周期内最近三矢量的作用时间。

第一个周期前半部分和第二个周期后半部分逆变器 2 的零序电压(等于第一个周期后半部分和第二个周期前半部分逆变器 1 的零序电压)均为

$$u''_{01} = u'_{02} = \overbrace{(U_{np} + U_{np} + U_{np})}^{111} \left(\frac{T_1}{4} + \frac{T_2}{2} + \frac{T_3}{2} + \frac{T_1}{4} \right) = \frac{3}{2} U_{np} \qquad (7.28)$$

因此,在第一个周期前半部分和第二个周期后半部分,并联逆变器之间的零序环流激励电压为

$$u'_z = u'_{01} - u'_{02} = U_{np} \left(\frac{3T_1}{4} + T_2 + \frac{3T_3}{2} - \frac{3}{2} \right) + U_{dc} \left(-\frac{T_1}{8} - \frac{T_2}{4} \right) \qquad (7.29)$$

而第一个周期后半部分和第二个周期前半部分,并联逆变器之间的零序环流激励电压为

$$u''_z = u''_{01} - u''_{02} = -u'_z \qquad (7.30)$$

也就是说,无论是在哪个开关周期内,零序环流激励电压的平均值均为零,这也是该开关序列能够维持平均环流为零的原因。

接下来,要分别证明中点平衡和环流控制相互之间不会影响,即两者的调节过程相互独立。

首先,假设环流调节系数 k_z 保持为零,同时通过 k_{np} 对零序分量进行调节,以实现中点电压平衡,则式(7.27)变为

$$u'_{01} = u''_{02} = \overbrace{\left(U_{np} - \frac{U_{dc}}{2} - \frac{U_{dc}}{2} \right)}^{100} \frac{T_1}{4} \times (1 - k_{np}) + \overbrace{\left(U_{np} + U_{np} - \frac{U_{dc}}{2} \right)}^{110} \frac{T_2}{2} +$$

$$\overbrace{(U_{np} + U_{np} + U_{np})}^{111} \frac{T_3}{2} + \overbrace{\left(\frac{U_{dc}}{2} + U_{np} + U_{np} \right)}^{211} \frac{T_1}{4} \times (1 + k_{np})$$

$$= U_{np} \left(\frac{3T_1}{4} + T_2 + \frac{3T_3}{2} + \frac{k_{np} T_1}{4} \right) + U_{dc} \left(-\frac{T_1}{8} - \frac{T_2}{4} + \frac{3 k_{np} T_1}{8} \right) \qquad (7.31)$$

式(7.28)变为

$$u''_{01} = u'_{02} = \overbrace{(U_{np} + U_{np} + U_{np})}^{111} \left[\frac{T_1}{4} \times (1 + k_{np}) + \frac{T_2}{2} + \frac{T_3}{2} + \frac{T_1}{4} (1 - k_{np}) \right] = \frac{3}{2} U_{np}$$

$$(7.32)$$

式(7.29)变为

$$u'_z = u'_{01} - u'_{02} = U_{np} \left(\frac{3T_1}{4} + T_2 + \frac{3T_3}{2} - \frac{3}{2} + \frac{k_{np} T_1}{4} \right) + U_{dc} \left(-\frac{T_1}{8} - \frac{T_2}{4} + \frac{3 k_{np} T_1}{8} \right)$$

$$(7.33)$$

尽管式(7.29)的表达方式发生了变化,但是由于式(7.30)依然成立,因此在开关周期内,零序环流激励电压平均值还是零,也就是说,通过 k_{np} 调节中点电压并不会对环流平均值产生影响。

在已通过 k_{np} 对零序分量进行了调节并实现中点电压平衡的前提下,假如通

过环流调节系数 k_z 对零序环流进行调节,则三电平逆变器 1 在第一个开关周期中前半周期内的零序电压可表示为

$$u'_{01} = \overbrace{\left(U_{\mathrm{np}} - \frac{U_{\mathrm{dc}}}{2} - \frac{U_{\mathrm{dc}}}{2}\right)}^{100} \frac{T_1}{4} \times (1 - k_{\mathrm{np}}) + \overbrace{\left(U_{\mathrm{np}} + U_{\mathrm{np}} - \frac{U_{\mathrm{dc}}}{2}\right)}^{110} \frac{T_2}{2} +$$

$$\overbrace{(U_{\mathrm{np}} + U_{\mathrm{np}} + U_{\mathrm{np}})}^{111} \frac{T_3}{2} + \overbrace{\left(\frac{U_{\mathrm{dc}}}{2} + U_{\mathrm{np}} + U_{\mathrm{np}}\right)}^{211} \frac{T_1}{4} \times (1 + k_{\mathrm{np}}) \times (1 + k_z)$$

$$= U_{\mathrm{np}} \left[\frac{3T_1}{4} + T_2 + \frac{3T_3}{2} + \frac{k_{\mathrm{np}} T_1}{4} + \frac{k_z (1 + k_{\mathrm{np}}) T_1}{2} \right] +$$

$$U_{\mathrm{dc}} \left[-\frac{T_1}{8} - \frac{T_2}{4} + \frac{3k_{\mathrm{np}} T_1}{8} + \frac{k_z (1 + k_{\mathrm{np}}) T_1}{8} \right] \tag{7.34}$$

三电平逆变器 1 在第二个开关周期中后半周期内的零序电压为

$$u''_{01} = \overbrace{(U_{\mathrm{np}} + U_{\mathrm{np}} + U_{\mathrm{np}})}^{111} \left[\frac{T_1}{4} \times (1 + k_{\mathrm{np}}) \times (1 - k_z) + \frac{T_2}{2} + \frac{T_3}{2} + \frac{T_1}{4} (1 - k_{\mathrm{np}}) \right]$$

$$= U_{\mathrm{np}} \left[\frac{3}{2} - \frac{3T_1 (1 + k_{\mathrm{np}}) k_z}{4} \right] \tag{7.35}$$

类似地,三电平逆变器 2 在第一个开关周期中前半周期内的零序电压可表示为

$$u'_{02} = \overbrace{(U_{\mathrm{np}} + U_{\mathrm{np}} + U_{\mathrm{np}})}^{111} \left[\frac{T_1}{4} \times (1 + k_{\mathrm{np}}) \times (1 + k_z) + \frac{T_2}{2} + \frac{T_3}{2} + \frac{T_1}{4} (1 - k_{\mathrm{np}}) \right]$$

$$= U_{\mathrm{np}} \left[\frac{3}{2} + \frac{3T_1 (1 + k_{\mathrm{np}}) k_z}{4} \right] \tag{7.36}$$

三电平逆变器 2 在第二个开关周期中后半部分的零序电压为

$$u''_{02} = \overbrace{\left(U_{\mathrm{np}} - \frac{U_{\mathrm{dc}}}{2} - \frac{U_{\mathrm{dc}}}{2}\right)}^{100} \frac{T_1}{4} \times (1 - k_{\mathrm{np}}) + \overbrace{\left(U_{\mathrm{np}} + U_{\mathrm{np}} - \frac{U_{\mathrm{dc}}}{2}\right)}^{110} \frac{T_2}{2} +$$

$$\overbrace{(U_{\mathrm{np}} + U_{\mathrm{np}} + U_{\mathrm{np}})}^{111} \frac{T_3}{2} + \overbrace{\left(\frac{U_{\mathrm{dc}}}{2} + U_{\mathrm{np}} + U_{\mathrm{np}}\right)}^{211} \frac{T_1}{4} \times (1 + k_{\mathrm{np}}) \times (1 - k_z)$$

$$= U_{\mathrm{np}} \left[\frac{3T_1}{4} + T_2 + \frac{3T_3}{2} + \frac{k_{\mathrm{np}} T_1}{4} - \frac{k_z (1 + k_{\mathrm{np}}) T_1}{2} \right] +$$

$$U_{\mathrm{dc}} \left[-\frac{T_1}{8} - \frac{T_2}{4} + \frac{3k_{\mathrm{np}} T_1}{8} - \frac{k_z (1 + k_{\mathrm{np}}) T_1}{8} \right] \tag{7.37}$$

那么,在第一个开关周期内,零序环流的激励电压可表示为

$$u'_z = u'_{01} - u'_{02} = U_{np}\left[\frac{3T_1}{4} + T_2 + \frac{3T_3}{2} + \frac{k_{np}T_1}{4} + \frac{k_z(1+k_{np})T_1}{2}\right] +$$

$$U_{dc}\left[-\frac{T_1}{8} - \frac{T_2}{4} + \frac{3k_{np}T_1}{8} + \frac{k_z(1+k_{np})T_1}{8}\right] - U_{np}\left[\frac{3}{2} + \frac{3T_1(1+k_{np})k_z}{4}\right]$$

$$= U_{np}\left[\frac{3T_1}{4} + T_2 + \frac{3T_3}{2} + \frac{k_{np}T_1}{4} - \frac{3}{2} - \frac{k_z(1+k_{np})T_1}{4}\right] +$$

$$U_{dc}\left[-\frac{T_1}{8} - \frac{T_2}{4} + \frac{3k_{np}T_1}{8} + \frac{k_z(1+k_{np})T_1}{8}\right] \tag{7.38}$$

而在第二个开关周期内，零序环流的激励电压表示为

$$u''_z = u''_{01} - u''_{02}$$

$$= U_{np}\left[\frac{3}{2} - \frac{3T_1(1+k_{np})k_z}{4}\right] -$$

$$U_{np}\left[\frac{3T_1}{4} + T_2 + \frac{3T_3}{2} + \frac{k_{np}T_1}{4} - \frac{k_z(1+k_{np})T_1}{2}\right] -$$

$$U_{dc}\left[-\frac{T_1}{8} - \frac{T_2}{4} + \frac{3k_{np}T_1}{8} - \frac{k_z(1+k_{np})T_1}{8}\right]$$

$$= U_{np}\left[\frac{3}{2} - \frac{3T_1}{4} - T_2 - \frac{3T_3}{2} - \frac{k_{np}T_1}{4} - \frac{T_1(1+k_{np})k_z}{4}\right] -$$

$$U_{dc}\left[-\frac{T_1}{8} - \frac{T_2}{4} + \frac{3k_{np}T_1}{8} - \frac{k_z(1+k_{np})T_1}{8}\right] \tag{7.39}$$

最终，在一个完整的调制周期（即两个连续的开关周期）内，零序环流的激励电压为

$$u_z = u'_z + u''_z$$

$$= U_{np}\left[\frac{3T_1}{4} + T_2 + \frac{3T_3}{2} + \frac{k_{np}T_1}{4} - \frac{3}{2} - \frac{k_z(1+k_{np})T_1}{4}\right] +$$

$$U_{dc}\left[-\frac{T_1}{8} - \frac{T_2}{4} + \frac{3k_{np}T_1}{8} + \frac{k_z(1+k_{np})T_1}{8}\right] +$$

$$U_{np}\left[\frac{3}{2} - \frac{3T_1}{4} - T_2 - \frac{3T_3}{2} - \frac{k_{np}T_1}{4} - \frac{T_1(1+k_{np})k_z}{4}\right] -$$

$$U_{dc}\left[-\frac{T_1}{8} - \frac{T_2}{4} + \frac{3k_{np}T_1}{8} - \frac{k_z(1+k_{np})T_1}{8}\right]$$

$$= U_{np}\times\left[-\frac{k_z(1+k_{np})T_1}{2}\right] + U_{dc}\times\frac{k_z(1+k_{np})T_1}{4} \tag{7.40}$$

因为先前已经通过 k_{np} 对中点电压进行了调节，因此令 $U_{np}=0$，则式（7.40）可简化为

$$u_z = U_{dc}\times\frac{k_z(1+k_{np})T_1}{4} \tag{7.41}$$

在式(7.41)中,$(1+k_{np}) \times T_1/4$ 是经过中点平衡调节之后的冗余小矢量作用时间,而零序环流激励电压 u_z 与零序环流调节系数 k_z 成正比。若 k_z 为负,则激励电压为负,零序环流减小;若 k_z 为正,则激励电压为正,零序环流增大。因此,通过调节系数 k_z,就可以对零序环流的平均值进行闭环控制。

其次,在环流调节系数 k_z 仍保持为零的情况下,仍以图 7.16 所示的开关序列为例,逆变器 1 和 2 开关序列中的矢量 211 所对应的中点电流分别为 $[d_{322} \times (-i_{a1})]/2$ 和 $[d_{322} \times (-i_{a2})]/2$,所以在一个开关周期内(第二个周期与第一个对称,因此结果是一样的)中点电流平均值为

$$i_{np} = \frac{d_{322}}{2}(-i_{a1} - i_{a2}) = \frac{d_{322}}{2} \times (-i_a) \tag{7.42}$$

而在加入环流调节的条件下,逆变器 1 和 2 的三电平状态 211 对应的中点电流分别为 $\dfrac{d_{322} \times (1+k_z)}{2} \times (-i_{a1})$ 和 $\dfrac{d_{322} \times (1-k_z)}{2} \times (-i_{a2})$,所以在一个开关周期内(第二个周期与第一个对称,因此结果是一样的)中点电流平均值为

$$i_{np} = \frac{d_{322}}{2} \times (-i_a) + \frac{d_{322}(1+k_z)}{2} \times (-i_{a1} + i_{a2}) \overset{i_{diffa=0}}{=} \frac{d_{322}}{2} \times (-i_a) \tag{7.43}$$

由于已经通过环流调节将环流平均值调为零,所以式(7.43)可以简化为

$$i_{np} = \frac{d_{322}}{2} \times (-i_a) \tag{7.44}$$

这就说明,零序环流的调节也不会对中点平衡的效果产生影响。

综上所述,一方面,传统并联运行模式下,中点电压平衡和零序环流调节需要共用冗余小矢量作用时间这同一个控制自由度,因此难以实现互不影响的解耦控制,而一体化连续调制方法提供了状态分配这个可用于零序环流调节的独特控制自由度,从而能够实现与中点电压平衡之间的相互解耦。另一方面,以上推导过程可以证明,中点电压平衡与零序环流调节各自对应的调节系数之间没有相互影响,相应的调节过程也不会对另一个参数产生影响。

7.5　实验验证

7.5.1　耦合电感实验

如 7.3 节分析所述,使用耦合电感的好处在于,它能够有效抑制并联逆变器同相桥臂之间的差模环流大小,同时又不会影响输出电流的谐波畸变水平。本研究使用的非耦合电感和耦合电感均为单相电感,电感值分别为 7 mH(带有一

个 4 mH 的抽头)和 4 mH(带有一个 2 mH 的抽头)。

首先,以调制比为 0.6 时为例,在不同的并联运行模式下,使用 2 mH 和 4 mH 耦合电感时并联三电平逆变器实验波形分别如图 7.18(a)~(d)所示,其中每一组实验波形的左侧均对应 2 mH 耦合电感,右侧波形对应 4 mH 耦合电感。

由图 7.18 实验波形可以得出以下结论:第一,无论采用何种并联运行模式,耦合电感的使用都不影响系统正常工作,不同并联运行模式的电流谐波特征仍与使用非耦合电感时保持一致;第二,除同步并联运行模式外(因为在同步并联模式下逆变器同相桥臂之间不会出现高频环流),右侧波形中的环流幅值都明显小于左侧波形,而且环流峰值与耦合电感大小成反比,也就是说较大的耦合电感能够更有效地抑制环流幅值。

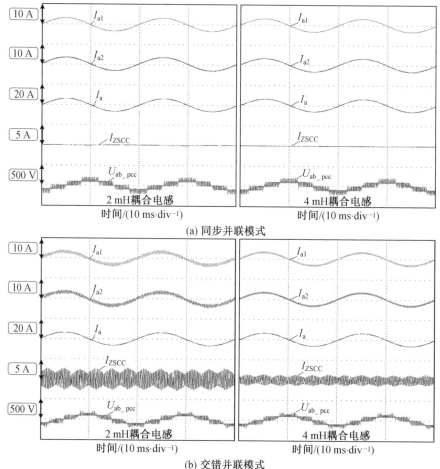

图 7.18　2 mH 和 4 mH 耦合电感时的实验波形

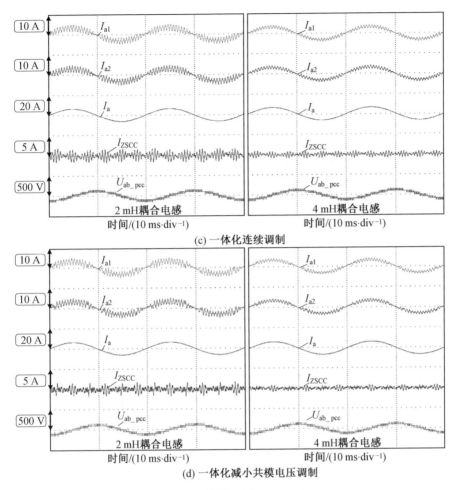

续图 7.18

实际上,在其他调制比下也能得到类似的波形和结论,此处不再一一列举和分析。由于使用 2 mH 耦合电感时高频环流峰峰值较大(约为 5 A),而且母线电压越高,在相同的环流路径阻抗条件下的环流就会越大,因此后续实验中使用 4 mH 耦合电感与非耦合电感进行比较。

分别使用 4 mH 非耦合电感和耦合电感时,不同并联运行模式在调制比为 0.6 条件下的实验波形如图 7.19 所示。

由图 7.19 所示实验波形可以得出以下结论:

首先,无论是在何种并联运行模式下,使用非耦合电感时(对应左侧波形)的并联输出线电压 U_{ab_pcc} 都比使用耦合电感时(对应右侧波形)更平滑,这就验证了

7.3 节所做的分析,即桥臂上的非耦合电感作为整个等效滤波网络的一部分,会对逆变器的输出电压产生一定的滤波效果。此外,与单机运行时的逆变器输出线电压类似,使用耦合电感时的线电压波形更加接近阶梯波,这就验证了 7.3 节得出的另一个结论,即使用耦合电感能够保证并联逆变器的电压源特性。

其次,相较于非耦合电感,耦合电感能够更加有效地抑制差模和零序环流的大小(同步并联运行模式除外,因为在该模式下系统中并不存在高频环流)。在电感值均为 4 mH 的条件下,使用耦合电感时的差模和零序环流仅为使用非耦合电感时的一半。如果结合图 7.18 来看,仅需 2 mH 的耦合电感即可实现与 4 mH 非耦合电感一样的环流抑制效果。

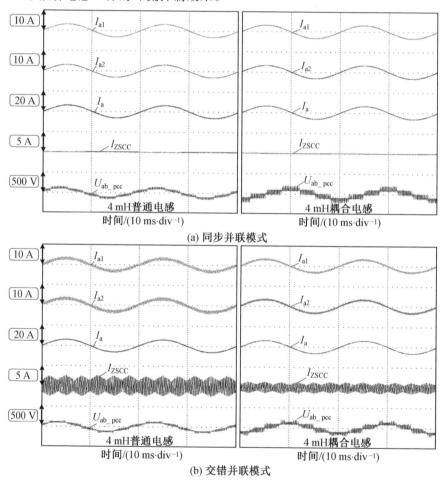

图 7.19   使用非耦合电感和耦合电感时的实验波形

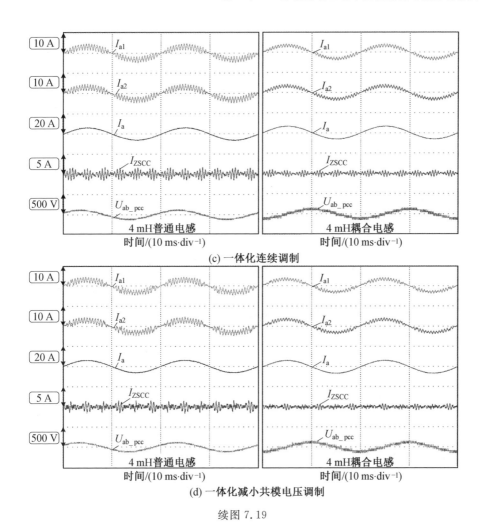

(c) 一体化连续调制

(d) 一体化减小共模电压调制

续图 7.19

7.5.2　改进开关序列实验

采用原始开关序列和改进开关序列时,在不同调制比下的实验波形如图 7.20 所示。无论在多大的调制比下,采用改进开关序列的零序环流都要小于采用原始开关序列,而且并联输出电流仍然保持了相同的谐波水平。

采用两种开关序列在不同调制比下的零序环流有效值如图 7.21 所示,对比可见,尽管在不同调制比下的改善程度各不相同,但是采用改进开关序列的零序环流总体上均优于采用原始开关序列。

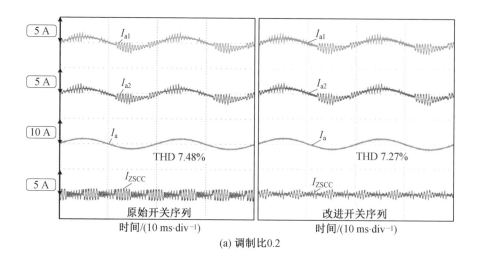

(a) 调制比0.2

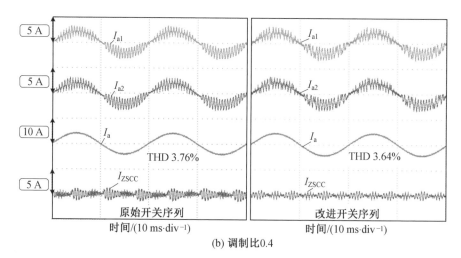

(b) 调制比0.4

图 7.20 原始和改进开关序列在不同调制比下的 A 相电流和零序环流实验波形

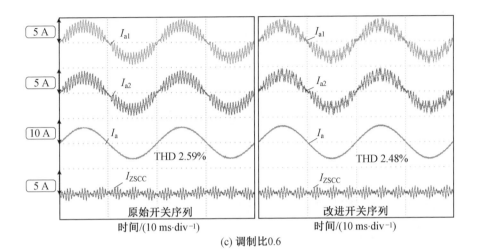

(c) 调制比0.6

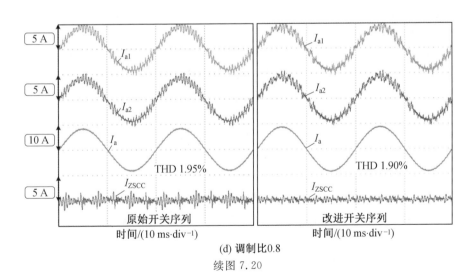

(d) 调制比0.8

续图 7.20

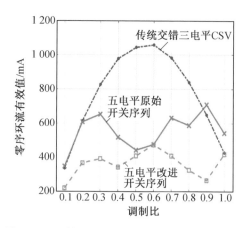

图 7.21 原始和改进开关序列的零序环流对比

7.5.3 低频环流调节实验

与 7.3 节分析相对应,双并联三电平逆变器采用一体化连续调制策略,交流侧并联输出连到电网(线电压有效值为 190 V),直流母线由可编程直流电压源供电(母线电压 400 V)。电流给定 I_d 值为 6 A,I_q 值为 0 A(对应单位功率因数),零序环流平均值给定量从 0 A 阶跃到 −2 A(给定值切换位置参见波形中的箭头处)。未施加和施加中点平衡算法时的实验波形分别如图 7.22(a)和(b)所示。

由图 7.22(a)可知,未施加中点平衡算法时,无论是否启用零序环流的调节功能(即箭头之前或之后),母线上下电容电压都存在直流偏差(即中点电压不平衡),而且中点偏移未受环流调节影响,始终在 10 V 上下浮动。

由图 7.22(b)所示实验波形可知,在施加中点平衡算法时,直流母线上下电容电压均等于母线电压的一半(即中点电压维持平衡状态),即便在箭头处开始对环流平均值进行调节,母线中点的平衡状态也没有受到影响。

将图 7.22(a)、(b)进行对比可知,即便加入中点平衡算法,也不影响零序环流的稳态(箭头之前一体化调制开关序列确保环流平均值为零)和动态(箭头之后按照零序环流调节器灵活调整环流平均值大小)特性。无论是否施加中点平衡算法,在箭头处开始调整零序环流平均值之后,零序环流的调节均未对中点平衡状态产生任何影响,图 7.22(a)中点电压偏移量依然在 10 V 左右浮动,图 7.22(b)中点电压依然保持平衡。这些都与 7.4.2 节的分析结论相一致,也说明在采用一体化连续调制策略时,能够实现中点平衡与零序环流的独立调节。

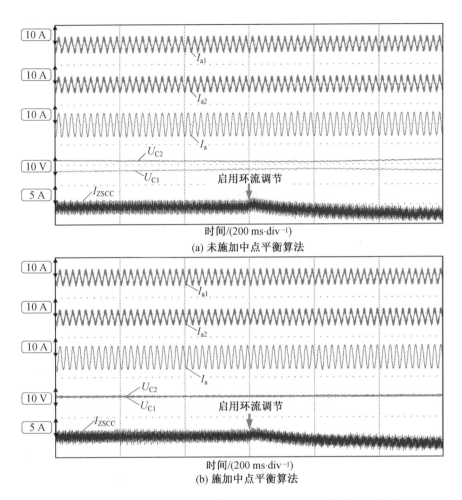

图 7.22　双并联三电平逆变器零序环流与中点电压协调控制实验波形

本 章 小 结

本章分析了并联三电平逆变器的环流路径,通过数学模型解释了环流的产生机理和主要分类,提出了高频环流抑制和环流均值闭环调节的实现方法。

本章验证了交错并联常用的耦合电感在一体化并联应用中也能大幅提高环流阻抗,可以有效减小桥臂电流纹波和高频环流大小。此外,将一体化调制方法在开关序列构造过程中的状态分配冗余作为新的自由度,可在保持并联电流谐波和开关次数不变的前提下,进一步减小环流幅值。

针对环流可能出现的直流偏移,本章提出了基于状态分配冗余的低频环流调节方法,证明了该方法在采用一体化连续调制时可以实现并联三电平逆变器中点电压平衡和零序环流之间的独立调节,并通过实验进行了验证。

参考文献

[1] CHEN Y,SMEDLEY K M. One cycle controlled three-phase grid-connected inverters and their parallel operation[J]. IEEE Transaction on Industry Application,2008,44(2):663-671.

[2] 周鑫,郭源博,张晓华,等.基于自适应跟踪控制的三相电压型 PWM 整流器[J].中国电机工程学报,2010,30(27):76-82.

[3] 瞿博,吕征宇.三相电压型 PWM 整流器小信号建模及其控制器设计[J].电工技术学报,2010,25(5):103-108.

[4] 张纯江,郭忠南,王芹,等.基于新型相位幅值控制的三相 PWM 整流器双向工作状态分析[J].中国电机工程学报,2006,26(11):167-171.

[5] 郭文杰,林飞,郑琼林.三相电压型 PWM 整流器的级联式非线性 PI 控制[J].中国电机工程学报,2006,26(2):138-142.

[6] 方天治,阮新波,肖岚,等.一种改进的分布式逆变器并联控制策略[J].中国电机工程学报,2008,28(33):30-36.

[7] 余蜜,康勇,张宇,等.基于环流阻抗的逆变器并联控制策略[J].中国电机工程学报,2008,28(18):42-46.

[8] 于玮,徐德鸿.基于虚拟阻抗的不间断电源并联系统均流控制[J].中国电机工程学报,2009,29(24):32-39.

[9] PAN C T , LIAO Y H. Modeling and coordinate control of circulating currents in parallel three-phase boost rectifiers[J]. IEEE Transactions on Industrial Electronics, 2007, 52(2): 825-838.

[10] 胡维昊,王跃,姚为正,等.直驱型变速恒频风力发电系统中零序环流的研究[J].中国电机工程学报,2009,29(27):99-105.

[11] 李建林,高志刚,胡书举,等.并联背靠背 PWM 变流器在直驱型风力发电系统的应用[J].电力系统自动化,2008,32(5):59-62.

[12] LOREN H W. 10 MW GTO converter for battery peaking service[J]. IEEE Transactions on Industry Application，1990，26(1)：63-72.

[13] FUKUDA S ，MATSUSHITA K. A control method for parallel-connected multiple inverter systems［C］. London：7th International Conference on Power Electronics and Variable Speed Drives，1998：175-180.

[14] YE Z H ，BOROYEVICH D，CHOI J Y，et al. Control of circulating current in two parallel three-phase boost rectifiers[J]. IEEE Transactions on Power Electronics，2002，17(5)：609-615.

[15] ZHANG D，WANG F，BURGOS R，et al. Common-mode circulating current control of paralleled interleaved three-phase two-level voltage-source converters with discontinuous space-vector modulation[J]. IEEE Transactions on Power Electronics，2011，26(12)：3925-3935.

[16] XING F，LEE F C，BOROJEVIC D，et al. Interleaved PWM with discontinuous space-vector modulation ［J］. IEEE Transactions on Power Electronics，1999，14(5)：906-917.

[17] 温春雪，李建林，朱晓光，等. 基于交错断续空间矢量调制的并联 PWM 变流器控制策略[J]. 电工技术学报，2009，24(10)：71-80.

[18] SATO Y，KATAOKA T. Simplified control strategy to improve AC-input-current waveform of parallel-connected current-type PWM rectifiers［J］. IEE Proceedings on Power Application，1995，142(4)：246-254.

[19] PRASAD J S S，NARAYANAN G. Minimization of grid current distortion in parallel-connected converters through carrier interleaving[J]. IEEE Transactions on Industrial Electronics，2014，61(1)：76-91.

[20] PABLO D，ROGELIO G R，NICOLAS W，et al. Characterization of steady-state current ripple in interleaved power converters under inductance mismatches［J］. IEEE Transactions on Power Electronics，2014，29(4)：1840-1849.

[21] CHEN T P. Dual-modulator compensation technique for parallel inverters using space-vector modulation ［J］. IEEE Transactions on Industrial Electronics，2009，56(8)：3004-3012.

[22] 张学广，王瑞，徐殿国. 并联型三相 PWM 变换器环流无差拍控制策略［J］. 中国电机工程学报，2013，33(6)：31-37.

[23] PAN C T, LIAO Y H. Modeling and control of circulating currents for parallel three-phase boost rectifiers with different loading sharing[J]. IEEE Transactions on Industrial Electronics,2008,55(8):2776-2785.

[24] 马皓,林钊,张宁,等. 逆变器并联系统开关环流的建模和分析[J]. 中国电机工程学报, 2015, 35(22): 5823-5831.

[25] 平定钢,孔洁,陈国柱,等. 载波移相SPWM并联变流器及其环流问题的研究[J]. 电气自动化, 2008, 30(4): 19-23.

[26] BAO X W, ZHUO F, LIU B Q, et al. Suppressing switching frequency circulating current in parallel inverters with carrier phase-shifted SPWM technique [C]. Hangzhou: 2012 IEEE International Symposium on Industrial Electronics(ISIE), 2012: 555-559.

[27] ZHANG L, SUN K, XING Y, et al. Parallel operation of modular single-phase transformerless grid-tied PV inverters with common DC bus and AC bus[J]. IEEE Journal of Emerging and Selected Topics in Power Electronics, 2015, 3(4): 858-869.

[28] 董亮,张尧,温传新,等. 逆变器并联系统开关环流的研究[J]. 电力电子技术, 2012, 46(10): 33-35.

[29] LIU J B, LIN H, QIN X X. Study on restraint of circulating current in parallel inverters system with SPWM modulation by adjusting phases of triangular carrier waves [C]. Toronto: 2013 2nd International Symposium on Instrumentation and Measurement, Sensor Network and Automation(IMSNA), 2013: 477-480.

[30] 李辉,刘盛权,冉立,等. 大功率并网风电机组变流器状态监测技术综述[J]. 电工技术学报,2016,31(08):1-10.

[31] LI X, DUSMEZ S, AKIN B, et al. A new SVPWM for the phase current reconstruction of three-phase three-level T-type converters [J]. IEEE Transactions on Power Electronics, 2017,31(3): 2627-2637.

[32] 鲍建宇,鲍卫兵,李玉玲. 光伏并网三相电流型多电平变流器拓扑与控制[J]. 电工技术学报,2016,31(08):70-75.

[33] YU Y, KONSTANTINOU G, HREDZAK B, et al. Power balance of cascaded H-bridge multilevel converters for large-scale photovoltaic integration[J]. IEEE Transactions on Power Electronics, 2016,31(1): 292-303.

［34］ SHUVO S, HOSSAIN E, ISLAM T, et al. Design and hardware imple-mentation considerations of modified multilevel cascaded H-bridge inverter for photovoltaic system[J]. IEEE Access,2019,7:16504-16524.

［35］ WANG L, ZHANG D, WANG Y, et al. Power and voltage balance control of a novel three-phase solid-state transformer using multilevel cascaded H-bridge inverters for microgrid applications [J]. IEEE Transactions on Power Electronics, 2016,31(4): 3289-3301.

［36］ NABAE A, TAKAHASHI I, AKAGI H. A new neutral-point-clamped PWM inverter[J]. IEEE Transactions on Industry Applications, 1981, IA-17(5): 518-523.

［37］ DEKKA A, FUENTES R L, NARIMANI M, et al. Voltage balancing of a modular neutral-point-clamped converter with a carrier-based modulation scheme[J]. IEEE Transactions on Power Electronics, 2018, 33 (10): 8208-8212.

［38］ CHEN H, TSAI M, WANG Y, et al. A modulation technique for neutral point voltage control of the three-level neutral-point-clamped converter [J]. IEEE Transactions on Industry Applications, 2018, 54 (3): 2517-2524.

［39］ YIN Y F,LIU J X,SÁNCHEZ J A,et al. Observer-based adaptive sliding mode control of NPC converters: an RBF neural network approach[J]. IEEE Transactions on Power Electronics,2019,34(4): 3831-3841.

［40］ HE L , CHENG C. A flying-capacitor-clamped five-level inverter based on bridge modular switched-capacitor topology[J]. IEEE Transactions on Industrial Electronics,2016,63(12): 7814-7822.

［41］ 秦佳昕,宋文祥,张琪. 飞跨电容三电平逆变器空间矢量调制及电容电压平衡控制[J]. 微电机,2019, 52(09): 56-61.

［42］ DEKKA A, WU B , ZARGARI N R. Start-up operation of a modular multilevel converter with flying capacitor submodules [J]. IEEE Transactions on Power Electronics,2017, 32(8): 5873-5877.

［43］ ORFANOUDAKIS G I, YURATICH M A, SHARKH S M. Nearest-vector modulation strategies with minimum amplitude of low-frequency neutral-point voltage oscillations for the neutral-point-clamped converter [J]. IEEE Transactions on Power Electronics,2013,28(10):4485-4495.

[44] LEE J S, LEE K B. Time-offset injection method for neutral-point AC ripple voltage reduction in a three-level inverter[J]. IEEE Transactions on Power Electronics, 2016, 31(3):1931-1941.

[45] ZHANG Y, LI J, LI X M , et al. A method for the suppression of fluctuations in the neutral-point potential of a three-level NPC inverter with a capacitor-voltage loop [J]. IEEE Transactions on Power Electronics, 2017, 32(1):825-836.

[46] 王慧敏, 温坤鹏, 张云. 基于精细分区控制的三电平逆变器中点电位平衡策略[J]. 电工技术学报, 2015, 30(19): 144-152.

[47] 孙青松, 吴学智, 唐芬. 考虑中点电位平衡的三电平逆变器断续脉宽调制策略研究[J]. 中国电机工程学报, 2017, 37(S1):177-185.

[48] BUSQUETS-MONGE, BORDONAU J, BOROYEVICH D, et al. The nearest three virtual space vector PWM — a modulation for the comprehensive neutral-point balancing in the three-level NPC inverter[J]. IEEE Power Electronics Letters, 2004, 2(1):11-15.

[49] WU X, TAN G, YE Z, et al. A virtual space vector PWM for three-level neutral-point-clamped inverter with unbalanced DC-links [J]. IEEE Transactions on Power Electronics, 2018, 33(3): 2630-2642.

[50] 邢相洋, 陈阿莲, 张子成, 等. 基于改进型零序环流抑制方法的 T 型三电平并联并网系统[J]. 中国电机工程学报, 2017, 37(14):4165-4174,4296.

[51] SHAO Z P, ZHANG X, WANG F S, et al. Modeling and elimination of zero-sequence circulating currents in parallel three-level T-type grid-connected inverters[J]. IEEE Transactions on Power Electronics, 2015, 30(2):1050-1063.

[52] 王付胜, 邵章平, 张兴, 等. 多机 T 型三电平光伏并网逆变器的环流抑制[J]. 中国电机工程学报, 2014, 34(01):40-49.

[53] XING X, ZHANG Z, ZHANG C, et al. Space vector modulation for circulating current suppression using deadbeat control strategy in parallel three-level neutral-clamped inverters[J]. IEEE Transactions on Industrial Electronics, 2017, 64(2): 977-987.

[54] CHEN A, ZHANG Z, XING X , et al. Modeling and suppression of circulating currents for multi-paralleled three-level T-type inverters[J]. IEEE Transactions on Industry Applications, 2019, 55(4): 3978-3988.

[55] COPY R，WANG F，TOLBERT L M，et al. Current jump mechanism and suppression in paralleled three-level inverters with space vector modulation[C]. New Orleans：2020 IEEE Applied Power Electronics Conference and Exposition(APEC)，2020：3074-3080.

[56] 姚修远,金新民,杨捷,等.三电平逆变器并联系统的零序环流抑制技术[J].电工技术学报,2014,29(S1):192-202.

[57] DAS S，NARAYANAN G. Novel switching sequences for a space vector modulated three-level inverter[J]. IEEE Trans. Ind. Electron.，2012，59(3):1467-1477.

[58] DAS S，NARAYANAN G，PANDEY G. Space-vector-based hybrid pulse-width modulation techniques for a three-level inverter[J]. IEEE Trans. Power Electron.，2014，29(9):4580-4591.

[59] CHEN W，DAI W，WANG Z，et al. Optimal space vector pulse width modulation strategy of neutral point clamped three-level inverter for output current ripple reduction[J]. IET Power Electron.，2017，10(12):1638-1646.

[60] KIM H，KWON Y，CHEE S，et al. Analysis and compensation of inverter nonlinearity for three-level T-type inverters[J]. IEEE Trans. Power Electron.，2017，32(6):4970-4980.

[61] LEWICKI A. Dead-time effect compensation based on additional phase current measurements[J]. IEEE Trans. Ind. Electron.，2015，62(7):4078-4085.

[62] KONSTANTINOU G，POU J，CAPELLA G，et al. Interleaved operation of three-level neutral point clamped converter legs and reduction of circulating currents under SHE-PWM [J]. IEEE Trans. Ind. Electron.，2016，63(6):3323-3332.

[63] ABUSARA M，SHARKH S. Design and control of a grid-connected interleaved inverter[J]. IEEE Trans. Power Electron.，2013，28(2):748-764.

[64] MAO X，JAIN A，AYYANAR R. Hybrid interleaved space vector PWM for ripple reduction in modular converters[J]. IEEE Trans. Power Electron.，2011，26(7):1954-1967.

[65] GOHIL G，BEDE L，TEODORESCU R，et al. An integrated inductor

for parallel interleaved VSCs and PWM schemes for flux minimization[J].
IEEE Trans. Ind. Electron. , 2015, 62(12):7534-7546.

[66] HOLTZ J , OIKONOMOU N. Optimal control of a dual three-level
inverter system for medium-voltage drives[J]. IEEE Trans. Ind. Appl. ,
2010, 46(3):1034-1041.

[67] BOLLER T, HOLTZ J, RATHORE A. Optimal pulse-width modulation
of a dual three-level inverter system operated from a single DC link[J].
IEEE Trans. Ind. Appl. , 2012, 48(5):1610-1615.

[68] SHEN J, SCHRÖDER S, GAO J , et al. Impact of DC-link voltage
ripples on the machine-side performance in NPC H-bridge topology[J].
IEEE Trans. Ind. Appl. , 2016, 52(4):3212-3223.

[69] ABU-RUB H, BAYHAN S, MOINODDIN S, et al. Medium-voltage
drives: challenges and existing technology[J]. IEEE Power Electron.
Mag. , 2016, 33(2):29-41.

[70] COUGO B, GATEAU G, MEYNARD T, et al. PD modulation scheme
for three-phase parallel multilevel inverters [J]. IEEE Trans. Ind.
Electron. , 2012, 59(2):690-700.

[71] SHUKLA K , VARUN M, MAHESHWARI R. A novel carrier-based
hybrid PWM technique for minimization of line current ripple in two
parallel interleaved two-level VSIs[J]. IEEE Trans. Ind. Electron. ,
2018, 65(3):1908-1918.

[72] PERERA N, HAQUE A, SALMON J. A preprocessed PWM scheme for
three-limb core coupled inductor inverters[J]. IEEE Trans. Ind. Appl. ,
2016, 52(5):4208-4217.

[73] BOILLAT D, KRISMER F, KOLAR J. EMI filter volume minimization
of a three-phase three-level T-type PWM converter system[J]. IEEE
Trans. Power Electron. , 2017, 32(4):2473-2480.

[74] LI X, XING X, ZHANG C, et al. Simultaneous common-mode resonance
circulating current and leakage current suppression for transformer-less
three-level T-type PV inverter system[J]. IEEE Trans. Ind. Electron. ,
2019, 66(6):4457-4467.

[75] CHEE S, KO S, KIM H, et al. Common-mode voltage reduction of
three-level four leg PWM converter[J]. IEEE Trans. Ind. Appl. , 2015,

51(5):4006-4016.

[76] DAGAN K, ZUCKERBERGER A, RABINOVICI R. Fourth-arm common-mode voltage mitigation[J]. IEEE Trans. Power Electron., 2016, 31(2):1401-1407.

[77] HOTA A, JAIN S, AGARWAL V. A modified T-structured three-level inverter configuration optimized with respect to PWM strategy used for common-mode voltage elimination[J]. IEEE Trans. Ind. Appl., 2017, 53(5): 4779-4787.

[78] LEE J, LEE K. New modulation techniques for a leakage current reduction and a neutral point voltage balance in transformer-less photovoltaic systems using a three-level inverter[J]. IEEE Trans. Power Electron., 2014, 29(4):1720-1732.

[79] HU C, YU X, HOLMES D G, et al. An improved virtual space vector modulation scheme for three-level active neutral-point-clamped inverter [J]. IEEE Trans. Power Electron., 2017, 32(10):7419-7434.

[80] WANG J, ZHAI F, WANG J, et al. A novel discontinuous modulation strategy with reduced common-mode voltage and removed DC offset on neutral point voltage for neutral point clamped three-level converter[J]. IEEE Trans. Power Electron., 2018, 34(8):7637-7649.

[81] QIN C, ZHANG C, CHEN A, et al. A space vector modulation scheme of the quasi-z-source three-level T-type inverter for common-mode voltage reduction[J]. IEEE Trans. Ind. Electron., 2018, 65(10):8340-8350.

[82] CAVALCANTI M, FARIAS A, OLIVEIRA K, et al. Eliminating leakage currents in neutral point clamped inverters for photovoltaic systems[J]. IEEE Trans. Ind. Electron., 2012, 59(1):435-443.

[83] NGUYEN T T, NGUYEN N V. An efficient four-state zero common-mode voltage PWM scheme with reduced current distortion for a three-level inverter[J]. IEEE Trans. Ind. Electron., 2018, 65(2):1021-1030.

[84] ZHANG Q, XING X, SUN K. Space vector modulation method for simultaneous common-mode voltage and circulating current reduction in parallel three-level inverters[J]. IEEE Trans. Power Electron., 2019, 34 (4): 3053-3066.

[85] QUAN Z, LI Y. A three-level space vector modulation scheme for

paralleled converters to reduce circulating current and common-mode voltage[J]. IEEE Trans. Power Electron. , 2017, 32(1):703-714.

[86] JIANG D, SHEN Z, WANG F. Common-mode voltage reduction for paralleled inverters[J]. IEEE Trans. Power Electron. , 2018, 33（5）:3961-3974.

[87] LI Y, YANG X, CHEN W. Circulating current analysis and suppression for configured three-limb inductors in paralleled three-level T-type converters with space-vector modulation［J］. IEEE Trans. Power Electron. , 2017, 32(5):3338-3354.

[88] OHN S, ZHANG X, BURGOS R, et al. Differential-mode and common-mode coupled inductors for parallel three-phase AC－DC converters[J]. IEEE Trans. Power Electron. , 2019, 34(3):2666-2679.

[89] WANG F, WANG X, SHAO Z, et al. Differential mode circulating current reduction for three-level modular grid-connected photovoltaic system［C］. Xi'an: IEEE International Conference of IEEE Region 10 （TENCON 2013）, 2013:1-4.

[90] 高明智. 智能微型电网系统孤岛模式中逆变器并联控制技术的研究[D]. 杭州:浙江大学, 2014.

[91] GAO M, CHEN M, WANG C, et al. An accurate power-sharing control method based on circulating-current power phasor model in voltage-source inverter parallel-operation system［J］. IEEE Trans. Power Electron. , 2018, 33(5):4458-4476.

[92] 于玮. UPS 并联系统若干关键问题研究[D]. 杭州:浙江大学, 2009.

[93] SHAO Z, ZHANG X, WANG F, et al. Modeling and elimination of zero-sequence circulating currents in parallel three-level T-type grid-connected inverters[J]. IEEE Trans. Power Electron. , 2015, 30(2):1050-1063.

[94] QUAN Z, LI Y. Phase-disposition PWM based 2DOF-interleaving scheme for minimizing high frequency ZSCC in modular parallel three-level converters ［J］. IEEE Trans. Power Electron. , 2019, 34 （11）:10590-10599.

[95] ZOU Z, HAHN F, BUTICCHI G, et al. Interleaved operation of two neutral-point-clamped inverters with reduced circulating current[J]. IEEE Trans. Power Electron. , 2018, 33(12):10122 - 10134.

［96］ QUAN Z ，LI Y. Harmonic analysis of interleaved voltage source converters and tri-carrier PWM strategies for three-level converters［C］. Stanford：Control and Modeling for Power Electronics(COMPEL)，2017： 1-7.

［97］ LIANG Z，LIN X，QIAO X，et al. A coordinated strategy providing zero-sequence circulating current suppression and neutral-point potential balancing in two parallel three-level converters［J］. IEEE Journal of Emerging and Selected Topics in Power Electronics，2018，6(1)：363-376.

名 词 索 引

附录 部分彩图

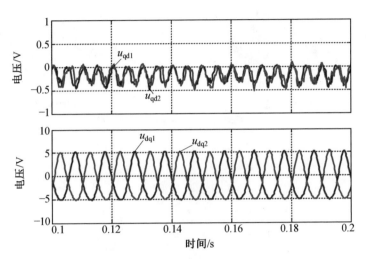

图 2.32

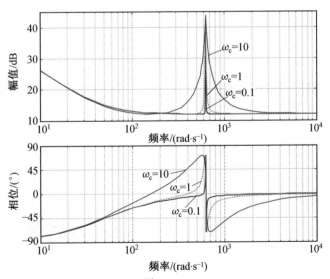

图 2.33

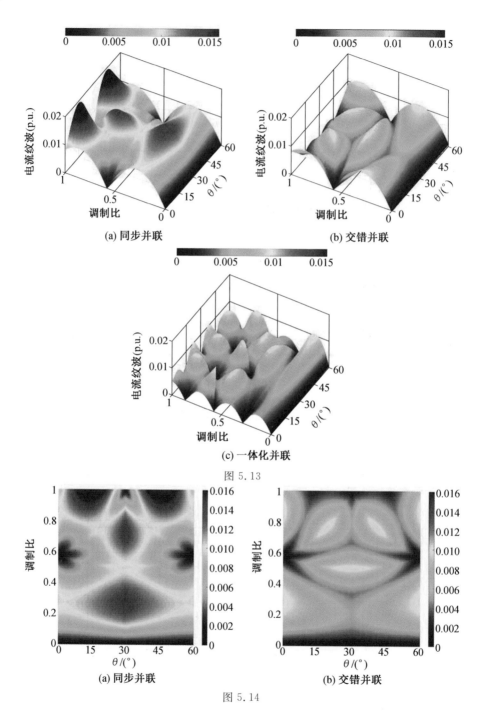

(a) 同步并联 (b) 交错并联

(c) 一体化并联

图 5.13

(a) 同步并联 (b) 交错并联

图 5.14

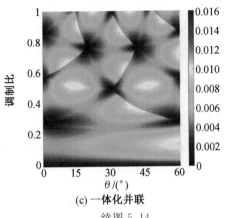

(c) 一体化并联

续图 5.14

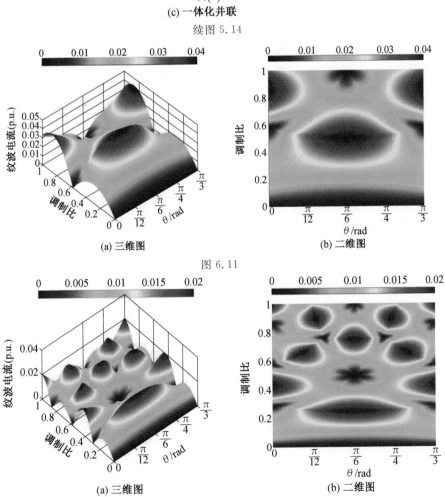

(a) 三维图

(b) 二维图

图 6.11

(a) 三维图

(b) 二维图

图 6.12

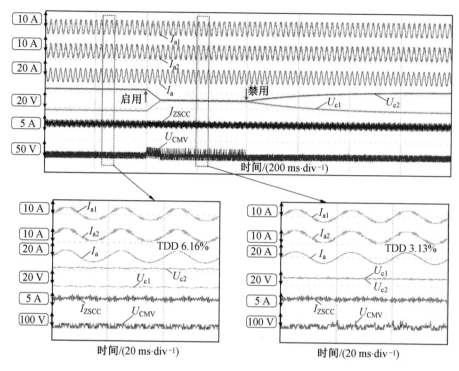

图 6.29